U0184605

国家出版基金资助项目
"十四五"时期国家重点出版物出版专项规划项目
"双一流"建设精品出版工程
国家出版基金项目
NATIONAL PUBLICATION FOUNDATION

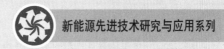

新能源先进技术研究与应用系列

面向新能源发电的高频隔离变流技术

High-Frequency Isolated Power Conversion
Technologies for New Energy Power Generation

吴凤江　王高林　刘洪臣　著

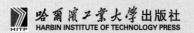
哈尔滨工业大学出版社
HARBIN INSTITUTE OF TECHNOLOGY PRESS

内 容 简 介

本书围绕面向新能源发电和电化学储能领域的高频隔离变流技术,介绍单向和双向电压源和电流源隔离型 DC－DC 变换器的典型拓扑结构、工作原理和调制策略,单相和三相单级式高频隔离型 AC－DC 变换器的拓扑及调制策略,以及单相单级式高频隔离型 AC－AC 变换器的原理及相应的调制策略。书中介绍的典型拓扑、调制策略及关键问题的解决方案,对形成各类型高频隔离变流技术原理的统一认识和推广应用具有重要借鉴意义。

本书可作为新能源发电、储能和电气工程相关专业学生及教师的教材和参考书,同时可为从事相关领域工作的科研和工程技术人员提供一定的参考。

图书在版编目(CIP)数据

面向新能源发电的高频隔离变流技术/吴凤江,王高林,刘洪臣著. —哈尔滨:哈尔滨工业大学出版社,2023.8

(新能源先进技术研究与应用系列)

ISBN 978 － 7 － 5603 － 4051 － 7

Ⅰ.①面… Ⅱ.①吴… ②王… ③刘… Ⅲ.①新能源-发电-变流技术 Ⅳ.①TM61 ②TM46

中国版本图书馆 CIP 数据核字(2021)第 231771 号

策划编辑	王桂芝 马静怡	
责任编辑	杨明蕾 马静怡 王会丽	
出版发行	哈尔滨工业大学出版社	
社　　址	哈尔滨市南岗区复华四道街 10 号　邮编 150006	
传　　真	0451 － 86414749	
网　　址	http://hitpress.hit.edu.cn	
印　　刷	辽宁新华印务有限公司	
开　　本	720 mm×1 000 mm　1/16　印张 21　字数 365 千字	
版　　次	2023 年 8 月第 1 版　2023 年 8 月第 1 次印刷	
书　　号	ISBN 978 － 7 － 5603 － 4051 － 7	
定　　价	119.00 元	

(如因印装质量问题影响阅读,我社负责调换)

 **总　序**

　　能源是人类社会生存发展的重要物质基础,攸关国计民生和国家安全。当前,随着世界能源格局深刻调整,新一轮能源革命蓬勃兴起,应对全球气候变化刻不容缓。作为世界能源消费大国,牢固树立和贯彻落实创新、协调、绿色、开放、共享的发展理念,遵循能源发展"四个革命、一个合作"战略思想,推动能源生产和利用方式发生重大变革,建设清洁低碳、安全高效的现代能源体系,是我国能源发展的重大使命。

　　由于煤、石油、天然气等常规能源储量有限,且其利用过程会带来气候变化和环境污染,因此以可再生和绿色清洁为特质的新能源和核能越来越受到重视,成为满足人类社会可持续发展需求的重要能源选择。特别是在"双碳"目标下,构建清洁、低碳、安全、高效的能源体系,加快实施可再生能源替代行动,积极构建以新能源为主体的新型电力系统,是推进能源革命,实现碳达峰、碳中和目标的重要途径。

　　"新能源先进技术研究与应用系列"图书立足新时代我国能源转型发展的核心战略目标,涉及新能源利用系统中的"源、网、荷、储"等方面:

　　(1)在新能源的"源"侧,围绕新能源的开发和能量转换,介绍了二氧化碳的能源化利用,太阳能高温热化学合成燃料技术,海域天然气水合物渗流特性,生物质燃料的化学㶲,能源微藻的光谱辐射特性及应用,以及先进核能系统热控技术、核动力直流蒸汽发生器中的汽液两相流动与传热等。

(2)在新能源的"网"侧,围绕新能源电力的输送,介绍了大容量新能源变流器并联控制技术,面向新能源应用的交直流微电网运行与优化控制技术,能量成型控制及滑模控制理论在新能源系统中的应用,面向新能源发电的高频隔离变流技术等。

(3)在新能源的"荷"侧,围绕新能源电力的使用,介绍了燃料电池电催化剂的电催化原理、设计与制备,Z源变换器及其在新能源汽车领域中的应用,容性能量转移型高压大容量电平变换器,新能源供电系统中高增益电力变换器理论及其应用技术等。此外,还介绍了特色小镇建设中的新能源规划与应用等。

(4)在新能源的"储"侧,针对风能、太阳能等可再生能源固有的随机性、间歇性、波动性等特性,围绕新能源电力的存储,介绍了大型抽水蓄能机组水力的不稳定性,锂离子电池状态的监测和状态估计,以及储能型风电机组惯性响应控制技术等。

该系列图书是哈尔滨工业大学等高校多年来在太阳能、风能、水能、生物质能、核能、储能、智慧电网等方向最新研究成果及先进技术的凝练。其研究瞄准技术前沿,立足实际应用,具有前瞻性和引领性,可为新能源的理论研究和高效利用提供理论及实践指导。

相信本系列图书的出版,将对我国新能源领域研发人才的培养和新能源技术的快速发展起到积极的推动作用。

2022 年 1 月

 **前　言**

人类社会正持续面临能源短缺和环境污染两大危机。通过以光伏发电、风力发电等为代表的新能源发电技术和以蓄电池、超级电容为代表的电化学储能技术的规模化利用来解决全球范围的能源危机和环境问题已经成为广泛共识。

新能源发电的分布性、发电功率的波动性、输出电能形式的多样性等特点，要求其必须结合相应的电力电子变流系统来实现大规模集成应用。在相应的变流技术中，高频隔离变流技术相比于工频隔离变流技术具有如下优势。

(1)在功能与应用适应性方面，拓扑形成更加灵活，所实现的功能更加多样，应用场合适应性更强。

(2)在功率密度方面，通过提高工作频率，变压器体积显著降低，是提高功率密度的最有效方式之一，尤其是单级式 AC−DC 变换结构，可以取消直流侧大容值电容，从而进一步提高系统的功率密度。

(3)在工作效率和能效水平方面，通过软开关技术可以显著降低开关管损耗，通过优化电流特性可以显著降低开关管的通态损耗和磁元件的铜损，而通过集成式多端口变流技术可以提高多源系统的总体能效利用水平。鉴于在上述诸多方面所具有的显著优势，高频隔离变流技术在新能源发电系统和储能系统中具有广阔的发展前景，已成为电能变换领域的主流趋势和研究热点。

高频隔离变流技术作为一种新兴的研究方向,尚处于多措并举、百花齐放的状态,还没有形成完备的理论体系,也鲜有相关专著来科学系统地归纳总结该领域的基础理论、共性技术和最新研究成果。作者期望通过归纳总结高频隔离变流技术的理论与技术体系,形成具有自身特色的科学著作,为相关领域研究人员提供理论和技术基础,这也有助于加速推进国内在该领域的理论和技术进步。本课题组多年来从事该领域的研究工作,对其原理和当前发展现状具有清晰的认识,并积累了大量在该领域具有重要价值的原创性理论和技术成果。本书正是通过对当前该领域的基础理论与技术以及课题组的最新相关研究成果进行归纳总结而形成的。

　　本书内容紧紧围绕面向新能源发电和电化学储能领域的高频隔离变流技术,重点介绍几种典型高频隔离型 DC－DC、DC－AC 和 AC－AC 变换器的拓扑结构、工作原理、调制策略和特性优化方案。本书共分为 7 章。第 1 章介绍典型新能源的类型和特点,以及应用于新能源发电系统的典型隔离变流技术及其发展趋势。第 2 章介绍单向隔离型 DC－DC 变换器的典型拓扑结构、工作原理和调制策略。第 3 章介绍双有源桥隔离型 DC－DC 变换器,按照原理的不同可将其分为电感储能式和串联谐振式两种。第 4 章介绍双向电流源隔离型 DC－DC 变换器,包括升压型结构和升降压结构的拓扑、调制策略、电压尖峰消除方案,还介绍了交错并联电流源谐振式结构及其调制策略。第 5 章介绍单相高频隔离型 AC－DC 变换器,包括基于双有源桥的准单级式 AC－DC 变换器及其优化三移相调制策略、单级式电流型 AC－DC 变换器及可消除电压尖峰的调制策略等。第 6 章介绍三相单级式高频隔离型 AC－DC 变换器,包括介绍单向单级式电流型 AC－DC 变换器的拓扑结构和电流空间矢量调制策略;分析单向单级式有源桥 AC－DC 变换器在采用标准电流空间矢量调制策略时存在的问题,并提出一种电流空间矢量作用时间的精确计算方法,以提高三相交流网侧电流的控制精度,降低电流谐波;介绍单级式双有源桥 AC－DC 变换器的拓扑结构及其双开关周期解耦空间矢量移相调制策略,进一步分析其最大传输功率,并给出一种基于开关周期动态分配的最大传输功率提升方法。第 7 章介绍高频隔离型 AC－AC 变换器,包括单相单级式高频隔离型全桥 AC－AC 变换器及其可消除电流过零点电压尖峰的调制策略,以及单相单级式三电平高频隔离型 AC－AC 变换器及其调制策略等。

本书的学术价值和特色体现在如下几个方面。

(1)内容按照由浅入深、先理论后技术、先共性后特性的原则进行设置,使其容易被各个层次的研究人员和学生所接受。

(2)注重体现几种典型高频隔离型变流技术的本质原理和形成规律,有助于读者快速掌握该技术的核心原理,并能够加以利用来开展相关方向的研究,体现延续性。

(3)注重对共性和前沿问题的分析,为开展该领域的后续研究提供指导。

本书的撰写,得到了哈尔滨工业大学孙力教授、杨贵杰教授的关心和支持,他们从专业角度提出了诸多宝贵意见,极大地提高了本书的学术水平;已毕业研究生李晓光、樊帅、宫庆雨和卜宏泽在各项研究成果的研究过程和最终成果的形成与验证方面做了大量工作;另外,研究生王凯旋、魏宇晨、张如昊、王哲钰、刘文凯、李长酉、徐浩等参与了文献整理、文档修订与绘图等工作;在此一并向他们表示衷心的感谢。

由于作者水平有限,疏漏和不足在所难免,敬请广大读者批评指正。

作　者

2023 年 3 月

目　录

第 1 章

绪　论

电力电子变流技术在新能源发电体系中扮演着极为重要的角色,其电能变换质量、工作范围、工作效率和功率密度等各方面的性能直接决定了整个新能源发电系统的综合性能,也关系到新能源的持续性发展和大规模推广应用。本章首先对风力发电、光伏发电、燃料电池等典型可再生能源发电系统,以及蓄电池、超级电容等储能系统的基本原理和技术特点进行简要阐述;然后对上述系统所涉及的高频隔离电力电子变流技术进行简要分析;最后介绍高频隔离变流技术的发展趋势。

1.1　新能源发电技术简介

近年来,以光伏、风力为代表的新能源发电技术以清洁、资源近似无限、利用方便灵活等优点受到了世界范围的广泛关注,一系列相关技术均获得了迅猛发展。主要原因如下。

(1) 新能源的开发利用被认为是解决环境问题的有效途径。新能源普遍具有清洁、环保的基本属性,在生产、转换和利用的各个环节均可认为无污染。随着新能源逐步从辅助性地位转变为替代性能源,全球的大气、水资源等环境污染问题有望得以全面解决。

(2) 缓解能源紧张,确保人类的能源安全。随着现代社会技术和经济的快速发展,对能源的需求呈现爆发式增长。尤其是近些年石油、煤炭储备量的逐年下降,引发了世界范围内的能源短缺问题。太阳能、风能的一大优点即是资源近似无限和获取方便灵活。逐步推进新能源的应用规模进而提高在整个能源结构中的比重,已经公认为是解决全球化能源危机的有效途径。

因此,大力发展新能源生产与利用技术、建立高效能源利用体系已成为世界范围内的广泛共识,世界各国均将大力发展新能源及其相关技术作为本国能源转型和产业发展的重要方向。另外,根据 2015 年达成的《巴黎协定》,要加强对气候变化威胁的全球应对,并明确了 2020 年后以国家自主贡献为主体的国际应对气候变化机制。各国在尽快降低温室气体排放、碳排放定价等方面达成一致,力争把全球平均气温较前工业化时期上升幅度控制在 2 ℃ 之内。我国作为世界经济、人口和能源消耗大国,从"内促高质量发展、外树负责任形象"的高度重视应对气候变化,提前 3 年落实《巴黎协定》的部分承诺。因此,我国在"十二五"以来的新能源长期规划中明确提出可再生能源消费占比要提高到 20%(2030 年)的具体目标。大力发展新能源,提高能源利用效能,降低温室气体和碳排放,成为建设生态文明、美丽中国的重要路径。

"新能源"作为专业词汇是在 1978 年第三十三届联合国大会中首次提出的,并在 1981 年联合国召开的新能源和可再生能源会议上被正式确认。其基本含义是以新技术和新材料为基础,融合现代电力电子变流技术、能量管理技术和信息技术实现能源的现代化生产和利用。

可再生能源发电技术已经成为新能源利用的重要组成部分,按照国际惯例,主要包含风力发电、光伏发电及燃料电池等。

风力发电是利用风的动能实现发电的技术,而风的形成是由太阳辐射热引起的,因此其本质仍然是太阳能。风能由于来源广泛,风 — 电转化率高,因此成为目前应用规模最大的一种可再生能源发电形式。

光伏发电是利用光伏电池将太阳光照转化为电能的一种发电形式。太阳能可以看作是无限能源,并具有取用灵活、清洁的特点,是目前主要的可再生能源。

燃料电池通过将氢气与氧气进行化学反应产生电能。一方面氢气的生产可以使用可再生能源作为能量来源,不会消耗化石能源;另一方面发电过程只产生水,不会对环境造成污染。因此将燃料电池列为可再生能源。

以光伏、风力发电为代表的发电形式虽然具有清洁、能源近似无限、取用方便灵活等优点,但是由于其受到光强、风力以及气候和环境温度的影响,体现出的典型的分布式、波动性和随机性等问题为其规模化利用带来较大挑战。目前可再生能源发电的利用主要包括以下几种形式。

(1) 发电源结合电力电子变流技术形成独立电源,如太阳能路灯、便携设备、移动通信设备供电系统等,发电容量普遍较小。

(2) 组建大容量光伏、风力发电站,通过大容量电力电子变流设备将多个波动的直流形式的光伏电池和交流形式的风力发电机发出的电能相集成,统一并入公共电网,这一方案有利于电网的潮流调度,属于可再生能源发电的主要利用形式。

(3) 将光伏发电系统、风力发电系统,以及储能系统、天然气发电系统等多种发电形式相集成,构建交、直流微电网,在无须公共电网参与的情况下即可获得持续稳定的供电网络。

（4）将光伏发电系统、风力发电系统应用于电气化舰船和电动车充电站中，同时解决可再生能源消纳问题和减小电动车充电站对电网的暂态冲击影响。

由上述分析可见，电力电子变流技术与设备在新能源发电体系中扮演着极为重要的角色，其电能变换质量、工作范围、工作效率和功率密度、可靠性等各方面的性能直接决定了整个新能源发电系统的综合性能，也关系到新能源未来的持续性发展和大规模推广应用。

本章首先将对一些典型可再生能源发电系统，如风力发电系统、光伏发电系统、燃料电池等进行简要介绍；然后考虑到在新能源发电系统中，通常需要与储能装置共同使用，以平抑发电功率波动或改善其动态性能，也将对蓄电池、超级电容等储能系统的基本原理和涉及的高频隔离电力电子变流技术进行简要介绍；最后介绍高频隔离变流技术的发展趋势。

1.2 几种典型新能源发电与储能系统

1.2.1 风力发电系统

在风力发电系统中，通过桨叶带动发电机将风能转换成电能，从而实现风能的利用。风力发电系统按照所使用的工作原理的不同，通常分为双馈风力发电系统和直驱式风力发电系统两大类。图 1.1(a) 所示为双馈风力发电系统的原理结构，在转子和定子输出端连接一个 AC－DC－AC 变换装置，通过调节转子侧的转差频率实现当风速在较大范围内变化时，整个风力发电机系统输出幅值和频率保持不变的交流电能，从而实现并入电网运行。由于双馈风力发电系统是在发电机转子侧进行输出电压幅值和频率的调节，因此所需的变流器功率相比于系统发电容量大幅减小，可以有效降低系统成本。但是由于其定子与电网直接相连，当电网发生故障时，在转子侧会耦合暂态电磁冲击，从而增加了转子侧变流器的控制难度。另外，由于变流器通过集电环和电刷与转子进行能量交互，存在机械磨损，因此需要定期维护。

图 1.1(b)、(c) 所示为直驱式永磁风力发电系统的原理结构。由发电机的工作原理可知，其输出电压的幅值和频率近似与风速成正比，因此为了将其并入公

共电网或交流／直流微电网,需要在定子输出侧加入 AC－DC－AC 变换装置或者 AC－DC 变换装置。这种风力发电机组在风力机与发电机之间可以采用无齿轮箱的直驱设计,因此可以有效降低系统的体积和质量,便于运输和安装。同时可以有效降低系统的运行噪声,提高机组的可靠性。其主要不足在于需要采用全功率变流器,因此系统成本较高、开发难度大、周期长,大容量变流器的可靠性问题也导致整个风力发电机组的可靠性有所降低。

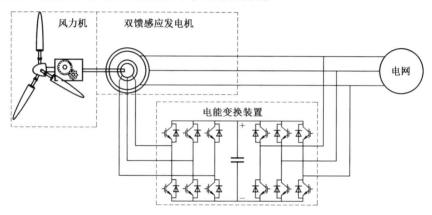

（a）双馈风力发电系统的原理结构

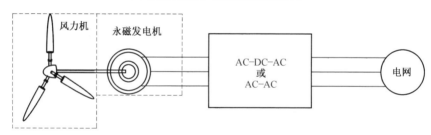

（b）交流并网型直驱式永磁风力发电系统的原理结构

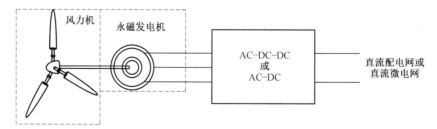

（c）直流并网型直驱式永磁风力发电系统的原理结构

图 1.1　几种典型风力发电系统

1.2.2　光伏发电系统

光伏发电系统利用光生伏特效应,通过光伏电池板将光能转换为电能,如太阳能路灯、光伏发电站等。光伏电池是光伏发电系统的发电源,图 1.2 所示为典型光伏电池模型。光伏电池模型由等效光控电流源、并联二极管、串并联等效电阻组成。

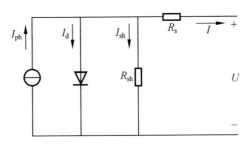

图 1.2　典型光伏电池模型

光伏电池由于光伏效应,接受光照时会产生光生电流 I_{ph},其值随光辐射强度的增强而增大,随光伏电池温度的升高而减小,因此光伏电池的输出特性随之变化;光伏电池本质上为 PN 结,存在等效并联二极管电流 I_d,也称为暗电流。I_d 的大小反映了光伏电池 PN 结在当前环境下所能产生的总扩散电流。R_{sh} 为光伏电池的并联等效电阻,也称为旁路电阻,其产生漏电流 I_{sh},一般由材料的不纯(如光伏电池广泛使用的冶金级硅材料纯度一般为 99%)等电池体内缺陷造成;R_s 为串联等效电阻,通常称为等效内阻,由光伏电池的体电阻、表面电阻及接触电阻等组成。

光伏电池的输出特性曲线($I-U$ 及 $P-U$ 曲线)如图 1.3 所示。

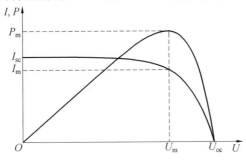

图 1.3　光伏电池的输出特性曲线

图 1.3 中 I_{sc} 为短路电流，U_{oc} 为开路电压，P_m 为最大输出功率，U_m 和 I_m 分别为最大功率点处的电压和电流。输出特性曲线是对光伏电池进行控制的重要依据，可以看出光伏电池 $I-U$ 曲线为单调递减曲线，$P-U$ 曲线为先增后减的单峰函数。

　　根据光伏电池的输出特性表达式，可以绘制其在任意光强与温度下的输出特性变化曲线，如图 1.4 所示。其中 I_{sc}、U_{oc}、U_m 和 I_m 最大功率点处的电压和电流均随光强的增大而增大，I_{sc} 和 I_m 随温度的升高而增大，U_{oc} 和 U_m 随温度的升高而减小。

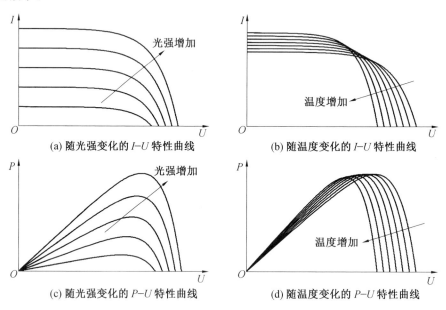

(a) 随光强变化的 $I-U$ 特性曲线　　(b) 随温度变化的 $I-U$ 特性曲线

(c) 随光强变化的 $P-U$ 特性曲线　　(d) 随温度变化的 $P-U$ 特性曲线

图 1.4　光伏电池随光强和温度变化的输出特性曲线

　　根据光伏电池的上述分析，可以总结出其输出特性如下。

　　(1) 输出电压、电流均为直流。

　　(2) 输出电压、电流呈现局部恒压、局部恒流特性，随着输出电流的增加，输出电压逐渐减小。

　　(3) 存在最大功率输出点，并随着光强和环境温度的变化而在较大范围内变化。

　　由上述光伏电池的输出特性可知，其输出电压、电流和功率均随着光强和环境温度的变化而在较大范围内变化，为实现其持续、可靠供电，必须辅以电力电

子变流装置将其可变输出电压、电流转换为恒压或恒流的电能形式。例如,若其
连接到交流微电网中,需要一个 DC－AC 变换器,而若将其接入到直流微电网
中,需要一个 DC－DC 变换器。

1.2.3　燃料电池

　　燃料电池是一种将存储在燃料和氧化剂中的化学能按电化学原理转化为电
能的转化系统。燃料电池单体由阳极(燃料电极)、阴极(氧化电极)及电解质膜
组成,其基本结构如图 1.5 所示。工作时,燃料和氧化物由外部供给进行化学反
应。理论上只要反应物不断输入,反应产物不断排出,燃料电池就能实现连续发
电。以氢燃料电池为例,其电化学反应过程为:首先阳极气体通道中的燃料氢气
在通过阳极时与催化剂发生化学反应,产生氢离子,并释放出电子;然后在阳极
侧形成的氢离子经由电解质膜转移到阴极的催化剂层上,而电子则需经过外部
电路到达阴极,到达阴极的氢离子与阴极上氧化剂中的氧离子发生化学反应生
成水,并消耗电子。

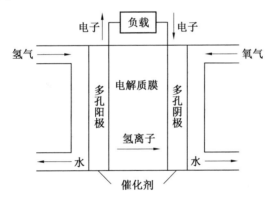

图 1.5　燃料电池的基本结构

　　燃料电池具有发电效率高、环境污染小、比能量高、燃料范围广、可靠性高、
噪声低等一系列优点。但是由上述工作过程可知,燃料电池需要通过化学反应
实现发电,因此动态响应较慢,难以满足全部应用场合的实际性能需要。例如用
于电动车中时,燃料电池单向供电的特性,使其无法吸收电动机再生制动过程产
生的能量,导致能量浪费。因此一般燃料电池均与储能系统(蓄电池或超级电
容)一起构成混合发电系统,其原理结构如图 1.6 所示。其中燃料电池负责持续
输出电能,为负载提供平滑电能。而蓄电池或超级电容一方面为大动态扰动负

载提供短时电能,另一方面吸收负载产生的再生电能。燃料电池和储能系统形成互补,进而提高燃料电池发电系统的动态响应性能和再生电能回收能力。

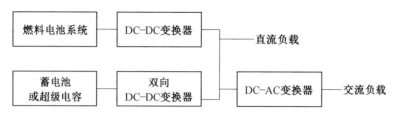

图 1.6　燃料电池与储能系统构成的混合发电系统原理结构

1.2.4　蓄电池

蓄电池是世界上广泛使用的一种化学"电源",具有电压平稳、安全可靠、价格低廉、适用范围广、原材料丰富和回收再生利用率高等优点,是目前最成熟、最通用的电能存储方式。从工作原理分,主要包括铅酸电池、镍氢电池、钠硫电池、全钒液流电池、锂离子电池等。

(1)铅酸电池使用硫酸为电解质溶液,正极和负极分别为二氧化铅和绒状铅。正负极分别与硫酸反应产生电荷实现放电。硫酸会随着放电反应的进行而不断消耗,当硫酸浓度太小或正负电极的活性物质耗尽而不足以维持放电反应时,蓄电池停止工作。铅酸电池具有成本低廉、技术成熟、性能较为稳定、安全可靠等优点,最常应用于新能源发电尤其是小型风力发电、独立光伏发电等系统中。其主要缺点包括:① 不可深度放电,循环充放电工作寿命较短,正常循环次数只有 1 000 余次;② 对工作条件较敏感,不理想的工作条件会加快其老化,缩短其正常使用寿命;③ 比能量低,为 30 ～ 50 W·h/kg,较低的比能量意味着需要占据更大的空间;④ 生产过程中产生环境污染以及在报废后需要进行无害化处理等。上述问题造成其在大容量储能领域的应用受到限制。

铅酸电池的充放电控制特点:① 要求防过充、过放电控制;② 需使用恒流－恒压－浮充等多段式充电方式,以确保不会产生电池过充,延长其使用寿命。

(2)镍氢电池在镍镉电池的基础上改良而来,正极为氢氧化亚镍,负极为储氢合金,以氢氧化钠或氢氧化钾为电解液。充电时,正极的氢氧化镍被氧化为镍氧化物,负极的金属物质被还原为储氢合金,放电时的反应过程与之相反。镍氢电池的优点是记忆效应不明显,环保性好,比能量较高,但也存在如下问题:① 成本较高,约为铅酸电池的 3 ~ 4 倍;② 自放电比较大,需定期对其补电;③ 耐过充能力不足,过充时易使正、负极发生膨胀,造成活性物质脱落、隔膜损坏,对电池性能和寿命危害很大。

镍氢电池的充放电控制特点:① 记忆效应通过数次完全充放电循环加以消除,因此每隔一定的使用次数后需对其进行一次或若干次完全充电;② 为避免过充、过放,要进行精细化的充放电控制管理;③ 一般采用恒流充电方式。

(3) 钠硫电池由液态电极和固态电解质构成,这是与其他二次电池的显著区别。钠硫电池分别以硫和熔融态金属钠作为正、负极的活性物质,固体氧化铝陶瓷同时起到电解质和隔膜的作用。放电时,金属钠在隔膜表面被氧化为钠离子,并通过电解质与正极的硫相结合,还原为多硫化钠化合物,同时电子通过外电路回到正极,充电过程与之相反。

钠硫电池的主要特点:① 比能量大,理论能量密度可以达到 750 W·h/kg,实际约为 200 W·h/kg,是常用铅酸电池的 5 倍;② 充电效率高,直流充电效率约为 89%,且几乎没有自放电发生;③ 大电流、高功率放电性能好,放电电流密度在 200 mA/cm² 以上;④ 环保性好,电池使用中不产生任何毒害物质。

钠硫电池的不足之处在于:① 安全性低,电池短路时,高温、熔融态的钠和硫会直接接触,放出大量的热,容易引起火灾,甚至爆炸,有严重的安全隐患;② 高温下硫有腐蚀性,对电池材料的稳定性和抗腐蚀性提出较高要求;③ 工作温度在 300 ~ 350 ℃ 之间,需要附加供热设备和保温设施,能耗比较大,且由此造成启动时间较长,不能很好地满足新能源发电储能的要求。

(4) 全钒液流电池由中间的离子交换膜分隔成两个半电池,半电池单元主要由电极和双极板组成,两个不同的半电池中分别装有不同价态的钒电解液。数十节乃至数百节单电池按照特定需求串并联组成电堆,电堆是全钒液流电池系统的核心。钒电池的电解液分别装在两个储液罐中,每个储液罐都配有一个泵,反应时电解液在动力泵的作用下流经电堆,不同价态的钒离子在电极表面发生化学反应。全钒液流电池通过电子在不同价态的钒离子间定向移动实现电能和化学能的转换。

全钒液流电池的发电功率主要取决于电极板的面积,而其化学能主要存储在电解质溶液里,因此其功率与容量可以独立设计。其另一个优点是循环寿命长,这是由于其反应时只是钒离子在不同价态间转换,没有其他的物相变化,因此理论上可以对其进行任意程度的充放电。其还具有响应速度快、充放电效率高、安全性高、成本低等一系列优点。此类电池主要部分为电解质溶液,若要获得大容量,则需要体积较大,不利于运输,因此一般应用于固定场所的大容量存储场合,如风电场调峰、电网二次调频等。

全钒液流电池的充放电控制特点:① 随着温度的升高,电解液的利用率增大,进而电池的充放电容量增加,但过高的温度会使电流效率降低,过低的温度会使电解液利用率降低,充放电容量减少,甚至停止出力,为了保证电池系统的稳定运行,应加强对温度的控制;② 常用的充电方法为恒功率充电、恒电流充电,而恒电压充电一般用于电池充满后的浮充。

(5)锂离子电池在正负极分别使用两种能够可逆地嵌入和脱嵌锂离子的化合物,在充电时,锂离子从正极释放,通过电解液和隔膜流入负极。由于锂离子在正负极中有相对固定的空间和位置,因此电池充放电反应的可逆性好。锂离子电池种类较多,具有代表性的主要有钛锂、铁锂、空气锂及锂离子聚合物电池等。锂离子电池的能量密度高,循环寿命长,可达数千次。自放电率低,正常情况下仅为 5％ 左右。充放电转化率高,可达 90％ 以上。另外,对环境友好,不含对人体有害的重金属元素。锂离子电池在实际应用中尚存在成本较高、安全性有待进一步提高等缺点。

锂离子电池的充放电控制特点:① 宜采用恒流 - 恒压 - 浮充的组合充电方式,避免大充电电流的冲击,也能够避免恒流充电末期因充电电压偏高而使极板弯曲和容量下降的问题;② 单体电压和容量较低,需要多个单体串并联使用,需要配合电压均衡控制系统,确保系统安全可靠地工作。

1.2.5 超级电容

超级电容通过电极与电解质之间形成的界面双层来实现能量存储。当电极与电解液接触时,库仑力、分子间力及原子间力的作用使固液界面出现稳定和符号相反的双层电荷。电压加在正极板上的电势吸引电解质中的负离子,负极板吸引正离子,从而在两电极的表面形成了一个双电层电容。双电层电容根据电极材料的不同,可以分为碳电极双层超级电容、金属氧化物电极超级电容和有机聚合物电极超级电容。

超级电容性能介于普通电容器与蓄电池之间,能量密度高于普通电容,功率密度高于蓄电池。超级电容应用于储能时,其最大优势为循环寿命长,无维护情形下最长可以运行超过 10 年。另一大优势是可以大电流充放电,能在几十秒到数分钟内完成充电。另外,超级电容的漏电流极小,电压保持时间长,使用温度范围广。超级电容的缺点包括:① 能量密度与蓄电池相比较低;② 个体参数差异较大,需要性能优良的电压均衡电路;③ 端口电压与存储的电荷为平方关系,因此在充放电过程中电压变化范围较大。

1.3 用于发电源、供电源集成的典型隔离型变流技术

隔离型变换器是指通过变压器实现所连接的电源、负载之间的电气隔离。目前主要有隔离型 DC－DC 变换器、AC－DC 变换器和 AC－AC 变换器等形式。其中 AC－DC 变换器或 AC－AC 变换器,包括工频隔离型和高频隔离型两种。

高频隔离型变换器是指通过电力电子变换装置,将工频交流或直流电能形式转变为数十千赫兹甚至兆赫兹的交流电能形式,再经过高频变压器进行电能传输,最终经过电力电子变流装置将其转换为所需的交流或直流形式。由于其采用高频变压器,因此具有如下特点。

(1) 不使用工频变压器而采用高频变压器,具有更高的功率密度和集成度。

(2) 引入的电力电子变流装置,使得整个系统的控制更加灵活,更利于实现复杂功能和引入电能质量优化技术。

(3) 采用单级式结构时可以取消直流侧大容值电容,在进一步提高系统集成度的同时,可显著提高系统的使用寿命。

(4) 由于使用了更多电力电子变换装置,因此其复杂性和成本均要高于工频隔离技术。

随着功率开关器件(开关管)开关频率的提高和损耗的不断下降,高频隔离变流技术的新拓扑、新控制技术不断涌现,在功能、体积、成本、效率等各方面的性能均发生着日新月异的变化,已经成为下一代电能变换领域的发展方向,在新能源发电、电气化交通、能源互联等各个方面具有巨大的应用潜力。下面对几种典型隔离型变换器进行简要阐述。

1.3.1 隔离型 DC − DC 变换器

1. 单向隔离型 DC − DC 变换器

单向隔离型 DC − DC 变换器主要应用于只需电能单向传输的场合,例如移动式设备的充电器、电焊机、电动车充电桩等,其统一原理结构如图 1.7 所示。其中,在输入侧采用全桥或半桥式结构,将输入直流电压转换为高频交流电压,再经过储能环节和高频变压器后,经过二极管不控整流和滤波电路转换为输出侧的直流电压。储能环节一般包括电感储能式和谐振回路储能式(简称谐振式),下面简要加以阐述。

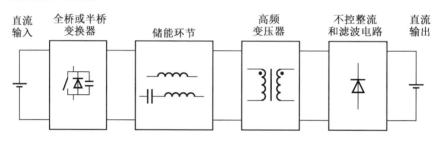

图 1.7　单向隔离型 DC − DC 变换器统一原理结构

电感储能式是指在变压器绕组和 H 桥变换器之间串联电感,能量存储在电感中。储能电感可以是专门的电感,也可以利用变压器漏感。储能电感一般数值在数微亨至数十微亨之间。谐振式是指在变压器的一侧使用 LC 或 LLC 谐振回路实现电能存储。

谐振式的主要优点包括:① 电流应力较小,较小的电流应力意味着较低的成本和损耗;② 谐振电流为近似正弦波形,具有较好的电磁兼容性;③ 谐振电容具有隔直功能,能有效避免变压器的磁偏置和磁饱和等问题;④ 可以使用不同结构的谐振网络而具有更多的控制灵活性。

谐振式的主要缺点包括:① 谐振电容电压与传输功率直接相关,受限于器件耐压和出于安全考虑,目前谐振式主要应用在中小功率场合;② 使用变频调制时,轻载时无功环流较大,系统效率较低。

单向隔离型 DC − DC 变换器的共同优点在于通过高频变压器实现电气隔离,具有较高的集成度和功率密度,开关器件易于实现软开关;共同缺点在于输出电压只能在额定电压以下调节,电压变换范围较窄。

2. 双向隔离型 DC － DC 变换器

在单向结构的基础上,将不控整流器更换为全桥或半桥变换器,即构成了双向隔离型 DC － DC 变换器。通过协调控制两侧的桥式变换器,可以实现双向功率传输和升降压运行。其根据储能环节电路结构的不同分为电感储能式、谐振式和电流源型。电感储能式和谐振式的统一原理结构如图 1.8(a) 所示,其中电感储能式一般采用移相调制策略,包括单移相、双移相和三移相调制策略。单移相调制策略通过调节外移相角,可以实现功率的双向调节和升降压转换。双移相调制策略在单移相调制的基础上增加了桥式变换器的内移相角,根据加入方法的不同,可以分为只在一侧变换器中加入内移相角或者在两侧变换器中加入相同的内移相角。由于加入了内移相角,因此在对传输功率进行调节的同时,还可以对软开关范围、电流应力、环流以及变压器电流有效值等方面进行优化,从而提高系统效率、降低系统成本。尤其是在轻载时,通过加入内移相角可以显著降低环流和变压器电流的有效值。三移相调制策略是指两侧变换器的内移相角是独立的,因此可以进一步对变换器的性能进行优化,尤其是在两侧的直流电压大范围变化时,可以保证全功率、电压范围的软开关、无环流和最小变压器电流有效值运行,从而实现变换器的全局性能优化。对于谐振式变换器,在三移相调制策略的基础上,还可以引入开关频率作为控制变量,进一步优化变换器的性能。

在电流源型变换器中,其储能环节与变压器不直接相连,一般连接在输入或输出侧。由于储能环节所连接位置的不同,因此其工作原理和过程与电感储能式及谐振式具有本质差异。图 1.8(b) 给出了储能电感和输入电源串联后与桥式变换器相连的结构,其基本原理是通过桥式变换器的桥臂直通状态将电能存储在储能电感中,再通过桥式变换器将电感电流转变为高频交变的变压器电流实现功率传输。图 1.8(b) 中的变压器漏感无须参与能量交换,在忽略变压器漏感的前提下,变换器高频工作电流为近似方波,其幅值与电感电流相等,因此具有最小电流应力,这也是电流源型变换器的主要优点。而由于其与非隔离的升压电路是等效的,因此在不考虑变压器变比时,在功率由一次侧传向二次侧的情况下,此电路只能工作在升压状态,在功率反向传输时,只能工作在降压状态,电压转换范围受限,也因此限制了其应用场合。

依据对偶原理,图 1.8(c) 给出了储能电感与二次侧直流电源相连的结构,其与非隔离的降压电路是等效的,因此在功率由一次侧传向二次侧的情况下,此电路只能工作在降压状态,在功率反向传输时,只能工作在升压状态,电压转换范围受限的问题仍然存在。

图 1.8(d) 给出了电流源升降压型变换器的原理结构,在升压型结构的基础上,在直流输入侧加入半桥结构,通过协调控制输入半桥和两个桥式变换器,可以实现双向升降压运行。例如,在升压模式,可以令半桥不工作,其结构与升压型变换器相同,而在降压模式,通过控制输入半桥中的上管来实现输出侧电压的调节,从而在保持电流源型变换器功率器件电流应力最小这一优点的同时,有效扩展了电压转换范围。

由于变压器漏感的存在,因此电流源型变换器在工作状态切换过程中会产生电压尖峰,其主要原因是在储能电感与变压器漏感的连接关系变为串联连接之前,二者流过的电流不一致。目前针对这一问题的解决方法主要包括被动吸收电路法、有源钳位电路法和基于调制策略的优化方案。

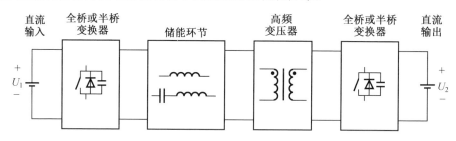

(a) 电感储能式和谐振式的统一原理结构

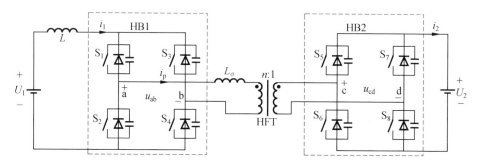

(b) 电流源升压型

图 1.8 几种典型的双向隔离型 DC－DC 变换器拓扑结构

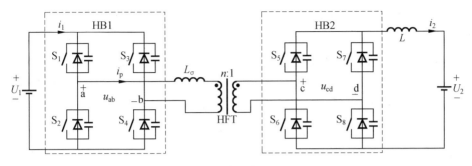

（c）电流源降压型

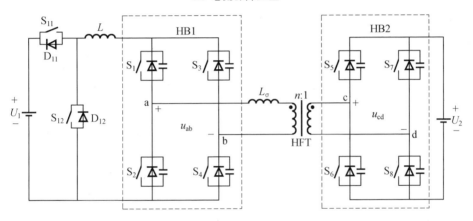

（d）电流源升降压型

续图 1.8

除此之外，还有一种复合结构，即将输入直流电源经过两个电感分别接到桥式变换器的两个桥臂，形成交错并联式结构，再分别接到桥式变换器的桥臂中点，剩余部分与电压源隔离型 DC－DC 变换器相同。该结构根据中间储能环节的不同，分为电感储能式和谐振式，其拓扑结构分别如图 1.9（a）、（b）所示。其输入侧的桥式变换器具有双重功能，一方面与交错并联电感构成升压变换器，另一方面与中间储能环节、高频变压器和输出侧的桥式变换器构成双有源桥 DC－DC 变换器。交错并联的结构使得输入侧直流电源的工作电流保持连续，并能够进一步减小输入电流纹波，减小开关管的电流应力，提高系统的工作效率。此外，通过输入侧桥式变换器与两个输入电感构成的升压电路，增加了直流电容电压这一自由度，有助于优化高频工作电流特性，以提高系统效率，降低功率开关管的电流应力。对于电感储能式结构，在输入电压大范围变化时，能够使两个桥式变换器的直流侧等效电压相等,根据电感储能式双向 DC－DC 变换器的原理可知,这一条件能够使变换器工作在最佳效率。对于谐振式结构,可以通过调节直流电容电压,使高频谐振电流和二次侧变换器的高频交流电压保持同相位,从而实现最小谐振电流有效值运行,以降低各个功率开关管的电流应力,提高工作效率。这种变换器的优点包括,左侧直流电源的输出电流为连续波形,且纹波含量较小;中间隔离型 DC－DC 变换器工作在最优电流波形状态。然而其同样具有一些缺点:一方面输入侧电源到左侧电容电压之间是升压关系,因此该电路只能工作在升压状态,电压转换范围较窄;另一方面,一次侧桥式变换器的两个下开关管电流由直流侧电感电流和高频工作电流共同决定,较难实现全工作范围的软开关运行。

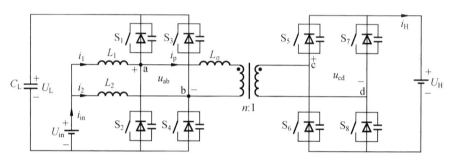

（a）电感储能式

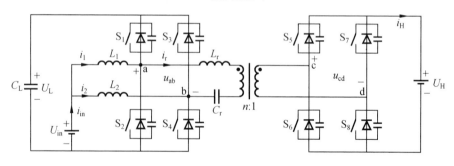

（b）谐振式

图 1.9　交错并联双向隔离型 DC－DC 变换器拓扑结构

3. 单向混合式隔离型 DC－DC 变换器

由前述单向、双向隔离型 DC－DC 变换器的结构可知,对于单向结构,功率开关管数量较少,只能实现单方向的功率传输,同时电压转换范围较窄;而双向结构具有双向功率传输功能和宽升降压转换范围,但是功率开关管数量较多。因此,两种结构均不能很好地胜任需要单向功率传输及升降压转换的场合。有学者提出用单向混合式隔离型 DC－DC 变换器来解决这一问题,其拓扑结构如图 1.10 所示。输入侧仍然使用桥式变换器,输出侧使用二极管和功率开关管构成混合式变换器,一种方案是两个二极管构成一个半桥,而两个功率开关管串联构成另一个半桥,如图 1.10(a) 所示;另一种方案是功率开关管和二极管串联构成半桥,两个半桥并联构成一个完整全桥,如图 1.10(b) 所示。这种结构的本质原理在于通过在输出侧的变换器中引入功率开关管,从而增加一个将变压器二次侧绕组短路的工作状态,进而实现整个变换器的升压运行。

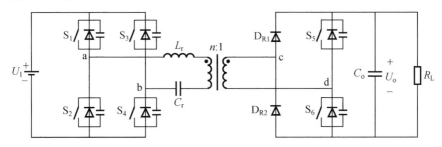

(a) 二次侧变换器的开关管在同一个桥臂

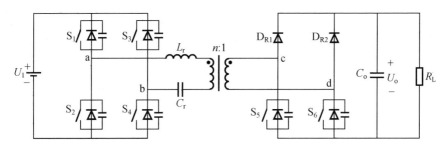

(b) 二次侧变换器的开关管在两个桥臂的下侧

图 1.10 单向混合式隔离型 DC－DC 变换器的拓扑结构

1.3.2 隔离型 AC－DC 变换器

1. 隔离方式

现有隔离型 AC－DC 变换器从隔离方式上主要分为工频隔离型和高频隔离型,其统一结构如图 1.11 所示。其中,工频隔离型 AC－DC 变换器由于通过工频变压器将变换器与电网相连进而实现电气隔离,因此体积和质量均较大。近几年所提出的高频隔离型 AC－DC 变换器通过引入高频变压器从而大幅降低了系统体积,而高频隔离型 AC－DC 变换器的软开关特性使系统效率得以显著提高。因此用高频变压器取代工频变压器已经形成广泛共识,成为技术主流。

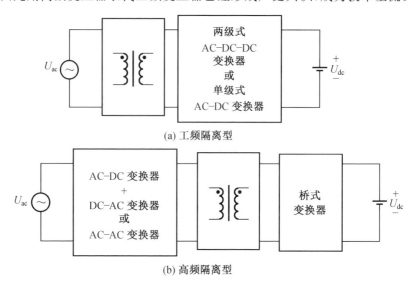

图 1.11　两种隔离型 AC－DC 变换器统一结构

2. 两级式高频隔离型

高频隔离型 AC－DC 变换器从结构上可以分为两级式结构和单级式结构。其中两级式结构采用 AC－DC 变换器结合隔离型 DC－DC 变换器的方式,AC－DC 变换器负责交流侧电能质量控制,而 DC－DC 变换器负责直流侧电压、电流的控制。由图 1.12 所示的两级式高频隔离型 AC－DC－DC 变换器统一结构可知,此类拓扑以现有技术为基础,易于实现,然而普遍需要在直流侧使用较大的滤波电容,因此造成系统体积较大的问题。使用低成本的电解电容会造成整个系统使用寿命较短的问题,而使用寿命较长的薄膜电容又会造成成本明显增加的问题。另外,两级式结构还存在一个问题,由于 AC－DC 变换环节难以在全功率范围内实现所有功率开关管的软开关运行,因此工作效率提升空间有限。

3. 单级式高频隔离型

单级式高频隔离型 AC－DC 变换器的基本原理是通过一级结构同时实现

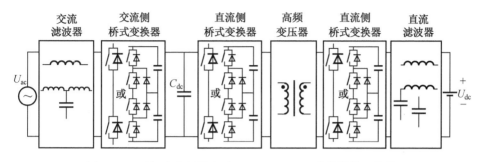

图 1.12 两级式高频隔离型 AC－DC－DC 变换器统一结构

AC－DC 功率变换和高频电气隔离,其统一结构如图 1.13 所示。相比于两级式结构,单级式结构省去了中间级直流大容值电容,进一步减小了系统体积,提高了系统寿命。因此,单级式高频隔离型 AC－DC 变换器相比于工频隔离型 AC－DC 变换器及两级式高频隔离型 AC－DC 变换器,在体积、寿命及效率等方面均具有明显的优势。

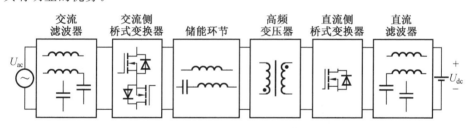

图 1.13 单级式高频隔离型 AC－DC 变换器统一结构

一类单级式高频隔离型 AC－DC 变换器由电压型 PWM(Pulse Width Modulation,脉冲宽度调制)整流器和电流型 PWM 整流器演变而来,单级式电压型拓扑结构如图 1.14 所示,单级式电流型拓扑结构如图 1.15 所示。

单级式电压型拓扑通过由双向功率开关构成的矩阵式变换器将工频交流电压转变为高频交变电压,通过高频变压器实现功率传输。一方面省去了中间级直流大电容,集成度和功率密度得以显著提高;另一方面通过适当的调制策略可以实现所有开关管的软开关运行,但该拓扑本质上仍是一种电压型 PWM 整流器,无法实现 AC－DC 方向的降压运行。

单级式电流型拓扑中同样需要一个基于双向功率开关的矩阵式变换器将工频交流电压转变为高频交流电压,再经过高频变压器和另一侧的桥式变换器转换为高频波动的直流电压,通过直流侧电感实现功率传输。由于直流侧需要一个大电感以维持直流侧电流工作在连续状态,增大了电路体积,而且该拓扑本质上仍然是一种电流型 PWM 整流器,因此无法实现 AC－DC 方向的升压运行。

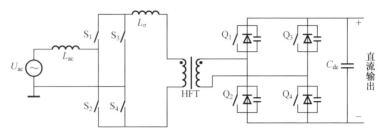

（a）单相结构

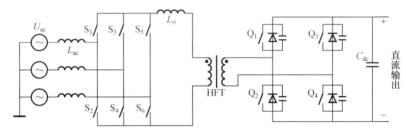

（b）三相结构

图 1.14　基于电压型 PWM 整流器的单级式高频隔离型 AC－DC 变换器拓扑结构

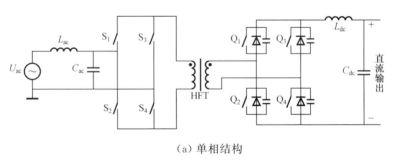

（a）单相结构

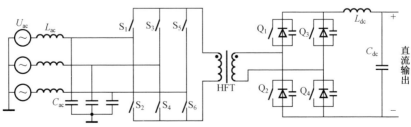

（b）三相结构

图 1.15　基于电流型 PWM 整流器的单级式高频隔离型 AC－DC 变换器拓扑结构

另一类单级式高频隔离型 AC－DC 变换器由双有源桥变换器演变而来。在图 1.15（a）所示的单相单级式电流型拓扑结构基础上，取消直流侧大电感，可以得到图 1.16 所示的单相单级式电感储能式双有源桥 AC－DC 变换器拓扑结构，其采用移相调制策略实现 AC－DC 功率变换、升降压控制以及功率双向传输。在图 1.16 所示拓扑结构图基础上，后续又有如图 1.17 所示的单相准单级式电感储能式双有源桥 AC－DC 变换器拓扑结构，以及如图 1.18 所示的单相单级式电感储能式双有源推挽式 AC－DC 变换器拓扑结构。

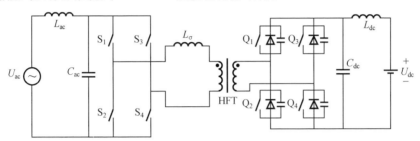

图 1.16　单相单级式电感储能式双有源桥 AC－DC 变换器拓扑结构

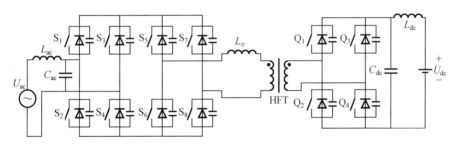

图 1.17　单相准单级式电感储能式双有源桥 AC－DC 变换器拓扑结构

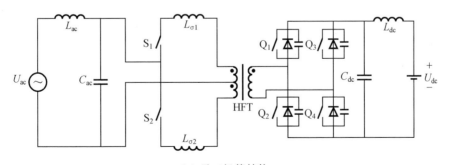

（a）无二极管结构

图 1.18　单相单级式电感储能式双有源推挽式 AC－DC 变换器拓扑结构

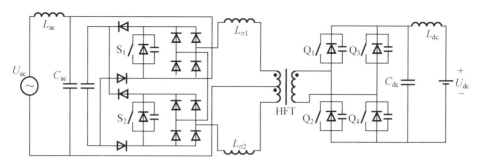

（b）包含二极管结构

续图 1.18

上述几种拓扑结构均可实现 AC－DC 功率变换、升降压控制以及功率双向传输功能。推挽式拓扑 AC 侧开关管数量虽然较全桥拓扑减少了一半，但其器件耐压需提高一倍。此外，推挽式拓扑无法对 AC 侧电压进行 PWM 调制，因而仅有两个移相角自由度，而且带有中心抽头的高频变压器绕制复杂，体积偏大，不利于系统功率密度的提高。准单级式拓扑是由工作在交流侧开关频率的整流前级和工作在高频开关的双有源桥式变换器后级组成，由于高频滤波电容的作用，流经整流前级的电流为交流侧频率连续量，因此相较于单级式拓扑，部分功率开关的电流应力得以降低。在三相单级式电流型拓扑结构的基础上，取消直流侧大电感，得到图 1.19 所示三相单级式电感储能式双有源桥 AC－DC 变换器拓扑结构。借助电流型 PWM 整流器的调制方法对该拓扑的三相桥臂进行调制，而对其直流侧全桥进行移相调制，不仅可以实现 AC－DC 功率变换和功率双向传输，而且可以实现升降压变换。

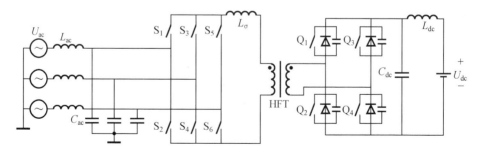

图 1.19　三相单级式电感储能式双有源桥 AC－DC 变换器拓扑结构

还有一类结构是谐振式变换器。图 1.20 和图 1.21 分别为单相和三相单级式串联谐振式双有源桥 AC－DC 变换器拓扑结构,此类变换器的工作本质与谐振式 DC－DC 变换器是相同的。通过采用谐振网络作为储能环节,其工作电流波形为类正弦波形,具有更好的电磁兼容特性,电流应力小,易于实现软开关,有助于开关频率的提高,从而提高系统的功率密度。但受限于高频谐振电容的耐压等级和成本,谐振式拓扑主要应用于中小功率场合。因此,在大功率应用场合,可以采用非谐振式拓扑,在中小功率场合可以采用谐振式拓扑。

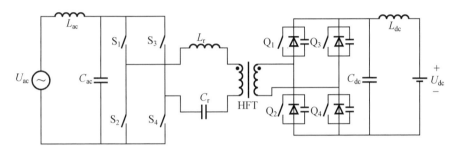

(a) 全桥结构

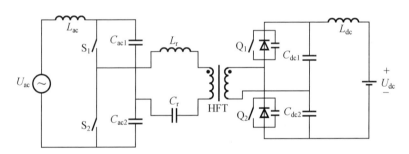

(b) 半桥结构

图 1.20 单相单级式串联谐振式双有源桥 AC－DC 变换器拓扑结构

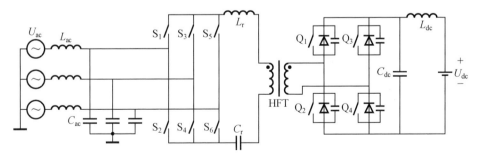

图 1.21 三相单级式串联谐振式双有源桥 AC－DC 变换器拓扑结构

1.3.3 隔离型 AC － AC 变换器

隔离型 AC － AC 变换器按结构主要分为三级式 AC － DC － AC 结构和单级式 AC － AC 结构。下面简要加以介绍。

1. 三级式 AC － DC － AC 结构

图 1.22 所示为三级式高频隔离型 AC － DC － AC 变换器统一结构,其中输入侧的交流滤波器、桥式变换器及直流侧电容构成了 AC － DC 变换器,通过采用直流电压外环、交流电流内环的双环控制结构,可以实现恒定的直流电压控制和交流输入电流的正弦波形控制。直流侧的桥式变换器和高频变压器,与另一个直流侧的桥式变换器及直流侧电容构成隔离型 DC － DC 变换器,能够将恒定的直流电压转换为具有电气隔离特性的直流电压。而输出侧的桥式变换器和交流滤波器将隔离型 DC － DC 变换器二次侧的输出直流电压转换为电压幅值、频率可调的单相或三相交流输出电压。由此通过高频变压器实现一、二次侧交流电源的电气隔离和二次侧交流输出电压的幅值和频率的调节。

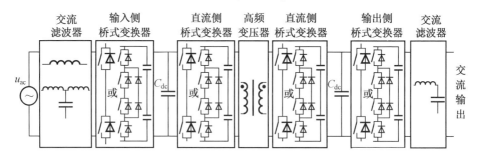

图 1.22　三级式高频隔离型 AC － DC － AC 变换器统一结构

2. 单级式 AC － AC 结构

另一类 AC － AC 变换器即是单级式结构,通过一级结构实现 AC － AC 变换,不需要大容值电解电容,系统总体控制算法复杂度也显著降低。图 1.23(a) 所示为典型的单相降压型全桥式 AC － AC 变换器拓扑结构,图 1.23(b) 所示为单相升压型全桥式 AC － AC 变换器拓扑结构,图 1.23(c) 所示为单相降压型全波式 AC － AC 变换器拓扑结构,图 1.23(d) 所示为单相升压型全波式 AC － AC 变换器拓扑结构。

全桥式结构相比于全波式结构,电压利用率提高一倍,二次侧器件数量亦提高一倍。全波式结构的结构更为简单,所使用的功率开关管数量更少,但是其一次侧输入电压的利用率较低,而且高频变压器需要中间抽头,结构和加工工艺较为复杂。全桥式结构适用于电压等级较高、功率较大的场合;而全波式结构适用于二次侧输出电压较低、功率较小的场合,可以降低成本,提高工作效率和功率密度。

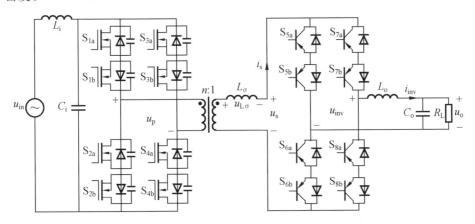

(a) 降压型全桥式

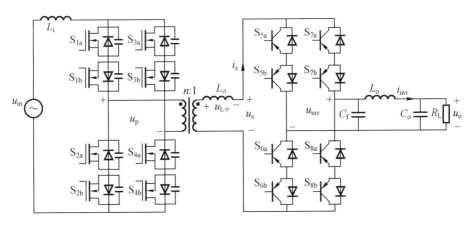

(b) 升压型全桥式

图 1.23 几种典型的单相单级式高频隔离型 AC - AC 变换器拓扑结构

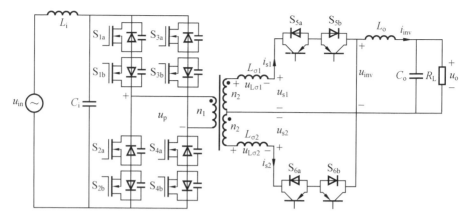

（c）降压型全波式

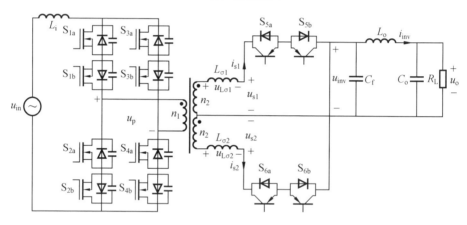

（d）升压型全波式

续图 1.23

1.4 高频隔离变流技术的发展趋势

随着近年来新能源发电、储能及电气化交通领域的不断发展,高频隔离变流技术的应用领域亦不断扩展,尤其是近几年,吸引了大量的企业和科研人员投入到高频隔离变流技术的研究中来,涌现了一批新型拓扑结构及其调制与控制策略,在功能、功率密度、效率、成本等方面均有了长足进步。其发展趋势预计包括如下几个方面。

（1）基于新原理的电路拓扑、调制策略及控制策略方面尚有待进一步提出，以进一步拓展此类拓扑的功能，使其适应更加广泛的应用场合。

（2）基于新型功率器件，如碳化硅和氮化镓等的新型高频隔离变换器的拓扑结构及相关控制技术，以进一步提高系统的集成度、功率密度和工作效率。

（3）向中高压领域的拓展应用，如用于光伏发电站、风力发电场的中高压直接接入的高频隔离型 AC－DC 变换器；面向高铁供电的交直流电力电子变压器；面向多端柔性直流输电的模块化高频隔离型变换器；面向大容量储能及电动车充放电系统的中高压高频隔离型 AC－DC 变换器等。

（4）先进控制理论，如模型预测控制、鲁棒控制等在高频隔离变流技术中的应用。

（5）高频隔离变流器的寿命预测技术、功率器件故障诊断技术、具有冗余和容错特性的新型拓扑及容错运行控制技术等。

1.5　本 章 小 结

本章首先对典型的可再生能源发电系统，包括风力发电、光伏发电和燃料电池系统的基本原理和特点进行了简要介绍。然后介绍了蓄电池、超级电容等储能系统的基本原理和技术特点。另外，对涉及的典型高频隔离电力电子变流技术的类型和拓扑结构及工作特性进行了简要的归纳和评述。最后指出了高频隔离变流技术的发展趋势。

第 2 章

单向隔离型 DC − DC 变换器

单 向隔离型 DC−DC 变换器在电动车充电器、电子设备充电器及光伏发电系统等只需功率单向传输的场合获得了广泛应用。本章首先分析三种单向隔离型 DC−DC 变换器的拓扑结构、工作原理、电压转换比以及电流和功率特性；然后提出一种混合型结构，通过在二次侧增加两个开关管，实现宽范围升降压运行，并对其工作原理、调制策略及工作特性进行详细阐述。

2.1　概　　述

单向隔离型 DC－DC 变换器的一次侧使用桥式变换器将直流电能变换为高频交流电能,进而通过隔离变压器实现电能传输,二次侧通过二极管不控整流器或二极管和开关管混合整流器变换为直流电能。此类变换器使用高频变压器实现电能传输和电气隔离,因此具有高集成度和高功率密度,但是由于二次侧使用二极管不控整流器,因此只能实现单方向功率传输。

单向隔离型 DC－DC 变换器在手机充电器、笔记本充电器、电动车充电器等领域获得了广泛应用。根据其结构和储能环节性质的不同,可以分为电感储能式、谐振式,以及二次侧全波结构和二次侧全桥结构等。上述拓扑结构一方面只能实现单向功率传输,另一方面其等效电压转换比只能小于或等于1,限制了其实际应用。近些年出现了二次侧采用二极管和开关管构成的混合式整流器结构,可以改善电流特性和实现升降压运行。

本章将对上述单向隔离型 DC－DC 变换器的拓扑结构、工作原理、调制策略和稳态特性进行详细阐述。

2.2　电感储能式二次侧全波结构 DC－DC 变换器

2.2.1　拓扑结构

单向电感储能式二次侧全波结构隔离型 DC－DC 变换器的拓扑结构如图 2.1 所示。其中 U_{in} 为输入电源电压, i_{in} 为输入电流, $S_1 \sim S_4$ 为四个开关管,包含寄生电容与反并联二极管,共同构成了一次侧全桥变换器 HB1。u_{ab} 为 HB1 的交流侧高频输出电压,HFT 为高频变压器,匝数比为 $n:1$,L_σ 为变压器漏感与外接电感之和,i_p 为变压器电流。二次侧 D_{R1}、D_{R2} 为两个整流二极管,L_o 和 C_o 分别为输出滤波电感和电容,R_L 为负载,U_o 为输出电压。HFT 的二次侧绕组采用中间抽头结构,中间抽头连接输出滤波电容的负极,HFT 二次侧绕组的两端分别连接整流二极管 D_{R1}、D_{R2} 的阳极,而两个整流二极管的负极并联后连接到 L_o,因此二次侧绕组的输出电压分别经过两个整流二极管进行整流。U_{rec} 为整流后的电压,i_L 为流经 L_o 的电流。由图示结构可知,在变压器电压的每半个周期只有一个整流二极管导通,因此二次侧绕组在一个完整的控制周期中只有一半参与工作。

此类变换器一般采用移相调制,其中同一桥臂的上下两个开关管分别以 $180°$ 互补导通,例如 S_1、S_2 以 $180°$ 互补导通,而 S_3、S_4 以 $180°$ 互补导通。进一步通过改变两个半桥控制信号的相对相位,即移相角,来实现传输功率的调节。

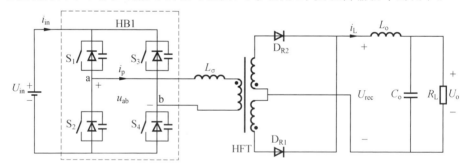

图 2.1　单向电感储能式二次侧全波结构隔离型 DC－DC 变换器的拓扑结构

根据变压器一次侧电流 i_p 的工作状态,可以将变换器分为连续模式和断续模式两种。以半个周期为例,关断开关管 S_4 后电流 i_p 逐渐减小,若开关管 S_3 在电流减小至零之前导通,电路将处于连续状态,这种工作状态称为连续模式;若开关管 S_3 在电流减小至零之后导通,由于电流减小至零且假设此时 U_o 不改变,因此电流一直为零直到开关管 S_3 导通,这种工作状态称为断续模式。下面对这两种工作模式及临界模式分别进行分析。

2.2.2　连续模式分析

考虑死区的连续模式下的变换器工作波形如图 2.2 所示。图中考虑了死区时间,如 $[t_0,t_1)$ 区间以及 $[t_2,t_3)$ 和 $[t_6,t_7)$ 区间等。由图 2.2 所示的工作波形可知,变压器电流的波形会随着输入、输出电压的不同而发生变化,因此下面对各个时刻的工作过程逐一进行分析。

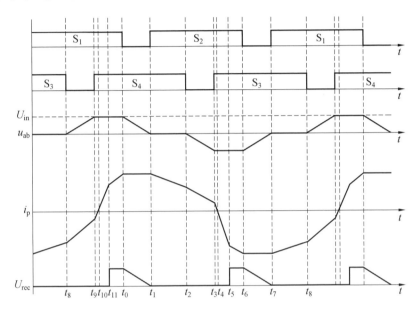

图 2.2　考虑死区的连续模式下的变换器工作波形

$[t_{11},t_0)$ 区间:此区间一次侧开关管 S_1、S_4 导通,一次侧变换器 HB1 输出电压等于输入电源电压,变压器电流 i_p 大于零,二次侧整流二极管 D_{R1} 导通,其等效电路如图 2.3(a)所示。由图可知,其等效电感为

$$L_e = L_\sigma + n^2 L_o \qquad (2.1)$$

则变压器电流的变化率可以表示为

$$\frac{\mathrm{d}i_p}{\mathrm{d}t} = \frac{U_{in} - nU_o}{L_e} \qquad (2.2)$$

此时变压器电流逐渐增加,功率从输入侧直流电源经过 HFT 和二极管 D_{R1} 传输到输出端口,经过 L_o 和 C_o 构成的滤波电路形成直流电压。

$[t_0,t_1)$ 区间:关断开关管 S_1,由于死区的存在,S_2 同样保持关断。此区间变压器电流 i_p 由 S_1 转移至其寄生电容 C_1(C_x 为相应开关管的寄生电容),进而为电容 C_1 充电直到其两端电压为输入电源电压 U_{in}。而 S_2 的寄生电容 C_2 同样由于变压器电流的作用由初始电压 U_{in} 逐渐放电直到零,其等效电路如图 2.3(b)所示。

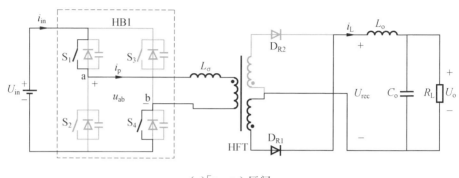

（a）$[t_{11},t_0)$ 区间

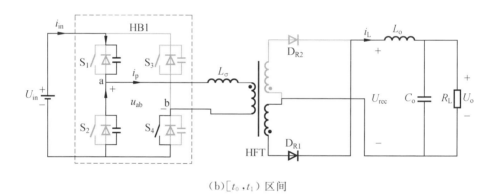

（b）$[t_0,t_1)$ 区间

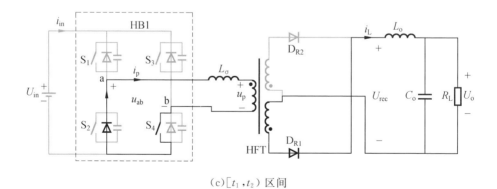

（c）$[t_1,t_2)$ 区间

图 2.3　变换器各时间区间的等效电路

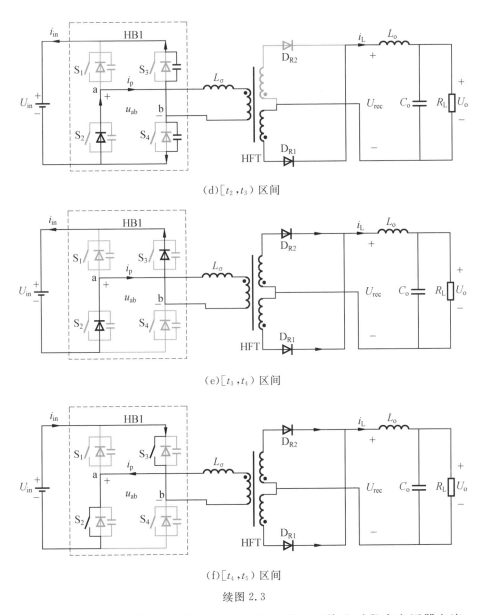

(d)[t_2,t_3) 区间

(e)[t_3,t_4) 区间

(f)[t_4,t_5) 区间

续图 2.3

由于寄生电容 C_1、C_2 较小，充放电时间亦较小，因此可将此时段内变压器电流 i_p 视为恒定值 I_pm。由等效电路易知寄生电容 C_1、C_2 充放电电流的关系为

$$i_{\mathrm{C}1} - i_{\mathrm{C}2} = I_\mathrm{pm} \Rightarrow i_{\mathrm{C}1} = -i_{\mathrm{C}2} = \frac{1}{2} I_\mathrm{pm} \tag{2.3}$$

C_1、C_2 充放电电流与其电压之间的关系为

$$\begin{cases} U_{C1} + U_{C2} = U_{in} \\ i_{C1} = C_1 \dfrac{dU_{C1}}{dt} \\ i_{C2} = C_2 \dfrac{dU_{C2}}{dt} \end{cases} \tag{2.4}$$

由此可求得 HB1 的输出电压为

$$u_{ab} = U_{C2} = U_{in} - \frac{i_L}{2nC_1}(t - t_0) \tag{2.5}$$

可以得到 HB1 输出电压线性下降,在 t_1 时刻两端电压下降至零。

$[t_1, t_2)$ 区间:开关管 S_2 导通,HB1 输出零电压,变压器电流进入续流阶段,由于变压器电流仍然大于零,因此变压器二次侧电流仍然流经二极管 D_{R1},其等效电路如图 2.3(c)所示。此时变压器电流的变化率为

$$\frac{di_p}{dt} = -\frac{U_o}{nL_e} \tag{2.6}$$

由此可知变压器电流线性下降。

$[t_2, t_3)$ 区间:从 t_2 时刻开始,HB1 输出电压极性反转,变压器电流开始进入极性反转区,需要最终变为负半周期运行。在 t_2 时刻关断开关管 S_4,此时由于死区的存在,S_3 保持关断,变压器电流 i_p 为寄生电容 C_4 充电直到其两端电压为 U_{in},同时寄生电容 C_3 反向放电直到其两端电压由 U_{in} 变为零。此时 u_{ab} 由零逐渐降低至 $-U_{in}$,由于输出侧变压器电流不能突变,因此二次侧整流二极管 D_{R1} 继续导通,由于二极管的钳位作用,因此有 $u_{ab} = 0$,其等效电路如图 2.3(d)所示。各元器件所流过电流的相互关系为

$$\begin{cases} i_{DR1} + i_{DR2} = i_L \\ i_{S1} = i_{DR1} \\ i_{S2} = -i_{DR2} \\ i_{S1} + i_{S2} = ni_p \end{cases} \tag{2.7}$$

得到

$$\begin{cases} i_{S1} = \dfrac{1}{2}(i_L + ni_p) \\ i_{S2} = -\dfrac{1}{2}(i_L - ni_p) \end{cases} \tag{2.8}$$

$$i_p = C_4 \frac{dU_{C4}}{dt} \tag{2.9}$$

U_{C4} 逐渐增加，直到 t_3 时刻等于 U_{in}。此过程中电容 C_3、C_4 相并联与电感 L_σ 构成谐振电路，谐振频率为

$$f_s = \frac{1}{\omega_s} = \frac{1}{\sqrt{L_\sigma(C_3 + C_4)}} \tag{2.10}$$

由谐振原理可知

$$i_p = i_p(t_2) \cos \omega_s(t - t_2) \tag{2.11}$$

当电容 C_4 两端电压 U_{C4} 充至 U_{in} 谐振期结束时，谐振期持续时间为

$$t - t_2 = \frac{1}{\omega_s} \arcsin \frac{U_{in}}{L_\sigma \omega_s i_p(t_2)} \tag{2.12}$$

为保证开关管 S_3 零电压导通，必须在 U_{C4} 充电至 U_{in} 后导通 S_3，即死区时间大于谐振期持续时间。

$[t_3, t_4)$ 区间：死区时间结束，开关管 S_2、S_3 完全导通，由于变压器电流仍然大于零，因此流经开关管 S_2、S_3 的反并联二极管 D_2、D_3（D_x 为相应开关管的反并联二极管），同时变压器二次侧电压等于零，其等效电路如图 2.3(e) 所示。此时有

$$\frac{di_p}{dt} = -\frac{U_{in}}{L_\sigma} \tag{2.13}$$

由于变压器电流斜率为负，因此在输入电压的作用下快速下降。

$[t_4, t_5)$ 区间：在 t_4 时刻，变压器电流 i_p 开始小于零，开关管 S_2、S_3 导通，根据上述分析，变压器电流 i_p 在 t_4 时刻为零，二次侧两个整流二极管流过的电流相等，且均保持导通，因此有 $U_{rec} = 0$，此时变压器电流变化率仍然为负，因此迅速负向线性增长，其等效电路如图 2.3(f) 所示。达到 i_L/n 所需时间为

$$t_5 - t_4 = \frac{i_L L_\sigma}{n U_{in}} \tag{2.14}$$

同时在 t_5 时刻，有 $i_{DR1} = 0$、$i_{DR2} = i_L$。二次侧整流二极管 D_{R1} 关断，电流全部流经整流二极管 D_{R2}。电路后半个工作周期状态与前半段相同，因此不做分析。

由于死区时间较短，因此计算传输功率时忽略死区时间，得到连续模式下的变换器工作波形如图 2.4 所示。由工作波形可知，在一个完整控制周期内的正负半周波形对称，因此只需要求解半个周期的平均传输功率。

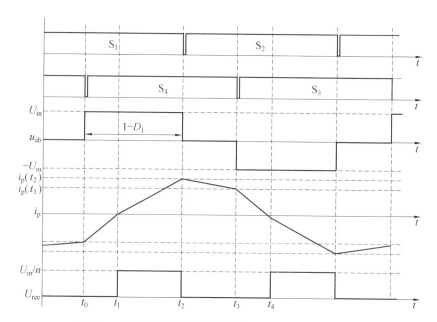

图 2.4　忽略死区时间的连续模式下的变换器工作波形

由图 2.4 可得，半个周期内变压器电流 i_{p} 的计算公式为

$$
i_{\mathrm{p}}(t)=
\begin{cases}
i_{\mathrm{p}}(t_0)+\dfrac{U_{\mathrm{in}}}{L_\sigma}(t-t_0) & (t_0 \leqslant t < t_1)\\[2mm]
i_{\mathrm{p}}(t_1)+\dfrac{U_{\mathrm{in}}-nU_{\mathrm{o}}}{n^2 L_{\mathrm{o}}}(t-t_1) & (t_1 \leqslant t < t_2)\\[2mm]
i_{\mathrm{p}}(t_2)-\dfrac{nU_{\mathrm{o}}}{L_{\mathrm{o}}}(t-t_2) & (t_2 \leqslant t < t_3)
\end{cases}
\tag{2.15}
$$

由于变压器电流 i_{p} 正负半周波形对称，因此有 $i_{\mathrm{p}}(t_0)=-i_{\mathrm{p}}(t_3)$。由此得到

$$
i_{\mathrm{p}}(t_3)=i_{\mathrm{p}}(t_0)+(t_1-t_0)\frac{U_{\mathrm{in}}}{L_\sigma}+(t_2-t_1)\frac{U_{\mathrm{in}}-nU_{\mathrm{o}}}{n^2 L_{\mathrm{o}}}-\frac{U_{\mathrm{o}}}{nL_{\mathrm{o}}}(t_3-t_2)
$$

$$
\tag{2.16}
$$

再由 $[t_0,t_1)$ 区间 i_{p} 的变化率及 $i_{\mathrm{p}}(t_1)=0$，可得

$$
(t_1-t_0)=-i_{\mathrm{p}}(t_0)\frac{L_\sigma}{U_{\mathrm{in}}}
\tag{2.17}
$$

将 $(t_2-t_0)=(1-D_1)T_{\mathrm{s}}/2$ 及 $(t_3-t_2)=D_1 T_{\mathrm{s}}/2$ 代入式（2.16）和式（2.17），求得各个时刻的变压器电流值为

$$i_p(t_0) = \frac{T_s \left[(1-D_1)U_{in} - nU_o \right](U_o L_\sigma - nU_{in}L_o)}{4nL_\sigma L_o U_{in}} \tag{2.18}$$

$$i_p(t_2) = \frac{T_s}{4nL_\sigma L_o U_{in}} \left[(U_{in} - nU_o)(U_o L_\sigma + nU_{in}L_o) + D_1 U_{in}(U_o L_\sigma - nU_{in}L_o) \right] \tag{2.19}$$

式中,D_1 为一次侧变换器的内移相角。

平均传输功率的计算公式为

$$P_o = \frac{2}{T_s} \int_{t_0}^{t_3} u_{ab} i_p(t)\,\mathrm{d}t \tag{2.20}$$

由此得到平均传输功率的表达式为

$$P_o = \frac{nU_o \left[(1-D_1)U_{in} - nU_o + D_1 U_o{}^2 \right]}{4L_\sigma f_s} - \frac{U_o \left[(1-D_1)U_{in} - nU_o \right]^2}{4nL_o f_s U_{in}} \tag{2.21}$$

2.2.3　临界模式分析

临界模式下开关管 S_3 导通时变压器电流刚好降低至零,变换器工作波形如图 2.5 所示。变压器电流反向增大,此时无环流阶段。由于二极管电流 i_{DR1} 在变压器电压反向之前降低至零,因此不存在二极管 i_{DR1} 与 i_{DR2} 同时导通的情况,即输出电压不存在占空比丢失现象。

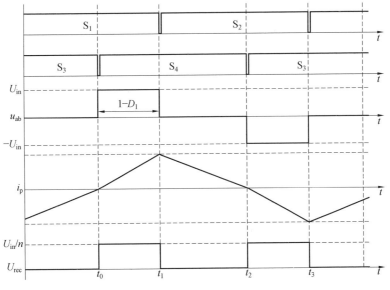

图 2.5　忽略死区时间的临界模式下的变换器工作波形

忽略死区工作状态,半个工作周期内各个时间区间的变压器电流可表示为

$$i_p(t) = \begin{cases} \dfrac{U_{in} - nU_o}{n^2 L_o}(t - t_0) & (t_0 \leqslant t < t_1) \\[3mm] i_p(t_1) - \dfrac{U_o}{nL_o}(t - t_1) & (t_1 \leqslant t < t_2) \end{cases} \tag{2.22}$$

由此得到

$$i_p(t_1) = \frac{U_o}{nL_o} D_1 \frac{T_s}{2} = \frac{U_{in} - nU_o}{n^2 L_o}(1 - D_1)\frac{T_s}{2} \tag{2.23}$$

进而可求解出临界条件下的移相角为

$$D_{1\_cri} = \frac{U_{in} - nU_o}{U_{in}} \tag{2.24}$$

由此求得平均传输功率为

$$P_o = \frac{2}{T_s} \int_{t_0}^{t_1} u_{ab} i_p(t) \, dt = \frac{T_s}{4L_o U_{in}}(U_{in} - nU_o)(nU_o)^2 \tag{2.25}$$

2.2.4 断续模式分析

忽略死区时间的断续模式下的变换器工作波形如图 2.6 所示,在 $[t_0, t_2)$ 区间的工作波形与临界工作模式相同,差别在于关断开关管 S_4 之后,变压器电流 i_p 在 S_3 导通之前降低至零,S_3 导通时,电流 i_p 由零逐渐反向增大直到等于 i_L/n,此时刻开始 i_{DR1} 下降为零。各个时刻变压器电流大小为

$$i_p(t) = \begin{cases} \dfrac{U_{in} - nU_o}{n^2 L_o}(t - t_0) & (t_0 \leqslant t < t_1) \\[3mm] i_p(t_1) - \dfrac{U_o}{nL_o}(t - t_1) & (t_1 \leqslant t < t_2) \\[3mm] 0 & (t_2 \leqslant t < t_3) \end{cases} \tag{2.26}$$

此情况下的平均传输功率表达式为

$$P_o = \frac{2}{T_s} \int_{t_0}^{t_1} u_{ab} i_p(t) \, dt = \frac{U_{in} T_s}{4n^2 L_o}(U_{in} - nU_o)(1 - D_1)^2 \tag{2.27}$$

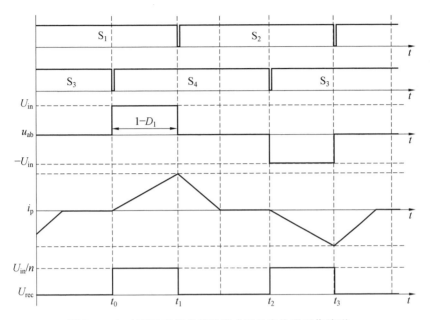

图 2.6 忽略死区时间的断续模式下的变换器工作波形

2.3 单向全桥 LLC 谐振式 DC－DC 变换器

2.3.1 拓扑结构

图 2.7 所示为单向全桥 LLC 谐振式 DC－DC 变换器的拓扑结构,其中 $S_1 \sim$ S_4 为一次侧开关管,$D_{R1} \sim D_{R4}$ 为二次侧整流二极管,构成了二次侧整流器,C_o 为输出滤波电容,R_L 为负载,n 为变压器绕组匝比,L_m 为变压器励磁电感。谐振元件包括谐振电感 L_r 和谐振电容 C_r。

此类拓扑的调制策略主要包括变频调制和定频移相调制,下面以这两种调制策略为基础对其工作原理和工作特性进行分析。

2.3.2 变频调制

变频调制的基本思想是通过调节工作频率来实现对传输功率的调节。图 2.7 所示的单向全桥 LLC 谐振式 DC－DC 变换器中,由于谐振网络包含两个电感

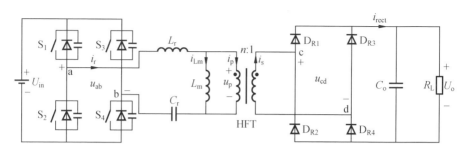

图 2.7 单向全桥 LLC 谐振式 DC－DC 变换器的拓扑结构

和一个电容,因此存在不同的谐振频率。当变换器向二次侧传输功率时,变压器一次侧电压被输出电压钳位,谐振网络中只有谐振电感 L_r 和谐振电容 C_r 参与谐振,定义其谐振频率为 f_r,表示为

$$f_r = \frac{1}{2\pi \sqrt{L_r C_r}} \tag{2.28}$$

当变换器不向二次侧传输功率时,谐振网络中励磁电感 L_m、谐振电感 L_r 和谐振电容 C_r 均参与谐振,定义其谐振频率为 f_m,表示为

$$f_m = \frac{1}{2\pi \sqrt{(L_r + L_m) C_r}} \tag{2.29}$$

谐振频率 f_r 和 f_m 将 LLC 谐振式变换器的工作频率 f_s 范围划分为三个区间,即 $f_s < f_m$、$f_m \leqslant f_s < f_r$ 和 $f_s \geqslant f_r$。由于 f_m 相对较小,因此变换器一般工作在 $f_s \geqslant f_m$ 区间。下面对这一区间的工作原理和工作特性进行分析。按二次侧整流二极管电流是否连续,分为如下三种工作状态。

(1)工作状态 1($f_m \leqslant f_s < f_r$)。此时变换器工作在断续模式,主要工作波形如图 2.8(a)所示。

$[t_0, t_1)$ 区间:一次侧全桥变换器输出正电压,励磁电感 L_m 的电压被输出电压钳位在 nU_o,励磁电流 i_{Lm} 线性增长,谐振电感 L_r 与谐振电容 C_r 一同谐振,谐振电流 i_r 呈正弦变化。

$[t_1, t_3)$ 区间:t_1 时刻,谐振电流 i_r 等于励磁电流 i_{Lm},变压器二次侧电流 i_s 下降至零,变换器不向二次侧传输功率,励磁电感 L_m、谐振电感 L_r 与谐振电容 C_r 一同谐振,整流二极管实现零电流关断。

(2)工作状态 2($f_s = f_r$)。变换器工作在临界模式,主要工作波形如图 2.8(b)所示。该工作区间与工作状态 1 中 $[t_0, t_1)$ 区间工作状态类似,由于工作频率与开关频率相等,因此不会出现谐振电流等于励磁电流的情况,励磁电感 L_m 不参与谐振,谐振电感 L_r 与谐振电容 C_r 一同参与谐振,谐振电流呈正弦变化。二次侧电流 i_s 处于临界连续状态,整流二极管实现零电流开关。

(3) 工作状态 $3(f_s > f_r)$。变换器工作在连续模式,主要工作波形如图 2.8(c) 所示。在 $[t_0, t_1)$ 区间,一次侧全桥变换器输出正电压,励磁电流线性增长,谐振电流呈正弦变化。t_1 时刻,一次侧全桥变换器输出负电压,由于谐振电流仍大于励磁电流,整流二极管电流为连续模式,因此不能实现零电流关断。此时在一次侧输出负电压的作用下,谐振电流强制下降,在整个工作周期,均不会出现谐振电流等于励磁电流的区间,变压器二次侧电流始终保持连续。

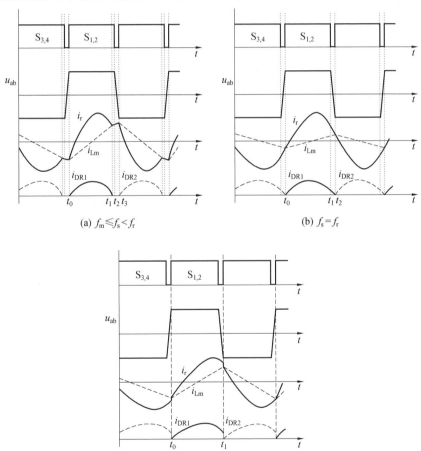

(a) $f_m \leqslant f_s < f_r$

(b) $f_s = f_r$

(c) $f_s > f_r$

图 2.8 全桥 LLC 谐振式变换器的主要工作波形

2.3.3 变频调制下的基本特性

1. 基波分析法

谐振网络相当于一个带通滤波器,变换器主要依靠开关频率的基波分量传输功率,故分析时可以忽略高次谐波分量,将电路转换成线性电路进行分析,这就是基波分析法。

为便于分析,做如下假设。

(1) 开关管均为无损耗的理想开关管。

(2) 一次侧全桥变换器的输出电压 u_{ab} 是占空比为 50% 的双极性方波信号。

下面利用基波分析法对一次侧全桥变换器、二次侧整流器及输出侧的低通滤波器进行简化分析。对 u_{ab} 进行傅里叶分析,可得

$$u_{ab}(t) = \frac{4U_{in}}{\pi} \sum_{n=1,3,5,\dots} \frac{1}{n} \sin n\omega_s t \qquad (2.30)$$

u_{ab} 的基波分量 u_{ab1} 为

$$u_{ab1}(t) = \frac{4U_{in}}{\pi} \sin \omega_s t = \sqrt{2} U_{ab1} \sin \omega_s t \qquad (2.31)$$

由式(2.31)可得 $u_{ab1}(t)$ 有效值 U_{ab1} 的大小为

$$U_{ab1} = \frac{2\sqrt{2}}{\pi} U_{in} \qquad (2.32)$$

图 2.9 所示为 u_{ab} 及其基波分量 u_{ab1} 的波形。为了简化分析,可将全桥变换器的输出电压等效为一个正弦电压源,有效值为 U_{ab1}。

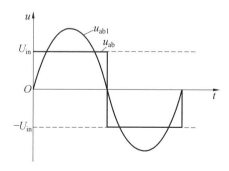

图 2.9 u_{ab} 及其基波分量 u_{ab1} 的波形

2. 二次侧整流变换器的简化

当开关频率 f_s 等于谐振频率 f_r 时,谐振电流为正弦波形,考虑励磁电感很大,励磁电流很小,则变压器的一次侧电流 i_p 仍可近似为正弦波形,二次侧整流器的输入电流表示为

$$i_s(t) = n\sqrt{2}\,I_{p1}\sin(\omega_s t - \varphi) \tag{2.33}$$

式中,I_{p1} 为一次侧电流 i_p 基波的有效值;φ 为 i_p 滞后 u_{ab} 的相位角。

当 i_p 大于零时,二极管 D_{R1}、D_{R4} 导通,变压器一次侧电压 u_p 被钳位至 nU_o,$i_p = ni_s$;当 i_p 小于零时,二极管 D_{R2}、D_{R3} 导通,变压器一次侧电压 u_p 被钳位至 $-nU_o$,$i_p = -ni_s$。开关频率等于谐振频率时的变换器工作波形如图 2.10 所示。

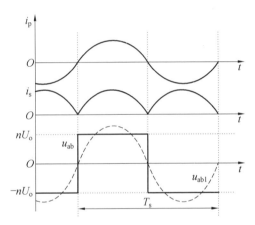

图 2.10　开关频率等于谐振频率时的变换器工作波形

变压器二次侧电流 i_s 经过低通滤波器后,得到恒定的负载电流 I_o,可表示为

$$I_o = \frac{1}{T_s}\int_0^{T_s} n\,|\,i_p(t)\,|\,\mathrm{d}t = \frac{2n}{T_s}\int_0^{\frac{T_s}{2}}\left|\sqrt{2}\,I_{p1}\sin\omega_s t\right|\mathrm{d}t = \frac{2\sqrt{2}\,n}{\pi}I_{p1} \tag{2.34}$$

由此可得

$$I_{p1} = \frac{\pi}{2\sqrt{2}\,n}I_o \tag{2.35}$$

可得 i_p 表达式为

$$i_p(t) = \frac{\pi}{2n}I_o\sin(\omega_s t - \varphi) \tag{2.36}$$

u_p 的基波分量 u_{p1} 可表示为

$$u_{\mathrm{p1}}(t) = \frac{4nU_{\mathrm{o}}}{\pi}\sin(\omega_{\mathrm{s}}t - \varphi) = \sqrt{2}U_{\mathrm{p1}}\sin(\omega_{\mathrm{s}}t - \varphi) \tag{2.37}$$

其有效值 U_{p1} 的大小为

$$U_{\mathrm{p1}} = \frac{2\sqrt{2}\,n}{\pi}U_{\mathrm{o}} \tag{2.38}$$

u_{p1} 与 i_{p} 同相位,可将高频变压器、整流电路、低通滤波器及负载视为一个纯阻性负载 R_{ac},其大小为

$$R_{\mathrm{ac}} = \frac{u_{\mathrm{p1}}(t)}{i_{\mathrm{p}}(t)} = \frac{8n^2}{\pi^2}\frac{U_{\mathrm{o}}}{I_{\mathrm{o}}} = \frac{8n^2}{\pi^2}R_{\mathrm{L}} \tag{2.39}$$

由此,可得到全桥 LLC 谐振式变换器的简化电路,如图 2.11 所示。

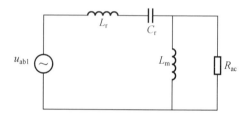

图 2.11 全桥 LLC 谐振式变换器的简化电路

3. 全桥 LLC 谐振网络的电压增益分析

由图 2.11 所示的简化电路,可得到全桥 LLC 谐振式变换器的电压传输函数 $H(\mathrm{j}\omega_{\mathrm{s}})$ 的表达式为

$$H(\mathrm{j}\omega_{\mathrm{s}}) = \frac{U_{\mathrm{p1}}}{U_{\mathrm{ab1}}} = \frac{\mathrm{j}\omega_{\mathrm{s}}L_{\mathrm{m}}//R_{\mathrm{ac}}}{\mathrm{j}\omega_{\mathrm{s}}L_{\mathrm{r}} + \dfrac{1}{\mathrm{j}\omega_{\mathrm{s}}C_{\mathrm{r}}} + \mathrm{j}\omega_{\mathrm{s}}L_{\mathrm{m}}//R_{\mathrm{ac}}} \tag{2.40}$$

定义 λ 为励磁电感 L_{m} 与谐振电感 L_{r} 之比,Q 为谐振电路的品质因数,表示为

$$Q = \frac{1}{R_{\mathrm{ac}}}\sqrt{\frac{L_{\mathrm{r}}}{C_{\mathrm{r}}}} \tag{2.41}$$

传输函数 $H(\mathrm{j}\omega_{\mathrm{s}})$ 可进一步简化为

$$H(\mathrm{j}\omega_{\mathrm{s}}) = \frac{\lambda\left(\dfrac{\mathrm{j}\omega_{\mathrm{s}}}{\omega_{\mathrm{r}}}\right)^2}{\lambda Q\dfrac{\mathrm{j}\omega_{\mathrm{s}}}{\omega_{\mathrm{r}}}\left[\left(\dfrac{\mathrm{j}\omega_{\mathrm{s}}}{\omega_{\mathrm{r}}}\right)^2 + 1\right] + \left[\left(\dfrac{\mathrm{j}\omega_{\mathrm{s}}}{\omega_{\mathrm{r}}}\right)^2(1+\lambda) + 1\right]} \tag{2.42}$$

取传输函数 $H(\mathrm{j}\omega_{\mathrm{s}})$ 的模,即为输入输出电压转换比函数。令 $f_{\mathrm{n}} = f_{\mathrm{s}}/f_{\mathrm{r}}$,可得输入输出电压转换比函数为

$$k(f_n) = \| H(j\omega_s) \| = \cfrac{1}{\sqrt{\left[\left(1 - \dfrac{1}{(f_n)^2}\right)Qf_n\right]^2 + \left[\left(1 - \dfrac{1}{(f_n)^2}\right)\dfrac{1}{\lambda} + 1\right]^2}}$$

$$(2.43)$$

式中，$f_n = \dfrac{\omega_s}{\omega_r}$。

λ 值越小，相同电压转换比范围下，工作频率变化范围越窄；λ 值越大，相同 L_r 下，L_m 值越大，流过变压器的电流越小，损耗越小。所以需要折中考虑变换器实现一次侧开关管的零电压开关及工作效率的要求。任取 λ 值，作出不同品质因数 Q 下，全桥 LLC 谐振式变换器的输入输出电压转换比曲线，如图 2.12 所示。

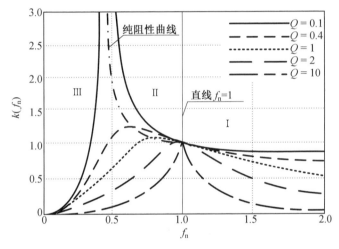

图 2.12　全桥 LLC 谐振式变换器的输入输出电压转换比曲线

为了直观了解变换器的工作状态，在图 2.12 中作出纯阻性曲线，曲线方程求解过程如下。

由图 2.12 可知，简化电路对应的阻抗值 Z 可表示为

$$Z = \cfrac{R_{ac}}{\lambda^2 f_n^3 + \dfrac{f_n}{Q^2}}\left\{\lambda^2 f_n^3 + j\left[\dfrac{1}{Q}f_n^2(1+\lambda) - \dfrac{1}{Q} - \lambda^2 Q(1 - f_n^2)f_n^2\right]\right\} \quad (2.44)$$

令 $I_m(Z) = 0$，得到纯阻性时品质因数 Q 与 f_n 的关系为

$$Q = \cfrac{1}{\lambda f_n}\sqrt{\cfrac{(1+\lambda)f_n^2 - 1}{1 - f_n^2}} \quad (2.45)$$

面向新能源发电的高频隔离变流技术

求出纯阻性曲线的表达式为

$$k(f_n) = \| H(j\omega_s) \|$$

$$= \cfrac{1}{\sqrt{\left[\left(1-\cfrac{1}{f_n^2}\right)\left(\cfrac{1}{\lambda f_n}\sqrt{\cfrac{(1+\lambda)f_n^2-1}{1-f_n^2}}\right)f_n\right]^2 + \left[\left(1-\cfrac{1}{f_n^2}\right)\cfrac{1}{\lambda}+1\right]^2}}$$

$$(2.46)$$

图 2.12 中纯阻性曲线将 LLC 谐振式变换器的整个工作区域分成两部分,即零电压开关区域与零电流开关区域。纯阻性曲线左侧,变换器的输入阻抗为容性,开关管工作在零电流开关区域;纯阻性曲线右侧,变换器的输入阻抗为感性,开关管工作于零电流开关区域。纯阻性曲线与 $f_n=1$ 两条线将整个工作区域分为三个部分:① 区域 Ⅰ,一次侧开关管零电流开关;② 区域 Ⅱ,一次侧开关管零电流开关、二次侧二极管零电流开关;③ 区域 Ⅲ,一次侧开关管零电流开关。

图 2.12 中所有曲线均经过 (1,1),即 $f_s=f_r$ 处,所有曲线的电压转换比均为 1,与负载无关。因为谐振频率点处 L_r 和 C_r 谐振网络的阻抗为零,所以输入电压全部加在变压器的一次侧。

2.3.4 定频移相调制

定频移相调制策略的基本工作原理为,工作频率保持不变,一次侧全桥变换器工作在移相调制模式下。在移相调制模式下,开关频率 f_s 保持为谐振频率 f_r 不变,通过调节一次侧变换器的内移相角 D_1 来调节输出电压。移相调制模式下不同移相角对应的工作波形如图 2.13 所示。对比这两个工作波形可知,不同的移相角对应的一次侧变换器的平均输出电压会发生变化,从而使得谐振电流等于励磁电流的区间也发生相应变化,由于在这段区间功率无法传输到二次侧,因此通过改变移相角可以调节平均传输功率。

050

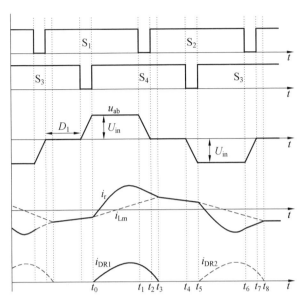

（a）移相角为 0.5

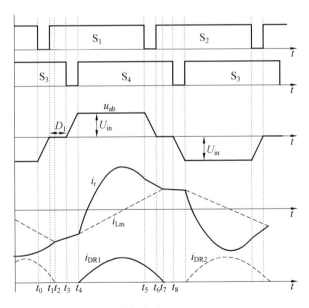

（b）移相角为 0.3

图 2.13　移相调制模式下不同移相角对应的工作波形

下面以图 2.13(a) 为例说明全桥 LLC 谐振式变换器的工作过程。其在一个开关周期内有 10 个开关模态,由于正负半周的工作波形对称,因此这里只分析半个工作周期的工作过程。图 2.14 所示为 $[t_0,t_5)$ 半个开关周期内不同区间对应的等效电路。

$[t_0,t_1)$ 区间:如图 2.14(a) 所示,在 t_0 时刻,S_1 和 S_4 导通,u_{ab} 等于 U_{in},i_r 大于 i_{Lm},二次侧整流管 D_{R1} 和 D_{R4} 导通,L_m 被输出折算到一次侧电压 nU_o 所钳位,i_{Lm} 线性上升。此段过程只有 L_r 和 C_r 参与谐振,谐振电流和励磁电流的差值通过变压器给二次侧供电。i_r、u_{Cr} 和 i_{Lm} 的时域表达式为

$$i_r(t) = i_r(t_0)\cos\omega_r(t-t_0) + [(U_{in}-nU_o) - u_{Cr}(t_0)]\frac{1}{Z_r}\sin\omega_r(t-t_0)$$

$$\text{(2.47)}$$

$$u_{Cr}(t) = (U_{in}-nU_o) - [(U_{in}-nU_o) - u_{Cr}(t_0)]\cos\omega_r(t-t_0) +$$
$$i_r(t_0)Z_r\sin\omega_r(t-t_0) \qquad \text{(2.48)}$$

$$i_{Lm}(t) = i_r(t_0) + \frac{nU_o}{L_m}(t-t_0) \qquad \text{(2.49)}$$

式中,Z_r 为谐振网络的阻抗。

$[t_1,t_2)$ 区间:如图 2.14(b) 所示,在 t_2 时刻,S_1 关断,i_r 给寄生电容 C_1 充电,同时寄生电容 C_3 放电。由于有 C_1 和 C_3,因此 S_1 为零电压关断。到 t_2 时刻,C_3 的电压下降到零,S_3 的反并联二极管 D_3 导通,此时可以零电压导通 S_3。

$[t_2,t_3)$ 区间:如图 2.14(c) 所示,从 t_2 时刻开始,D_3 和 S_4 导通,$u_{ab}=0$,i_r 仍然大于 i_{Lm},二次侧整流二极管 D_{R1} 和 D_{R4} 继续导通,加在 L_m 上的电压为 nU_o,i_{Lm} 继续上升。与 $[t_0,t_1)$ 区间不同的是,此阶段虽然也是 L_r 和 C_r 谐振,但是由于 $u_{ab}=0$,此时输入源不提供能量,一次侧向二次侧传输的功率完全由 L_r、C_r 谐振网络提供,故谐振电流迅速下降。i_r、u_{Cr} 和 i_{Lm} 的表达式分别为

$$i_r(t) = i_r(t_2)\cos\omega_r(t-t_2) + [-nU_o - u_{Cr}(t_2)]\frac{1}{Z_r}\sin\omega_r(t-t_2) \quad \text{(2.50)}$$

$$u_{Cr}(t) = -nU_o - [-nU_o - u_{Cr}(t_2)]\cos\omega_r(t-t_2) + i_r(t_2)Z_r\sin\omega_r(t-t_2)$$

$$\text{(2.51)}$$

$$i_{Lm}(t) = i_r(t_2) + \frac{nU_o}{L_m}(t-t_2) \qquad \text{(2.52)}$$

$[t_3,t_4)$ 区间:如图 2.14(d) 所示,在 t_3 时刻,谐振电流下降至 i_{Lm},L_m 上的感

应电势小于 nU_o，二次侧整流二极管 D_{R1} 和 D_{R4} 反向截止。由于 D_{R1} 和 D_{R4} 的电流是自然过零的，因此为零电流关断。由于二次侧整流二极管截止，L_m 不再被输出电压钳位，故此时 L_r、C_r 和 L_m 一起参与谐振。谐振电流 i_r、u_{Cr} 和 i_{Lm} 的表达式分别为

$$i_r(t) = i_r(t_3)\cos\frac{\omega_r}{\sqrt{1+\lambda}}(t-t_3) - u_{Cr}(t_3)\frac{1}{Z_r\sqrt{1+\lambda}}\sin\frac{\omega_r}{\sqrt{1+\lambda}}(t-t_3)$$

$$(2.53)$$

$$u_{Cr}(t) = u_{Cr}(t_3)\cos\frac{\omega_r}{\sqrt{1+\lambda}}(t-t_3) + \sqrt{1+\lambda}\,i_r(t_3)Z_r\sin\frac{\omega_r}{\sqrt{1+\lambda}}(t-t_3) \quad (2.54)$$

$$i_{Lm}(t) = i_r(t) \quad (2.55)$$

式中，λ 为电感系数，$\lambda = \dfrac{L_r}{L_m}$。

$[t_4, t_5)$ 区间：如图 2.14(e) 所示，在 t_4 时刻，S_4 关断，i_r 给寄生电容 C_4 充电，同时给 C_2 放电。由于有 C_2 和 C_4，因此 S_4 为近似零电压关断。到 t_5 时刻，C_2 下降到零，S_2 的反并联二极管 D_2 导通，此时可以零电压导通 S_2。

在 t_5 时刻，变换器进入另半个开关周期，其工作原理与上述半个周期类似。

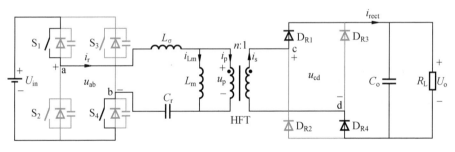

(a) $[t_0, t_1)$

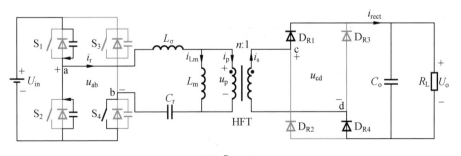

(b) $[t_1, t_2)$

图 2.14　不同区间对应的等效电路

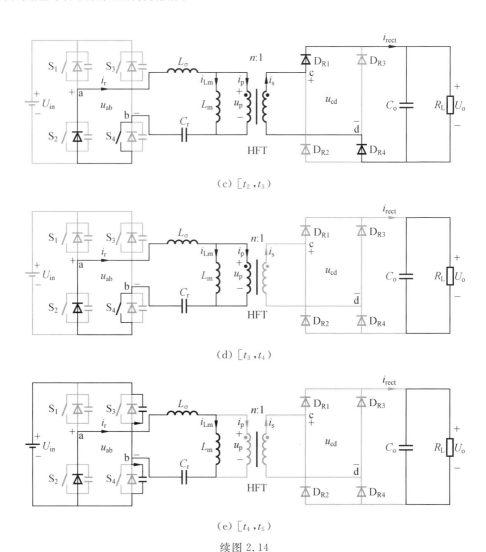

(c) $\begin{bmatrix} t_2 , t_3 \end{bmatrix}$

(d) $\begin{bmatrix} t_3 , t_4 \end{bmatrix}$

(e) $\begin{bmatrix} t_4 , t_5 \end{bmatrix}$

续图 2.14

2.3.5　移相调制下的基本特性

1. 电压转换比分析

为使分析具有一般性,这里对电压、电流、频率做标幺化处理。电压基准为
U_{BAES},电流基准为 I_{BAES},频率基准为 f_{BAES},分别定义如下:

$$U_{BAES} = nU_o \qquad (2.56)$$

$$I_{\text{BAES}} = \frac{U_{\text{o}}}{nR_{\text{L}}} \tag{2.57}$$

$$f_{\text{BAES}} = f_{\text{r}} = \frac{1}{2\pi \sqrt{L_{\text{r}} C_{\text{r}}}} \tag{2.58}$$

标幺化后的电压、电流、频率记为

$$u_{\text{X\_p.u.}}(\theta) = \frac{u_{\text{X}}(\theta)}{U_{\text{BAES}}} \tag{2.59}$$

$$i_{\text{X\_p.u.}}(\theta) = \frac{i_{\text{X}}(\theta)}{I_{\text{BAES}}} \tag{2.60}$$

$$f_{\text{N}} = \frac{f_{\text{s}}}{f_{\text{BAES}}} \tag{2.61}$$

式中，$u_{\text{X}}(\theta)$、$i_{\text{X}}(\theta)$ 分别表示电压和电流量，下标 X 表示元器件 L_{r}、C_{r}、L_{m} 等，相角 $\theta = \omega_{\text{r}} t$。

根据变换器的模态分析，同时忽略开关管的开关过程，即忽略 $[t_1, t_2)$ 和 $[t_4, t_5)$ 区间，则半个开关周期内的相角表达式为

$$\begin{cases} \theta_0 = \omega_{\text{r}} t_0 = 0 \\ \theta_1 = \omega_{\text{r}} t_1 = D_1 \pi \\ \theta_2 = \omega_{\text{r}} t_3 \\ \theta_3 = \omega_{\text{r}} t_4 = \pi \end{cases} \tag{2.62}$$

经标幺化后可得各个相角区间各个变量的表达式，描述如下。

当 $\theta_0 \leqslant \theta < \theta_1$ 时，有

$$\begin{cases} i_{\text{r}}^*(\theta) = i_{\text{r}}^*(\theta_0) \cos \theta + \dfrac{1}{Q} \left[\dfrac{1}{k} - 1 - u_{\text{Cr}}^*(\theta_0) \right] \sin \theta \\ u_{\text{Cr}}^*(\theta) = \left(\dfrac{1}{k} - 1 \right) - \left[\dfrac{1}{k} - 1 - u_{\text{Cr}}^*(\theta_0) \right] \cos \theta + Q i_{\text{r}}^*(\theta_0) \sin \theta \\ i_{\text{Lm}}^*(\theta) = i_{\text{r}}^*(\theta_0) + \dfrac{\theta}{\lambda Q} \end{cases} \tag{2.63}$$

式中，k 为电压转换比，$k = nU_{\text{o}}/U_{\text{in}}$。

当 $\theta_1 \leqslant \theta < \theta_2$ 时，有

$$\begin{cases} i_{\text{r}}^*(\theta) = i_{\text{r}}^*(\theta_1) \cos \theta - \dfrac{1}{Q} \left[1 + u_{\text{Cr}}^*(\theta_1) \right] \sin \theta \\ u_{\text{Cr}}^*(\theta) = -1 + \left[1 + u_{\text{Cr}}^*(\theta_1) \right] \cos \theta + Q i_{\text{r}}^*(\theta_1) \sin \theta \\ i_{\text{Lm}}^*(\theta) = i_{\text{r}}^*(\theta_1) + \dfrac{\theta}{\lambda Q} \end{cases} \tag{2.64}$$

当 $\theta_2 \leqslant \theta < \theta_3$ 时,有

$$\begin{cases} i_{\mathrm{r}}^*(\theta) = i_{\mathrm{r}}^*(\theta_2)\cos\dfrac{\theta-\theta_2}{\sqrt{1+\lambda}} - \dfrac{u_{\mathrm{Cr}}^*(\theta_2)}{Q\sqrt{1+\lambda}}\sin\dfrac{\theta-\theta_2}{\sqrt{1+\lambda}} \\[4mm] u_{\mathrm{Cr}}^*(\theta) = u_{\mathrm{Cr}}^*(\theta_2)\cos\dfrac{\theta-\theta_2}{\sqrt{1+\lambda}} + Q\sqrt{1+\lambda}\,i_{\mathrm{r}}^*(\theta_2)\sin\dfrac{\theta-\theta_2}{\sqrt{1+\lambda}} \\[4mm] i_{\mathrm{Lm}}^*(\theta) = i_{\mathrm{r}}^*(\theta) \end{cases} \quad (2.65)$$

由于电压和电流波形在正负半个开关周期是对称的,而整流后的输出电流的平均值等于负载电流,因此有

$$i_{\mathrm{r}}^*(\theta_0) = -i_{\mathrm{r}}^*(\theta_3) \quad\quad\quad (2.66)$$

$$u_{\mathrm{Cr}}^*(\theta_0) = -u_{\mathrm{Cr}}^*(\theta_3) \quad\quad\quad (2.67)$$

$$\frac{1}{\theta_3-\theta_0}\int_{\theta_0}^{\theta_3}\big[i_{\mathrm{r}}^*(\theta) - i_{\mathrm{Lm}}^*(\theta)\big]\mathrm{d}\theta = 1 \quad\quad\quad (2.68)$$

式(2.66)～(2.68)构成稳态方程组,可绘制出电压转换比 k 关于控制变量 $1-D_1$ 的关系曲线,如图 2.15 所示。由图可知,随着移相角的减小,电压转换比随之提高,但其最大值仅为 1,说明这种变换器只能实现降压运行。

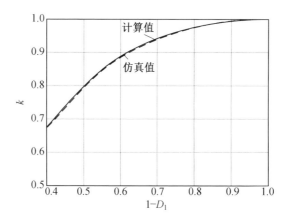

图 2.15　移相调制下的电压转换比分布曲线

2. 不同 λ、Q 值对移相调制的影响

在移相调制中,以移相角 $D_1 = 0.2$ 为例,取不同 λ、Q 值,可以作出 k、$I_{Q\_\mathrm{off}}^*$、$I_{Q\_\mathrm{rms}}^*$ 随 λ、Q 值的变化曲线,如图 2.16 所示。图 2.16(a) 表明,在移相调制下,增大 λ 值对电压转换比 k 几乎无任何影响;增大 Q 值使得在相同占空比处电压转换比下降,即电压调节范围拓宽。由图 2.16(b)、(c) 可见,增大 λ、Q 值可以减小

$I_{\text{Q\_off}}^{*}$、$I_{\text{Q\_rms}}^{*}$ 值,从而减小开关管关断损耗和导通损耗。

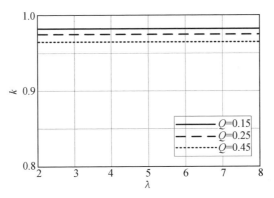

(a)k 随 λ、Q 值变化曲线

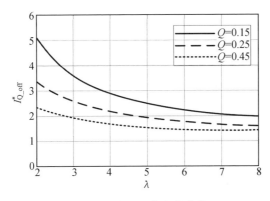

(b) $I_{\text{Q\_off}}^{*}$ 随 λ、Q 值变化曲线

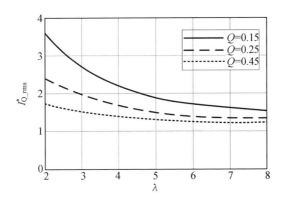

(c) $I_{\text{Q\_rms}}^{*}$ 随 λ、Q 值变化曲线

图 2.16 移相调制下 k、$I_{\text{Q\_off}}^{*}$、$I_{\text{Q\_rms}}^{*}$ 随 λ、Q 值的变化曲线

2.4　谐振式二次侧混合型 DC – DC 变换器

前述给出的几种变换器二次侧均使用二极管不控整流,通过调节一次侧变换器的移相角或工作频率实现传输功率的调节。此类拓扑的优点是控制维度少,控制简单,便于实现软开关运行。其缺点是,一方面功率只能单向流动;另一方面当变压器变比为 1 时,电压转换比最大只能到 1,即只能降压运行,而无法实现升压运行。导致其电压转换范围有限,限制了应用范围。另外,由于控制变量少,难以对电流特性进行优化。

为了解决上述问题,近几年有学者提出在二次侧整流器中加入功率开关管,使其能够在变压器二次侧主动形成短路状态,从而增加控制的灵活性,实现升压运行和电流特性的优化。限于篇幅,本节仅对一种半桥四管三电平谐振式混合型 DC – DC 变换器的基本结构和工作特性进行简要分析。

2.4.1　拓扑结构及工作过程

图 2.17 所示为四管三电平谐振式混合型隔离型 DC – DC 变换器拓扑结构,其一次侧为半桥四管三电平变换器,二次侧为二极管和开关管构成的混合整流器。一次侧的直流电压源为 U_{in}。C_{in1}、C_{in2} 为两个输入电容,具有相同的容值,以产生两个相等的直流电压。$S_1 \sim S_4$ 为四个开关管,$D_1 \sim D_4$ 为四个寄生二极管,$C_1 \sim C_4$ 为四个寄生电容。C_r 与 L_r 分别为谐振电容和谐振电感,C_r 还有一个作用,就是暂存能量。HFT 为一个高频变压器,匝数比为 $n : 1$。u_{ab} 为四管三电平变换器 a、b 两点之间的高频电压,u_{Cr} 为 C_r 两端电压,i_r 为流过谐振网络的谐振电流。

二次侧由两个二极管 D_a、D_b 和两个开关管 S_5、S_6 组成,S_5 和 S_6 可以分别与两个二极管串联,构成混合整流器,如图 2.17(a) 所示。也可以将 S_5 和 S_6 相串联构成一个桥臂,两个二极管相串联,共同构成混合整流器,如图 2.17(b) 所示。输出侧可以连接电容与电阻并联的负载,也可以连接一个直流源 U_o。u_{cd} 为混合整流器 c、d 两点之间的高频电压。

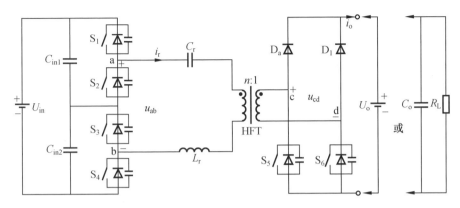

（a）二次侧开关管在两个桥臂

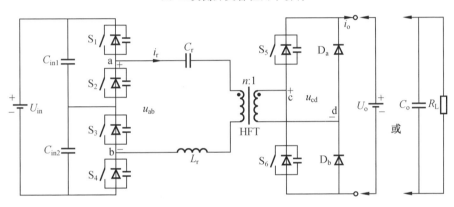

（b）二次侧开关管在同一桥臂

图 2.17 四管三电平谐振式混合型隔离型 DC－DC 变换器拓扑结构

图 2.17 所示的两种结构只在二次侧混合整流器中开关管与二极管的连接方式方面有所区别，其工作原理是相同的。接下来以图 2.17(a) 所示的结构为例对这种混合型变换器的工作原理进行分析。图 2.18 所示为混合型变换器的一种通用工作波形。首先对于一次侧的半桥三电平变换器，四个开关管采用双周期交替控制的脉宽调制方案，以保证两个输入电容器 C_{in1}、C_{in2} 之间的电压均衡，提高变换器的性能和可靠性。二次侧开关管 S_5 和 S_6 采用 $180°$ 互补导通的控制方式，定义二次侧开关管 S_6 控制信号的上升沿滞后于一次侧开关管 S_4 控制信号上升沿的相角为 D_φ，$D_\varphi \in [0,0.5]$；定义开关管 S_1、S_4（或 S_2、S_3）之间的移相角为 D_1，$D_1 \in [0,1]$。将二次侧整流器交流电压 u_{cd} 等于零的相角区间定义为 D_2，由图 2.18 可知，u_{cd} 由 $-U_o$ 上升至零的上升沿时刻发生在谐振电流的过零点，而 u_{cd}

由零上升至 U_o 的上升沿时刻由 S_6 控制信号的上升沿决定,这一特性是与双向隔离型变换器有典型区别的。

由图 2.18 可知,此时 u_{ab} 与 u_{cd} 间的相位差为

$$\left(\frac{D_1+D_2}{2}+D_\varphi\right)\pi \tag{2.69}$$

u_{ab} 与谐振电流 i_r 之间的相位差为

$$\left(\frac{D_1}{2}+D_2+D_\varphi\right)\pi \tag{2.70}$$

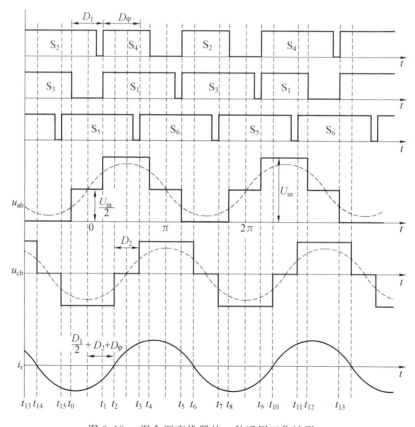

图 2.18　混合型变换器的一种通用工作波形

下面具体分析该变换器的工作过程。首先假设所有元器件都是理想元器件,并忽略死区时间影响。接下来根据图 2.18 对每个时间区间的电路状态进行分析。

$[t_0,t_1)$ 区间:开关管 S_2、S_5 导通,谐振电流 i_r 反向流过 S_2、D_4,为电容 C_{in2} 充电并维持 u_{ab} 为输入电压的一半,变压器二次侧电流流过二极管 D_5 和 D_b,此时二次侧交流电压 $u_{cd} = -U_o$。谐振槽向输出侧与电容 C_{in2} 释放能量。

$[t_1,t_2)$ 区间:开关管 S_1、S_4 导通,谐振电流 i_r 反向流过二极管 D_1、D_4,u_{ab} 等于输入电压,二次侧电流流经寄生二极管 D_5 和二极管 D_b,$u_{cd} = -U_o$,谐振槽同时向输入输出侧释放能量。

$[t_2,t_3)$ 区间:开关管 S_1、S_4 导通,谐振电流 i_r 正向流过开关管 S_1、S_4,二次侧开关管 S_5 导通,电流流经开关管 S_5 与二极管 D_6,将二次侧短路,此时 u_{cd} 为 0,输入侧向谐振槽储能,不向二次侧释放能量,这一阶段是储能阶段。

$[t_3,t_4)$ 区间:开关管 S_1、S_4 导通,谐振电流 i_r 正向流过开关管 S_1、S_4,二次侧开关管 S_6 导通,S_5 关断,电流流经二极管 D_6、D_a,$u_{cd}=U_o$,此时输入侧和谐振槽一起释放能量,输出侧吸收能量。

$[t_4,t_5)$ 区间:开关管 S_1 导通,S_4 关断,谐振电流 i_r 不再流过 S_4,而是正向流过开关管 S_1 和二极管 D_3,二次侧电流流经二极管 D_6、D_a,$u_{cd}=U_o$,电容 C_{in1} 放电,u_{ab} 为输入电压的一半,此时输入侧和谐振槽共同释放能量,输出侧吸收能量。

$[t_5,t_6)$ 区间:开关管 S_2、S_3 导通,谐振电流 i_r 正向流经 D_2、D_3,将一次侧谐振电路短路,此时 u_{ab} 为零,由谐振槽向输出侧释放能量,此时 $u_{cd}=U_o$。

$[t_6,t_7)$ 区间:开关管 S_2、S_3 导通,谐振电流 i_r 流过 S_2、S_3、S_6 导通,二次侧电流流过二极管 D_5 和 S_6,从而将二次侧短路,$u_{cd}=U_o$,能量存储在谐振槽内。

$[t_7,t_8)$ 区间:开关管 S_2、S_3 导通,谐振电流 i_r 为负,关断开关管 S_6,导通 S_5,二次侧电流流经二极管 D_5 和二极管 D_b,$u_{cd}=-U_o$,谐振槽向输出侧释放能量。

图 2.19 所示为混合型变换器在各时间区间的等效电路,图 2.20 进一步给出了一种特殊情况,即混合型变换器在 $D_\varphi=0$ 时的工作波形,其基本工作原理与图 2.19 所示的工作波形相近,在此不再详述。

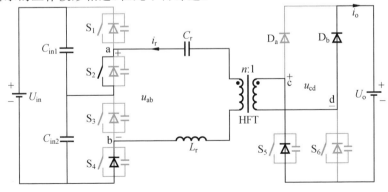

(a)$[t_0,t_1)$ 区间

图 2.19 混合型变换器在各时间区间的等效电路

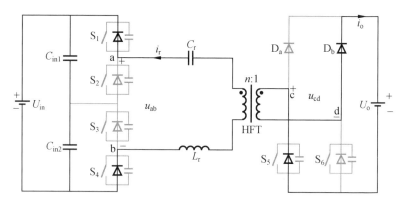

（b）[t_1，t_2）区间

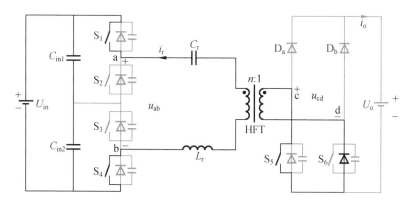

（c）[t_2，t_3）区间

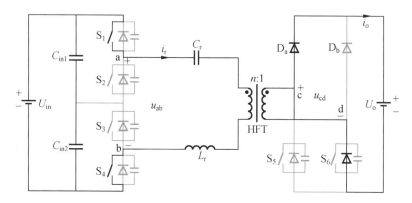

（d）[t_3，t_4）区间

续图 2.19

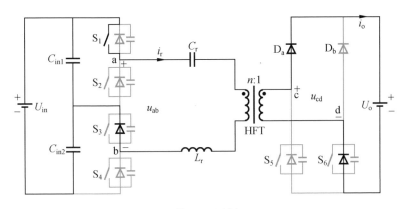

(e)$\left[t_4, t_5\right)$ 区间

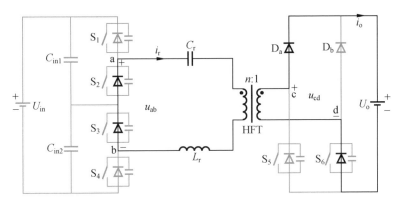

(f)$\left[t_5, t_6\right)$ 区间

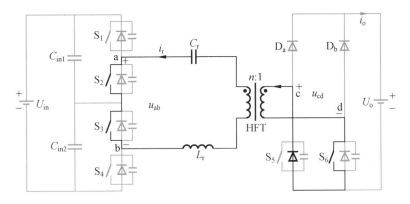

(g)$\left[t_6, t_7\right)$ 区间

续图 2.19

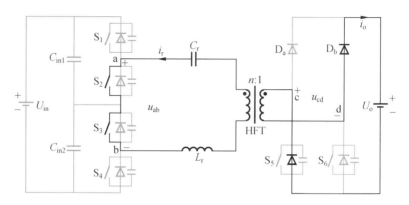

（h）$[t_7 , t_8]$ 区间

续图 2.19

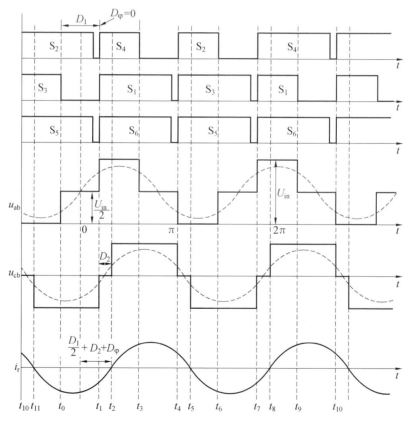

图 2.20　混合型变换器在 $D_\varphi = 0$ 时的工作波形

2.4.2　稳态特性分析

接下来对这种混合型变换器的传输功率和电压转换比进行理论分析。变换器中由于谐振槽的存在,谐振电流为类正弦波形,因此常用的状态空间平均法不适用于此拓扑的稳态分析,这里采用基波分析法对电路进行稳态分析。在进行稳态分析前,假设电路所用元器件均为理想元器件,开关管寄生电容不参与谐振,忽略死区时间,且有开关频率略大于谐振频率。

1. 恒电压源负载

实际应用场合中,变换器的输出端口可能会连接蓄电池或直流微电网,此时输出端口可看作恒压源。下面针对恒压源负载对电压转换比、谐振电流、传输功率等稳态特性进行分析。首先使用基波分析法将 u_{ab} 和 u_{cd} 表示成相量形式,即

$$\dot{U}_{ab} = \frac{2U_{in}}{\pi}\sin\left(\frac{1-D_1}{2}\pi\right)e^{-j0} \tag{2.71}$$

$$\dot{U}_{cd} = \frac{4nU_o}{\pi}\sin\left(\frac{1-D_2}{2}\pi\right)e^{-j[(D_1+D_2)/2+D_\varphi]\pi} \tag{2.72}$$

式(2.72)中 D_2 可以根据谐振电流相位计算得到。接下来推导谐振电流表达式,为了表达方便,定义谐振频率为

$$\omega_r = \frac{1}{\sqrt{L_r C_r}} \tag{2.73}$$

电压转换比为

$$k = \frac{nU_o}{U_{in}} \tag{2.74}$$

谐振网络的特征阻抗和频率比分别为

$$\begin{cases} Z_r = \sqrt{\dfrac{L_r}{C_r}} \\ F = \dfrac{\omega_s}{\omega_r} \end{cases} \tag{2.75}$$

将变压器二次侧等效至一次侧的等效电路图,即恒压源负载等效电路如图 2.21 所示,等效电路中电压电流相位关系如图 2.22 所示,得到谐振电流相量表达式为

$$\dot{I}_{\mathrm{r}} = \frac{\dot{U}_{\mathrm{ab}} - n\dot{U}_{\mathrm{cd}}}{\mathrm{j}\left(\omega_{\mathrm{s}} L_{\mathrm{r}} - \dfrac{1}{\omega_{\mathrm{s}} C_{\mathrm{r}}}\right)}$$

$$= \frac{4kU_{\mathrm{in}}}{\pi Z_{\mathrm{r}}\left(F - \dfrac{1}{F}\right)} \left\{ \sin\frac{1-D_2}{2}\pi\sin\left(\frac{D_1+D_2}{2}+D_\varphi\right)\pi - \mathrm{j}\left[\frac{1}{2k}\sin\frac{1-D_1}{2}\pi - \sin\frac{1-D_2}{2}\pi\cos\left(\frac{D_1+D_2}{2}+D_\varphi\right)\pi\right] \right\}$$

$$(2.76)$$

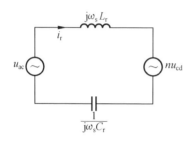
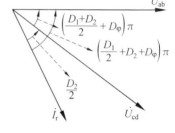

图 2.21　恒压源负载等效电路　　　图 2.22　等效电路中电压电流相位关系

由上述分析可知,谐振电流的相量形式可以表示为

$$\dot{I}_{\mathrm{r}} = I_{\mathrm{r}} \angle \left[-\left(\frac{D_1}{2}+D_\varphi+D_2\right)\pi\right] \tag{2.77}$$

式中,I_{r} 为谐振电流幅值。

上述谐振电流两个表达式中的相角应相等,即有

$$-\left(\frac{D_1}{2}+D_\varphi+D_2\right)\pi$$

$$=\arctan\left\{-\frac{\dfrac{1}{2k}\sin\dfrac{1-D_1}{2}\pi - \sin\dfrac{1-D_2}{2}\pi\cos\left(\dfrac{D_1+D_2}{2}+D_\varphi\right)\pi}{\sin\dfrac{1-D_2}{2}\pi\sin\left(\dfrac{D_1+D_2}{2}+D_\varphi\right)\pi}\right\} \tag{2.78}$$

根据相位关系,式(2.78)对于任意 D_1、D_φ 和 k 都成立,经过化简得到关于 $\tan\dfrac{D_2\pi}{2}$ 的一元二次函数为

$$\cos\left(\frac{1}{2}D_1+D_\varphi\right)\pi\tan^2\frac{D_2\pi}{2}+2\sin\left(\frac{1}{2}D_1+D_\varphi\right)\pi\tan\frac{D_2\pi}{2}+$$

$$\frac{2k}{\cos\dfrac{D_1\pi}{2}} - \cos\left(\frac{1}{2}D_1 + D_\varphi\right)\pi = 0 \tag{2.79}$$

需要注意,当 $\dfrac{D_1}{2} + D_\varphi = 0.5$ 时,$\tan\dfrac{D_2\pi}{2}$ 的二次项系数为零,应单独求解,则对式(2.78)进行求解得到 D_2 关于 D_1、D_φ 和 k 的关系为

$$\frac{D_2\pi}{2} = \begin{cases} \arctan\left[\dfrac{-\sin\left(\dfrac{D_1}{2} + D_\varphi\right)\pi + \sqrt{1 - 2k\cos\left(\dfrac{D_1}{2} + D_\varphi\right)\pi\Big/\cos\dfrac{D_1\pi}{2}}}{\cos\left(\dfrac{D_1}{2} + D_\varphi\right)\pi}\right] \\ \qquad\left(\dfrac{D_1}{2} + D_\varphi \neq 0.5\right) \\ \arctan\left(-k\Big/\cos\dfrac{D_1}{2}\pi\right) \\ \qquad\left(\dfrac{D_1}{2} + D_\varphi = 0.5\right) \end{cases} \tag{2.80}$$

将式(2.80)代入式(2.76)得到谐振电流幅值为

$$I_r = \frac{2U_{\text{in}}}{\pi Z_r\left(F - \dfrac{1}{F}\right)}\sqrt{\cos^2\frac{D_1\pi}{2} - 2k\cos\frac{D_1\pi}{2}\cos\left(\frac{D_1}{2} + D_\varphi\right)\pi} \tag{2.81}$$

谐振电流幅值的全局最大值为

$$I_{r\_\max} = \frac{2U_{\text{in}}}{\pi Z_r\left(F - \dfrac{1}{F}\right)} \tag{2.82}$$

接下来对变换器的功率特性进行分析,使用输入侧电压与谐振电流对输入谐振槽的平均传输功率 P_{av} 进行分析,相量形式的计算公式为

$$P_{\text{av}} = \frac{1}{2}\text{Re}[\dot{U}_{\text{ab}} \cdot \dot{I}_r] \tag{2.83}$$

结合谐振电流表达式(2.76)及 u_{ab} 的相量表达式,可以得到平均功率 P_{av} 为

$$P_{\text{av}} = \frac{4kU_{\text{in}}{}^2}{\pi^2 Z_r\left(F - \dfrac{1}{F}\right)}\sin\frac{1 - D_1}{2}\pi\sin\frac{1 - D_2}{2}\pi\sin\left(\frac{D_1 + D_2}{2} + D_\varphi\right)\pi \tag{2.84}$$

显然最大传输功率为

$$P_{\mathrm{av\_max}} = \frac{4kU_{\mathrm{in}}^2}{\pi^2 Z_{\mathrm{r}}\left(F - \dfrac{1}{F}\right)} \tag{2.85}$$

传输功率标幺值可以表示为

$$P_{\mathrm{av\_p.u.}}^* = \frac{P_{\mathrm{av}}}{P_{\mathrm{av\_max}}} = \sin\frac{1-D_1}{2}\pi\sin\frac{1-D_2}{2}\pi\sin\left(\frac{D_1+D_2}{2}+D_\varphi\right)\pi \tag{2.86}$$

当所需输出电压大小确定,即电压转换比固定时,所提出拓扑的传输功率由 D_1、D_φ 和 k 决定,通过调节 D_1、D_φ 的大小可以改变 D_2 和功率 P_{av} 的大小,将 D_2 的表达式代入平均功率标幺值表达式能够直观显示 $P_{\mathrm{av\_p.u.}}^*$ 关于 D_1、D_φ 和电压转换比 k 的变化情况。计算 D_2 时分为两种情况,其中当 $\frac{D_1}{2}+D_\varphi=0.5$ 时,D_2 需单独求解,因此在计算传输功率标幺值时也需要将两种情况下的 D_2 分别代入求解。首先当 $\frac{D_1}{2}+D_\varphi \neq 0.5$ 时,传输功率标幺值可表示为

$$P_{\mathrm{av\_p.u.}}^* = \cos\frac{D_1\pi}{2}\cos^2\left(\frac{D_1}{2}+D_\varphi\right)\pi \Big/$$

$$\left\{1\Big/\sqrt{1-2k\cos\left(\frac{D_1}{2}+D_\varphi\right)\pi\Big/\cos\frac{D_1\pi}{2}}+\right.$$

$$\left.\sqrt{1-2k\cos\left(\frac{D_1}{2}+D_\varphi\right)\pi\Big/\cos\frac{D_1\pi}{2}}-2\sin\left(\frac{1}{2}D_1+D_\varphi\right)\pi\right\} \tag{2.87}$$

特别地,当 $\frac{D_1}{2}+D_\varphi=0.5$ 时,有

$$P_{\mathrm{av\_p.u.}}^* = \sin\frac{1-D_1}{2}\pi\sin^2\frac{1-D_2}{2}\pi \tag{2.88}$$

由式(2.88)可知,仅在 $D_1=D_2=0$ 时,$P_{\mathrm{av\_p.u.}}^*$ 为 1,功率取得最大值 $P_{\mathrm{av\_max}}$,将式(2.80)中 D_2 表达式代入式(2.88)中,得到

$$P_{\mathrm{av\_p.u.}}^* = \frac{\cos^3\dfrac{D_1\pi}{2}}{\cos^2\dfrac{D_1\pi}{2}+k^2} \tag{2.89}$$

观察式(2.89)容易得到,由于 $D_1 \in [0,1]$,$\cos\dfrac{D_1\pi}{2}$ 关于 D_1 呈单调递减关系,因此 $P_{\mathrm{av\_p.u.}}^*$ 与 D_1 呈单调递增关系。

进一步取 k 从 0.2 到 2 变化下 $P_{\mathrm{av\_p.u.}}^*$ 关于 D_1 的变化曲线,如图 2.23 所示。

由图可知,在电压转换比大范围变化时,$P^*_{\text{av\_p.u.}}$ 都是关于 D_1 单调递减的,验证了上述 $P^*_{\text{av\_p.u.}}$ 关于 D_1 的变化趋势的结论,在这种条件下利用单调性易于对 $P^*_{\text{av\_p.u.}}$ 进行控制。另外,由图 2.23 可知,在电压转换比大于 1 时,传输功率仍然不为零,说明这种混合型变换器实现了升压模式下的功率传输。同时,既然按照 $\dfrac{D_1}{2} + D_{\varphi} = 0.5$ 的约束,能够实现功率的连续调节和升降压控制,而且能够保证 D_1 和功率的单调性,因此在调制策略中,可以将 D_1 作为主变量,而 $D_{\varphi} = \dfrac{1 - D_1}{2}$。

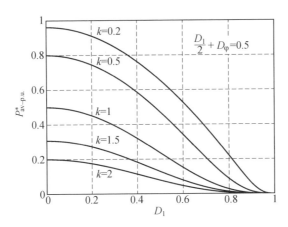

图 2.23　不同电压转换比下 $P^*_{\text{av\_p.u.}}$ 关于 D_1 的变化曲线

2. 电阻性负载

本节对输出侧连接电阻负载下的电压转换比进行分析,以对这种混合型变换器的升降压功能进行验证。

进行电压转换比分析之前,需要将变压器二次侧全部等效至一次侧。图 2.24 所示为电阻性负载等效电路。

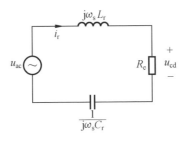

图 2.24　电阻性负载等效电路

首先,计算等效阻抗。$u_{\rm cd}$ 的基波有效值为

$$U_{\rm cd\_rms}=\frac{2\sqrt{2}\,U_{\rm o}}{\pi}\sin\frac{1-D_2}{2}\pi \tag{2.90}$$

然后,计算输出电流平均值 $I_{\rm o}$。由于一个周期内工作波形对称,因此计算半个周期内电阻负载电流的平均值即可。根据变换器的特性,谐振电流与 $u_{\rm cd}$ 之间的相位差为 $\dfrac{D_2}{2}\pi$,则输出电流平均值 $I_{\rm o}$ 可以表示为

$$\begin{aligned}I_{\rm o}&=\frac{1}{\pi}\int_0^{1-D_2\pi}I_{\rm r}\sin\theta\,{\rm d}\theta\\&=\frac{2}{\pi}I_{\rm r}\cos^2\frac{D_2}{2}\pi\end{aligned} \tag{2.91}$$

谐振电流近似为正弦波,因此谐振电流幅值为有效值的 $\sqrt{2}$ 倍,即有

$$I_{\rm r\_rms}=\frac{\pi}{2\sqrt{2}\,\cos^2\dfrac{D_2}{2}\pi}I_{\rm o} \tag{2.92}$$

由于谐振电流与 $u_{\rm cd}$ 之间的相位差为 $\dfrac{D_2}{2}\pi$,因此等效电阻已不再为纯电阻,而是等效为一个阻抗角为 $\dfrac{D_2}{2}\pi$ 的阻抗,表示为 $R_{\rm eq}=|R_{\rm eq}|\angle\dfrac{D_2}{2}\pi$,$|R_{\rm eq}|$ 为 $u_{\rm cd}$ 有效值与谐振电流有效值之比,取输出负载电阻为 $R_{\rm L}$,则等效电阻为

$$\begin{aligned}|R_{\rm eq}|&=\frac{U_{\rm cd\_rms}}{I_{\rm r\_rms}}=\frac{8\cos^3\dfrac{D_2}{2}\pi}{\pi^2}\frac{U_{\rm o}}{I_{\rm o}}\\&=\frac{8\cos^3\dfrac{D_2}{2}\pi}{\pi^2}R_{\rm L}\end{aligned} \tag{2.93}$$

根据等效电路,$u_{\rm ab}$ 和 $u_{\rm cd}$ 的有效值之比可用阻抗形式表示,为简化公式,按照习惯定义

$$Q=\frac{Z_{\rm r}}{R_{\rm L}} \tag{2.94}$$

得到

$$\frac{U_{cd\_rms}}{U_{ab\_rms}} = \frac{|R_{eq}|}{|R_{eq} + j\omega_s L_r + 1/j\omega_s C_r|}$$

$$= 1/\sqrt{1 + \frac{2\sin\frac{D_2\pi}{2}}{\dfrac{8\cos^3\dfrac{D_2\pi}{2}}{\pi^2}}Q\frac{F-1}{F} + \frac{Q^2\left(\dfrac{F-1}{F}\right)^2}{\left(\dfrac{8\cos^3\dfrac{D_2\pi}{2}}{\pi^2}\right)^2}} \quad (2.95)$$

进而得到电压转换比为

$$k = \frac{nU_o}{U_{in}} = \frac{nU_{cd\_rms}}{U_{ab\_rms}}\frac{\cos\dfrac{D_1\pi}{2}}{2\cos\dfrac{D_2\pi}{2}} \quad (2.96)$$

对式(2.96)进行简化处理,得到

$$k = \frac{4n\cos\dfrac{D_1\pi}{2}}{\sqrt{64\cos^2\dfrac{D_2\pi}{2} + 16\pi^2\tan\dfrac{D_2\pi}{2}Q\dfrac{F-1}{F} + \pi^4 Q^2\dfrac{F-1}{F}^2\sec^4\dfrac{D_2\pi}{2}}} \quad (2.97)$$

式中,D_2 可以根据阻抗角确定。首先从等效电路的输入侧求得总阻抗 Z_{eq} 为

$$Z_{eq} = \frac{\dot{U}_{ab\_rms}}{\dot{I}_{r\_rms}} = |R_{eq}| \angle \frac{D_2\pi}{2} + j\omega_s L_r + \frac{1}{j\omega_s C_r}$$

$$= |R_{eq}|\cos\frac{D_2\pi}{2} + j\left[|R_{eq}|\sin\frac{D_2\pi}{2} + Z_r\frac{F-1}{F}\right] \quad (2.98)$$

由于阻抗角为 i_r 与 u_{cd} 之间的相位差,因此有

$$Z_{eq} = |Z_{eq}| \angle \left(\frac{D_1}{2} + D_2 + D_\varphi\right)\pi$$

根据相位关系得到

$$\tan\left(\frac{D_1}{2} + D_2 + D_\varphi\right)\pi = \frac{|R_{eq}|\sin\dfrac{D_2\pi}{2} + Z_r\dfrac{F-1}{F}}{|R_{eq}|\cos\dfrac{D_2\pi}{2}} \quad (2.99)$$

由前述分析已知,D_1 作为主变量,且有 $\dfrac{D_1}{2} + D_\varphi = 0.5$,则可将式(2.99)整理

成关于 $\cos^2\dfrac{D_2\pi}{2}$ 的多项式形式,即

$$\left(\cos^2 \frac{D_2 \pi}{2}\right)^3 + \left(Q\frac{F-1}{F}\pi^2/4\right)^2 \cos^2 \frac{D_2 \pi}{2} - \left(Q\frac{F-1}{F}\pi^2/4\right)^2 = 0$$

$$(2.100)$$

令 $x = \cos^2 \dfrac{D_2 \pi}{2}$，$b = \left(Q\dfrac{F-1}{F}\pi^2/4\right)^2$，转化为 x 的一元三次方程，有

$$x^3 + bx - b = 0 \qquad (2.101)$$

$$x_{\text{real}} = \sqrt[3]{\frac{b}{2} + \sqrt{\Delta}} + \sqrt[3]{\frac{b}{2} - \sqrt{\Delta}} \qquad (2.102)$$

按照卡尔丹公式得到 $\Delta = b^2/4 + b^3/27$，$\Delta > 0$ 说明方程存在一个实根和两个共轭虚根，考虑实际意义 $\cos^2 \dfrac{D_2 \pi}{2}$ 应与方程的正实根相等，因此只需按照卡尔丹公式求实根，即有

$$x_{\text{real}} = \sqrt[3]{\frac{b}{2} + \sqrt{\Delta}} + \sqrt[3]{\frac{b}{2} - \sqrt{\Delta}} \qquad (2.103)$$

式中，$x_{\text{real}} = \cos^2 \dfrac{D_2 \pi}{2}$。

将 x_{real} 代入式(2.98)，再将式(2.98)中正切函数用余弦函数值表示，得到简化的电压转换比为

$$k = \frac{4nc\cos\dfrac{D_1 \pi}{2}}{\pi^2 Q \dfrac{F-1}{F}}\left(\sqrt[3]{\frac{b}{2} + \sqrt{\Delta}} + \sqrt[3]{\frac{b}{2} - \sqrt{\Delta}}\right) \qquad (2.104)$$

为了直观地显示出混合型变换器的升降压功能，绘制不同负载下 k 关于 D_1 的曲线。实际中一般选择开关频率 f_s 略大于谐振频率 f_r 且取值相近，本书选取 $L_r = 180~\mu\text{H}$，$C_r = 68~\text{nF}$，即谐振频率 $f_r = 45.49~\text{kHz}$。选取开关频率 $f_s = 50~\text{kHz}$，分别在负载电阻为 10 Ω、20 Ω、50 Ω、100 Ω、200 Ω 时，根据式(2.102)绘制电压转换比 k 关于 D_1 的变化曲线，如图 2.25 所示。图 2.25 中 k 的值在 5 种不同负载阻值下可大于 1 也可小于 1，证明这种混合型变换器可实现升降压功能，扩大了单向隔离型变换器的电压转换范围。

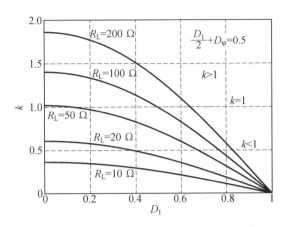

图 2.25　不同负载阻值下电压转换比 k 关于 D_1 的变化曲线

2.5　本 章 小 结

  本章分析了三种单向隔离型 DC－DC 变换器的拓扑结构、工作原理和电压转换比以及电流和功率特性,包括电感储能式二次侧全波结构、单向全桥 LLC 谐振结构及四管三电平混合型结构。其中,电感储能式二次侧全波结构元器件数量最少,但是需要采用抽头变压器,结构稍显复杂。单向全桥 LLC 谐振结构可以实现宽范围的功率调节,并具有较小的电流应力。二者的共同缺点是无法实现升压运行。四管三电平混合型结构在二次侧增加了两个开关管,可以实现升降压运行,拓展了单向隔离型 DC－DC 变换器的电压转换范围。

第3章

双有源桥隔离型 DC−DC 变换器

双 有源桥隔离型 DC−DC 变换器具有双向功率传输、电压转换范围宽、易于实现软开关运行、工作效率和功率密度高等诸多优点，在现代清洁能源发电、固态电力电子变压器、电储能系统、电动车充电设备、应急供电设备等诸多领域具有广阔的应用前景。本章将对电感储能式和串联谐振式两类代表性电压型变换器的拓扑结构、工作原理、移相调制和工作特性进行详细阐述。

3.1　概　　述

双有源桥隔离型 DC－DC 变换器在单向结构的基础上，将二次侧的不控整流器替换为由全控型开关管构成的桥式变换器，从而通过对一、二次侧桥式变换器的协调控制，实现功率双向传输和电压转换。

双有源桥隔离型 DC－DC 变换器通常具有双向功率传输、电压转换范围宽、易于实现软开关运行、工作效率和功率密度高等诸多优点，在现代清洁能源发电、固态电力电子变压器、蓄电池和超级电容充放电控制系统、电动车充电设备、应急供电设备等诸多领域具有广阔的应用前景，也因此成为当前研究热点，受到学术界和工业界的广泛关注。

双有源桥隔离型 DC－DC 变换器根据供电形式可分为电压型和电流型两种，根据电压型结构可分为电感储能式和谐振式两大类，根据拓扑结构可分为全桥式、半桥式、两电平、三电平和混合式等多种结构。由于储能形式和拓扑结构不同，其工作原理也具有很大差别。限于篇幅，本章选取具有代表性的两类拓扑，即电感储能式双有源桥 DC－DC 变换器和串联谐振式双有源桥 DC－DC 变换器进行分析，主要介绍其拓扑结构、工作原理、移相调制和工作特性等方面内容。

3.2　电感储能式双有源桥 DC－DC 变换器

3.2.1　拓扑结构

图 3.1 所示为电感储能式双有源桥 DC－DC 变换器的拓扑结构，包括一次侧

的全桥逆变器 HB1、储能电感 L_σ、高频变压器 HFT，二次侧的全桥逆变器 HB2 及输出电容等。u_{ab} 和 u_{cd} 分别表示 HB1 和 HB2 的交流侧高频输出电压；U_1 和 U_2 分别表示 HB1 和 HB2 的直流侧电压，而 i_1 和 i_2 分别表示 HB1 和 HB2 的直流侧电流；n 表示高频变压器的变比；i_p 表示流经电感 L_σ 和变压器一次侧的电流。由其结构可知，共有三个自由度可用于功率控制。第一个是 HB1 左右桥臂的内移相角，定义为 D_1；第二个是 HB2 左右桥臂的内移相角，定义为 D_2；第三个是 HB1 和 HB2 高频交流输出电压之间的移相角，定义为 D_φ。因此通过协调控制三个移相角的大小，即可实现传输功率的控制，根据所选择的移相角的数量，可以分为单移相调制、双移相调制及三移相调制。

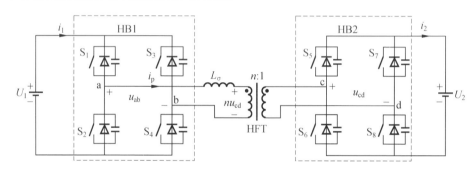

图 3.1   电感储能式双有源桥 DC－DC 变换器的拓扑结构

3.2.2   单移相调制

1. 基本原理

单移相调制是指两个全桥变换器的内移相角均等于零，只通过控制外移相角 D_φ 来实现传输功率的调节。外移相角 D_φ 的定义有多种形式，如两个全桥变换器高频交流输出电压上升沿的相位差，或者这两个电压的中性点的相位差。这里为分析方便，若无特殊说明，统一为第一种定义方法，即外移相角 D_φ 定义为两个全桥变换器高频交流输出电压上升沿的相位差，后续双移相调制和三移相调制中沿用相同的定义方法。

下面简要阐述其工作原理。定义功率由一次侧流向二次侧为正向功率传输方向，此时单移相调制的典型工作波形如图 3.2 所示。一次侧全桥变换器的同一个桥臂的两个开关管互补导通，即占空比保持 50%，对角的开关管采用相同的控制信号，即 S_1、S_4 和 S_2、S_3 分别采用相同的控制信号。对于二次侧全桥变换器采取同样的控制方式,即 S_5、S_8 和 S_6、S_7 分别采用相同的控制信号。由此两个全桥变换器的交流侧均输出正负对称的高频交流方波电压。接下来以正向功率传输方向为例,根据图 3.2 的波形分析单移相调制的工作过程,其各个时间区间的电感电流流通路径如图 3.3 所示。

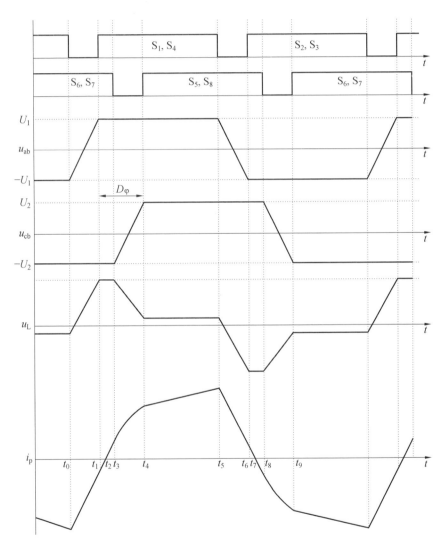

图 3.2　正向功率传输方向下单移相调制的典型工作波形

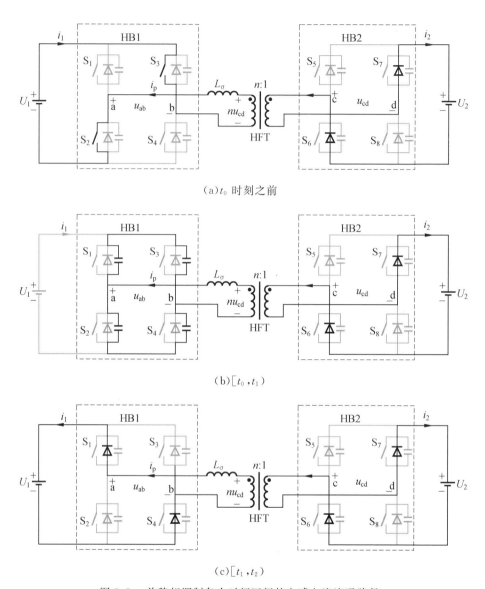

（a）t_0 时刻之前

（b）$[t_0,t_1)$

（c）$[t_1,t_2)$

图 3.3　单移相调制各个时间区间的电感电流流通路径

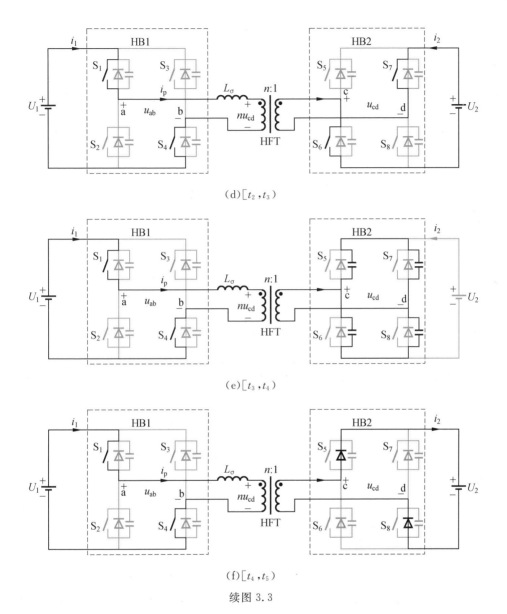

(d) $[t_2, t_3]$

(e) $[t_3, t_4]$

(f) $[t_4, t_5]$

续图 3.3

t_0 时刻之前：开关管 S_2、S_3 和 S_6、S_7 导通，此时电感电流 i_p 为负，流经开关管 S_2、S_3 和二次侧二极管 D_6、D_7，一次侧释放功率，二次侧吸收功率。变压器电流 i_p 的变化率为

$$\frac{\mathrm{d}i_p}{\mathrm{d}t} = \frac{U_1 - nU_2}{L_\sigma} \tag{3.1}$$

$[t_0, t_1)$ 区间:在 t_0 时刻关断一次侧开关管 S_2、S_3,电流由开关管转移至寄生的并联电容,为寄生电容 C_2、C_3 充电,一次侧高频交流电压 u_{ab} 由 $-U_1$ 充电至 U_1,C_1、C_4 两端电压降低至零,二极管 D_1、D_4 导通(二极管 D_1、D_4 的导通发生在电容 C_2、C_3 充电之后,图中无法呈现这种时间顺序,因此保持图中 D_1、D_4 为灰色)。变压器电流 i_p 的变化率为

$$\frac{\mathrm{d}i_p}{\mathrm{d}t} = \frac{u_{ab} + nU_2}{L_\sigma} \tag{3.2}$$

由于 i_p 变化率大于零,因此 i_p 逐渐上升。

$[t_1, t_2)$ 区间:在 t_1 时刻导通一次侧开关管 S_1、S_4,电流 i_p 不改变流向,在一次侧,流经二极管 D_1、D_4 后流回 U_1,在直流侧形成环流。在二次侧,电流流经 D_6、D_7,此阶段为储能电感释放能量的过程。此时变压器电流 i_p 的变化率保持不变,i_p 逐渐上升,直到等于零。

$[t_2, t_3)$ 区间:电流 i_p 在 t_2 反向,由于 S_6、S_7 保持导通,因此二次侧电流不再流经二极管 D_6、D_7 而是流经开关管 S_6、S_7。此区间 i_p 的斜率保持不变,仍然逐渐上升,但是在二次侧会产生直流环流,U_2 输出功率,为储能电感反向储能。

$[t_3, t_4)$ 区间:在 t_3 时刻关断二次侧开关管 S_6、S_7,二次侧电流对寄生电容 C_6、C_7 充电直到两端电压达到 U_2,C_5、C_8 两端电压降低至零,二次侧二极管 D_5、D_8 自然导通,此时一次侧释放功率。变压器电流 i_p 的变化率为

$$\frac{\mathrm{d}i_p}{\mathrm{d}t} = \frac{U_1 - nU_2}{L_\sigma} \tag{3.3}$$

$[t_4, t_5)$ 区间:在 t_4 时刻导通二次侧开关管 S_5、S_8,二次侧电流流经二极管 D_5、D_8,一次侧电源释放功率,变压器电流二次侧吸收功率。变压器电流 i_p 的变化率保持不变。由此完成前半个周期的工作过程。后半个周期的工作过程与此相同,在此不再赘述。

2. 平均传输功率

由于开关管开关时间较短,因此忽略开关管开关时间和死区时间,则认为 $t_0 \sim t_3$ 区间内的电流 i_p 以斜率 $(U_1 + nU_2)/L_\sigma$ 线性变化,而在 $t_3 \sim t_5$ 区间内的电流 i_p 以斜率 $(U_1 - nU_2)/L_\sigma$ 线性变化。则在这两个区间的 i_p 瞬时表达式为

$$\begin{cases} i_p(t) = i_p(t_0) + \dfrac{U_1 + nU_2}{L_\sigma}(t - t_0) & (t_0 \leqslant t < t_3) \\[3mm] i_p(t) = i_p(t_3) + \dfrac{U_1 - nU_2}{L_\sigma}(t - t_3) & (t_3 \leqslant t < t_5) \end{cases} \tag{3.4}$$

两个时间区间与外移相角的关系可表示为

$$
\begin{cases}
[t_0 , t_3) = D_\varphi \dfrac{T_s}{2} \\[3mm]
[t_3 , t_5) = (1 - D_\varphi) \dfrac{T_s}{2}
\end{cases}
\tag{3.5}
$$

式中，T_s 为开关周期。

由此可以计算得到 t_3、t_5 时刻的电流 i_p 为

$$
\begin{cases}
i_p(t_3) = i_p(t_0) + \dfrac{U_1 + nU_2}{L_\sigma} D_\varphi \dfrac{T_s}{2} \\[3mm]
i_p(t_5) = i_p(t_3) + \dfrac{U_1 - nU_2}{L_\sigma} (1 - D_\varphi) \dfrac{T_s}{2}
\end{cases}
\tag{3.6}
$$

根据 i_p 在稳态时波形的对称性，可知 $i_p(t_0) = -i_p(t_5)$，将其代入式(3.6)，得到

$$
i_p(t_0) = -\frac{U_1 + nU_2(2D_\varphi - 1)}{L_\sigma} \frac{T_s}{4}
\tag{3.7}
$$

进而得到 i_p 的瞬时表达式为

$$
\begin{cases}
i_p(t) = -\dfrac{U_1 + nU_2(2D_\varphi - 1)}{4L_\sigma f_s} + \dfrac{U_1 + nU_2}{L_\sigma}(t - t_0) \quad (t_0 \leqslant t < t_3) \\[3mm]
i_p(t) = \dfrac{-U_1 + nU_2(2D_\varphi + 1)}{4L_\sigma f_s} + \dfrac{U_1 - nU_2}{L_\sigma}(t - t_3) \quad (t_3 \leqslant t < t_5)
\end{cases}
\tag{3.8}
$$

半个周期内一次侧平均输入功率可表示为

$$
P_{av} = \frac{2}{T_s} \int_{t_0}^{t_5} u_{ab} i_p(t) \, dt
\tag{3.9}
$$

将式(3.8)代入式(3.9)得到

$$
P_{av} = \frac{nU_2 U_1}{2L_\sigma f_s} D_\varphi (1 - D_\varphi)
\tag{3.10}
$$

由上述分析结果可知，平均传输功率与移相角 D_φ 之间为二次函数关系，由式(3.10)可知，当 $D_\varphi = 0.5$ 时获得最大传输功率，即

$$
P_{av\_max} = \frac{nU_2 U_1}{8L_\sigma f_s}
\tag{3.11}
$$

因此为保持平均传输功率与移相角 D_φ 之间的单调性，在实际控制时可限制 D_φ 的范围为

$$
-0.5 \leqslant D_\varphi \leqslant 0.5
\tag{3.12}
$$

定义功率的基准值 $P_{\text{base}} = P_{\text{av\_max}}$，则当正向功率传输（$0 \leqslant D_\varphi \leqslant 0.5$）时，平均传输功率的标幺值为

$$P^*_{\text{av\_p.u.}} = \frac{P_{\text{av}}}{P_{\text{base}}} = 4D_\varphi(1 - D_\varphi) \tag{3.13}$$

同理可得，当反向功率传输（$-0.5 \leqslant D_\varphi < 0$）时，平均传输功率的标幺值为

$$P^*_{\text{av\_p.u.}} = \frac{P_{\text{av}}}{P_{\text{base}}} = 4D_\varphi(1 + D_\varphi) \tag{3.14}$$

因此可以得到，当 $-0.5 \leqslant D_\varphi \leqslant 0.5$ 时，平均传输功率的标幺值为

$$P^*_{\text{av\_p.u.}} = \frac{P_{\text{av}}}{P_{\text{base}}} = 4D_\varphi(1 - |D_\varphi|) \tag{3.15}$$

其中，传输功率的方向由移相角 D_φ 的正负决定，传输功率的大小由 D_φ 的大小决定。

3. 软开关范围分析

双有源桥变换器的软开关运行主要通过开关管的寄生电容实现。开关管 S_2、S_3 关断时需保证电流 $i_p \leqslant 0$ 才能为寄生电容 C_2、C_3 充电，而为寄生电容 C_1、C_4 放电至两端电压为零，实现 S_1、S_4 零电压导通。同理，在开关管 S_6、S_7 关断时需保证电流 $i_p \geqslant 0$ 才能为寄生电容 C_6、C_7 充电，而为寄生电容 C_5、C_8 放电至两端电压为零，实现 S_5、S_8 零电压导通。因此得到半个周期内开关管实现零电压开关的条件为

$$\begin{cases} i_p(t_0) \leqslant 0 \\ i_p(t_3) \geqslant 0 \end{cases} \tag{3.16}$$

一次侧开关管实现零电压开关的范围为

$$D_\varphi \geqslant \frac{k-1}{2k} \tag{3.17}$$

式中，$k = nU_2/U_1$。

二次侧开关管实现零电压开关的范围为

$$D_\varphi \geqslant \frac{1-k}{2} \tag{3.18}$$

当 k 大于 1 时，二次侧开关管自然实现零电压开关；当 k 小于 1 时，一次侧开关管自然实现零电压开关，一、二次侧开关管全部实现零电压开关的条件为

$$1 - 2D_\varphi \leqslant k \leqslant \frac{1}{1 - 2D_\varphi} \tag{3.19}$$

由此可以得到,所有开关管实现零电压开关的功率范围为

$$4D_\varphi(1-D_\varphi)(1-2D_\varphi) \leqslant P_{\text{av\_p.u.}}^* \leqslant \frac{4D_\varphi(1-D_\varphi)}{1-2D_\varphi} \tag{3.20}$$

因此,单移相调制策略下,当 k 不为 1 时,在轻载范围内难以实现零电压开关;当 k 为 1 时,能够实现全负载范围内零电压开关。

3.2.3　双移相调制

1. 工作原理

在单移相调制策略的基础上,除了在一、二次变换器高频交流输出电压之间加入外移相角,还可以在全桥变换器中加入内移相角,即构成双移相调制。加入内移相角的方式有两种:第一种是只在一个全桥变换器中加入内移相角;第二种是在两个全桥变换器中均加入内移相角,但是两个内移相角相等。本节针对第一种控制方式进行分析。

由于双有源桥 DC－DC 变换器正向工作与反向工作原理相似,这里只分析正向功率传输的情况。假设只在一次侧全桥变换器中加入内移相角 D_1,则一次侧全桥变换器高频交流输出电压的相角比为 $D_{y1}=1-D_1$。另外,为了保证在正向功率传输时外移相角始终大于零,这里定义一次侧与二次侧变换器交流输出电压 u_{ab} 和 u_{cd} 中性点之间的移相角为 $D_{\varphi 1}$。一次侧开关管采用移相控制,上下开关管为 180° 互补导通,开关管 S_1 和 S_2 为超前臂,S_3 和 S_4 为滞后臂,通过控制内移相角改变一次侧交流输出电压的占空比。二次侧对角开关管同时导通和关断,通过控制一、二次侧变换器交流输出电压中性点之间移相角的大小控制功率。为简化分析,这里忽略开关管开关过程和死区时间。

将一次侧交流输出电压零到 U_1 上升沿滞后于二次侧交流输出电压零到 U_2 上升沿的相位差与 π 之比定义为 D_a,根据图 3.4 所示的工作波形可以得到

$$D_a = \frac{1}{2}(1-D_{y1}-2D_{\varphi 1}) \tag{3.21}$$

根据 D_a 的极性可以得到两种工作波形,下面逐一进行分析。

(1) $0 \leqslant D_a \leqslant (1-D_{y1})/2$。

此时有 $D_a \geqslant 0$,根据正向功率传输 $0 < D_{\varphi 1} \leqslant 1$ 得到 $D_a \leqslant (1-D_{y1})/2$,则得到此状态下的工作波形,如图 3.4 所示。

下面针对半个周期内的各个开关状态对变换器的工作过程进行分析,各个时间区间对应的电流流通路径如图 3.5 所示。

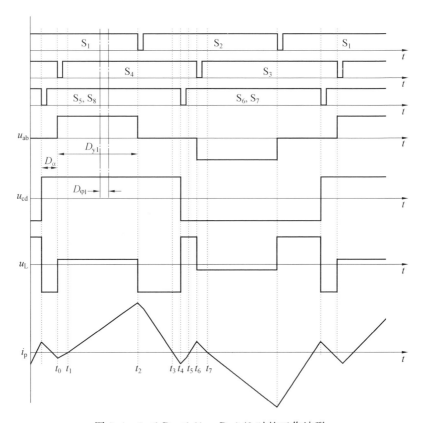

图 3.4 $0 \leqslant D_\alpha \leqslant (1 - D_{y1})/2$ 时的工作波形

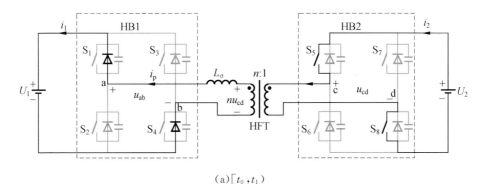

(a) $[t_0, t_1]$

图 3.5 $0 \leqslant D_\alpha \leqslant (1 - D_{y1})/2$ 时各个时间区间对应的电流流通路径

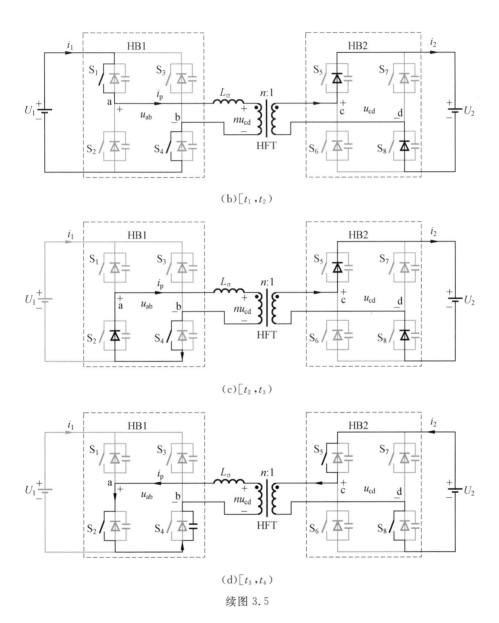

（b）[t_1，t_2）

（c）[t_2，t_3）

（d）[t_3，t_4）

续图 3.5

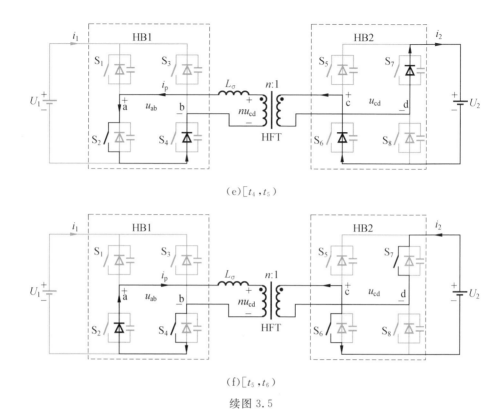

(e) $[t_4, t_5]$

(f) $[t_5, t_6]$

续图 3.5

$[t_0, t_1)$ 区间：t_0 时刻 S_3 关断，此时电流 i_p 为负，为寄生电容 C_3 充电直到两端电压为 U_1，开关管 S_4 两端电压为零实现零电压导通。电流 i_p 流经二极管 D_1、D_4。电流 i_p 的变化率为

$$\frac{\mathrm{d}i_p}{\mathrm{d}t} = \frac{U_1 - nU_2}{L_\sigma} \tag{3.22}$$

电流 i_p 线性上升，直到 t_1 时刻为零。此区间电流 i_p 的表达式为

$$i_p(t) = i_p(t_0) + \frac{U_1 - nU_2}{L_\sigma}(t - t_0) \quad (t_0 \leqslant t < t_1) \tag{3.23}$$

$[t_1, t_2)$ 区间：t_1 时刻电流 i_p 上升至零，开始流经 S_1、S_4，二次侧电流流经体二极管 D_5、D_8，电流 i_p 继续线性增大，一次侧释放功率，二次侧吸收功率，功率由一次侧传输到二次侧。此区间电流 i_p 的表达式为

$$i_p(t) = i_p(t_1) + \frac{U_1 - nU_2}{L_\sigma}(t - t_1) \quad (t_1 \leqslant t < t_2) \tag{3.24}$$

$[t_2, t_3)$ 区间：t_2 时刻 S_1 关断，此时电流 i_p 为正，为寄生电容 C_1 充电直到两端电压为 U_1，开关管 S_2 两端电压为零实现零电压导通。电流 i_p 经过一次侧全桥变换器的 D_2、S_4 续流，二次侧的电流流通路径保持不变，则一次侧全桥变换器输出电压为零，由此得到此区间电流 i_p 的变化率为

$$\frac{\mathrm{d}i_p}{\mathrm{d}t} = \frac{-nU_2}{L_\sigma} \tag{3.25}$$

电流 i_p 变化率为负，开始线性减小，直到 t_3 时刻电流 i_p 幅值减小至零。此区间电流 i_p 的表达式为

$$i_p(t) = i_p(t_2) - \frac{nU_2}{L_\sigma}(t - t_2) \quad (t_2 \leqslant t < t_3) \tag{3.26}$$

$[t_3, t_4)$ 区间：t_3 时刻电流 i_p 减小至零，此后极性变为负，反向流经 S_2、D_4，二次侧电流流经开关管 S_5、S_8。此区间二次侧直流电源 U_2 向电感储能，在二次侧产生环流。此区间电流 i_p 的变化率为

$$\frac{\mathrm{d}i_p}{\mathrm{d}t} = -\frac{nU_2}{L_\sigma} \tag{3.27}$$

电流 i_p 线性减小，此区间电流 i_p 的表达式为

$$i_p(t) = i_p(t_3) - \frac{nU_2}{L_\sigma}(t - t_3) \quad (t_3 \leqslant t < t_4) \tag{3.28}$$

$[t_4, t_5)$ 区间：t_4 时刻 S_5、S_8 关断，此时电感电流 i_p 为负，二次侧电流为寄生电容 C_5、C_8 充电直到两端电压为 U_2，开关管 S_6、S_7 两端电压为零实现零电压导通。在此之后二次侧电流开始流经 D_6、D_7，则此区间电流 i_p 的变化率为

$$\frac{\mathrm{d}i_p}{\mathrm{d}t} = \frac{nU_2}{L_\sigma} \tag{3.29}$$

电流 i_p 的变化率变为正，开始逐渐线性增加，二次侧吸收功率，直到 t_5 时刻电流 i_p 幅值减小至零。此区间电流 i_p 的表达式为

$$i_p(t) = i_p(t_4) + \frac{nU_2}{L_\sigma}(t - t_4) \quad (t_4 \leqslant t < t_5) \tag{3.30}$$

$[t_5, t_6)$ 区间：t_5 时刻电流 i_p 等于零，在此之后极性开始为正，一次侧电流流经 S_4、D_2，二次侧电流流经开关管 S_6、S_7，二次侧直流电源 U_2 向电感储能，在二次侧产生环流。此区间电流 i_p 的变化率为

$$\frac{\mathrm{d}i_p}{\mathrm{d}t} = \frac{nU_2}{L_\sigma} \tag{3.31}$$

电流 i_p 在 U_2 的作用下线性增加,其表达式为

$$i_p(t) = i_p(t_5) + \frac{nU_2}{L_\sigma}(t - t_5) \quad (t_5 \leqslant t < t_6) \tag{3.32}$$

由此完成半个周期的工作过程,后半个周期的工作过程与此相同,不再赘述。

(2) $-D_{y1} \leqslant D_\alpha < 0$。

此时有二次侧全桥变换器高频交流输出电压的上升沿滞后于一次侧全桥变换器高频交流输出电压从零到 U_1 的上升沿,对应的工作波形如图 3.6 所示,相应的各个时间区间的电流流通路径如图 3.7 所示。下面对各个工作状态进行分析。

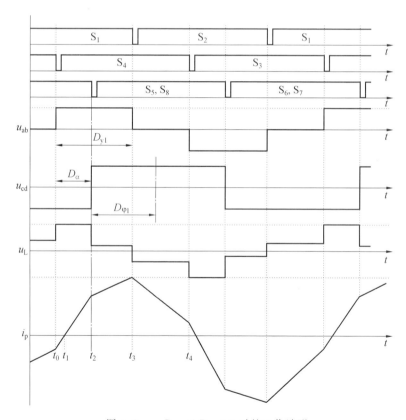

图 3.6 $-D_{y1} \leqslant D_\alpha < 0$ 时的工作波形

$[t_0, t_1)$ 区间:t_0 时刻 S_3 关断,此时电流 i_p 为负,为寄生电容 C_3 充电直到两端

电压为 U_1，开关管 S_4 两端电压为零实现零电压导通。电流 i_p 的变化率为

$$\frac{\mathrm{d}i_p}{\mathrm{d}t}=\frac{U_1+nU_2}{L_\sigma}\qquad(3.33)$$

电流 i_p 线性增加，直到 t_1 时刻达到零。此区间电流 i_p 的表达式为

$$i_p(t)=i_p(t_0)+\frac{U_1+nU_2}{L_\sigma}(t-t_0)\quad(t_0\leqslant t<t_1)\qquad(3.34)$$

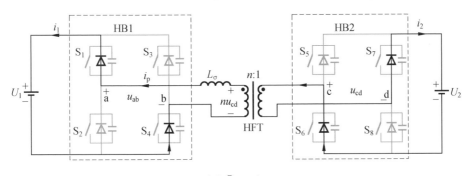

(a) $[t_0,t_1)$

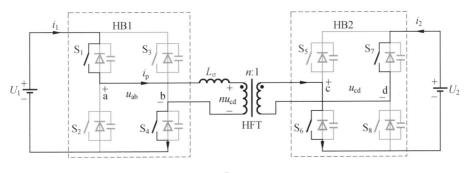

(b) $[t_1,t_2)$

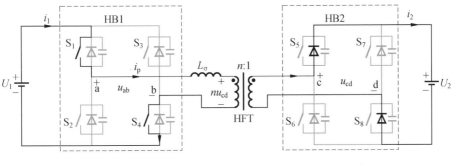

(c) $[t_2,t_3)$

图 3.7 $-D_{y1}\leqslant D_a<0$ 时各个时间区间的电流流通路径

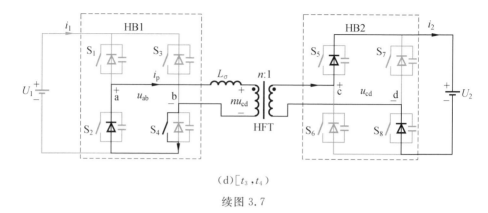

$$(d) [t_3, t_4)$$

续图 3.7

$[t_1, t_2)$ 区间:在 t_1 时刻以后,电流 i_p 极性变为正,流经 S_1 和 S_4,功率由 U_1 流向电感,电流 i_p 继续线性增加,直到 t_2 时刻开关管 S_6、S_7 关断。此区间电流 i_p 的表达式为

$$i_p(t) = i_p(t_1) + \frac{U_1 + nU_2}{L_\sigma}(t - t_1) \quad (t_1 \leqslant t < t_2) \tag{3.35}$$

$[t_2, t_3)$ 区间:t_2 时刻 S_6、S_7 关断,此时电流 i_p 为正,二次侧电流为寄生电容 C_6、C_7 充电直到两端电压为 U_2,开关管 S_5、S_8 两端电压为零实现零电压导通。此时电流 i_p 的变化率变为

$$\frac{di_p}{dt} = \frac{U_1 - nU_2}{L_\sigma} \tag{3.36}$$

此区间电流 i_p 的表达式为

$$i_p(t) = i_p(t_2) + \frac{U_1 - nU_2}{L_\sigma}(t - t_2) \quad (t_2 \leqslant t < t_3) \tag{3.37}$$

$[t_3, t_4)$ 区间:t_3 时刻 S_1 关断,电流 i_p 为正,为寄生电容 C_1 充电直到两端电压为 U_1,开关管 S_2 两端电压为零实现零电压导通。一次侧全桥变换器输出电压为零,电流 i_p 的变化率为

$$\frac{di_p}{dt} = \frac{-nU_2}{L_\sigma} \tag{3.38}$$

电流 i_p 开始线性减小,直到 t_4 时刻电流 i_p 幅值减小至零。此区间电流 i_p 的表达式为

$$i_p(t) = i_p(t_3) - \frac{nU_2}{L_\sigma}(t - t_3) \quad (t_3 \leqslant t < t_4) \tag{3.39}$$

由此完成了半个周期的工作过程。后半个周期内的工作状态与前半周期相同，不再赘述。

2. 平均传输功率分析

下面分析这两种情况下的平均传输功率。

(1) $0 \leqslant D_\alpha \leqslant (1 - D_{y1})/2$。

半个周期内电流 i_p 的表达式为

$$
i_p(t) = \begin{cases}
\dfrac{(1-k)U_1}{L_\sigma}(t-t_0) - \dfrac{(2kD_{\varphi1} - D_{y1} + kD_{y1})U_1}{4L_\sigma f_s} & (t_0 \leqslant t < t_2) \\[3mm]
-\dfrac{kU_1}{L_\sigma}(t-t_2) + \dfrac{(kD_{y1} + 2kD_{\varphi1} + D_{y1})U_1}{4L_\sigma f_s} & (t_2 \leqslant t < t_4) \\[3mm]
\dfrac{kU_1}{L_\sigma}(t-t_4) - \dfrac{(2k - D_{y1} + kD_{y1} + 2kD_{\varphi1})U_1}{4L_\sigma f_s} & (t_4 \leqslant t < t_6)
\end{cases}
$$

$$(3.40)$$

由图 3.5 所示的工作波形可以得到，各个时刻与两个移相角的关系为

$$
t_2 = t_0 + D_{y1}\frac{T_s}{4}, \quad t_4 = t_0 + (1 - D_\alpha)\frac{T_s}{4}, \quad t_6 = t_0 + \frac{T_s}{4} \tag{3.41}
$$

可以得到，半个周期内一次侧平均输入功率为

$$
P_{av} = \frac{2}{T_s}\int_0^{\frac{T_s}{2}} u_{ab} i_p(t)\, dt = \frac{U_1^{\,2}}{2L_\sigma f_s}kD_{\varphi1}D_{y1} \tag{3.42}
$$

功率标幺值为

$$
P_{av\_p.u.} = \frac{P_{av}}{P_{base}} = 4kD_{\varphi1}D_{y1} \tag{3.43}
$$

(2) $-D_{y1} \leqslant D_\alpha < 0$。

半个周期内电流 i_p 的表达式为

$$
i_p(t) = \begin{cases}
\dfrac{(1+k)U_1}{L_\sigma}(t-t_0) - \dfrac{(D_{y1} + kD_{y1} + 2kD_{\varphi1} - 2k)U_1}{4L_\sigma f_s} & (t_0 \leqslant t < t_2) \\[3mm]
\dfrac{(1-k)U_1}{L_\sigma}(t-t_2) - \dfrac{(kD_{y1} + 2kD_{\varphi1} - D_{y1})U_1}{4L_\sigma f_s} & (t_2 \leqslant t < t_3) \\[3mm]
-\dfrac{kU_1}{L_\sigma}(t-t_3) - \dfrac{(D_{y1} + kD_{y1} + 2kD_{\varphi1})U_1}{4L_\sigma f_s} & (t_3 \leqslant t < t_4)
\end{cases}
$$

$$(3.44)$$

由图 3.6 所示的工作波形可以得到，各个时刻与两个移相角的关系为

$$t_2 = t_0 + (2D_{\varphi 1} + D_{y1} - 1)\frac{T_s}{4}, \quad t_3 = t_0 + D_{y1}\frac{T_s}{4}q_{near}, \quad t_4 = t_0 + \frac{T_s}{4}$$

$$(3.45)$$

由此可以得到,其一次侧输入功率为

$$P_{av} = \frac{kU_1^2}{8L_\sigma f_s}\left[1 - (1 - 2D_{\varphi 1})^2 - (1 - D_{y1})^2\right] \tag{3.46}$$

功率标幺值为

$$P_{av\_p.u} = \frac{P_{av}}{P_{base}} = k\left[1 - (1 - 2D_{\varphi 1})^2 - (1 - D_{y1})^2\right] \tag{3.47}$$

3. 软开关范围分析

(1) $0 \leqslant D_\alpha \leqslant (1 - D_{y1})/2$。

半个周期内实现软开关的条件是 S_3 关断时电流 i_p 为负,S_4 关断时电流 i_p 为正,S_1 关断时电流 i_p 为正,S_5、S_8 关断时电流 i_p 为负,即

$$\begin{cases} i_p(t_0) \leqslant 0 \\ i_p(t_2) \geqslant 0 \\ i_p(t_4) \leqslant 0 \end{cases} \tag{3.48}$$

可以得到,移相角之间的关系为

$$\frac{2kD_{\varphi 1}}{1 - k} \leqslant D_{y1} \leqslant k \tag{3.49}$$

(2) $-D_{y1} \leqslant D_\alpha < 0$。

半个周期内实现软开关的条件是 S_3 关断时电流 i_p 为负,S_1 关断时电流 i_p 为正,S_1 关断时电流 i_p 为正,S_6、S_7 关断时电流 i_p 为正,即

$$\begin{cases} i_p(t_3) \geqslant 0 \\ i_p(t_0) \leqslant 0 \\ i_p(t_2) \geqslant 0 \end{cases} \tag{3.50}$$

可以得到

$$\begin{cases} D_{y1} \geqslant \dfrac{2k(1 - D_\varphi 1)}{1 + k} \\ D_\varphi \geqslant \dfrac{1 - k}{2} \end{cases} \tag{3.51}$$

3.2.4　三移相调制策略及电流特性优化

在双移相调制的基础上,再引入二次侧全桥变换器的内移相角,则变为三移相调制。在三移相调制策略中,具有三个自由度,在获得期望传输功率的前提下,还有两个自由度可以利用。因此现在有一些基于三移相调制的研究成果相继公布,即在获得期望传输功率的前提下,还可以引入其他的优化目标,如实现全功率范围内的所有功率开关管的软开关运行、变压器电流特性优化等方案。限于篇幅,这里对一种可消除两个直流侧环流和实现变压器电流特性优化的三移相调制策略的工作原理进行分析。

下面以功率正向传输,即从 U_1 向 U_2 传输为例进行分析。图 3.8 所示为无约束的三移相调制下变换器的工作波形,依据 D_φ 的变化范围将其划分为三种情况。在理想情况下,直流侧电流 i_1 和 i_2 均不应小于零,但在图 3.8 所示灰色区域中 i_1 和 i_2 出现了小于零的情况,即环流现象。

直流侧的环流会产生如下问题:

① 直流侧的环流意味着在一个工作周期内有一段时间能量会流回到一次侧的直流源,相当于交流系统中的无功电流。在传输功率一定时,无功电流的存在会造成变压器电流有效值的增加,直接导致开关管的通态损耗,电感和变压器的铜损、铁损均有所增加,造成系统效率下降。

② 如果变换器直接连接到储能元件,直流侧环流会造成储能元件以二倍开关频率进行充放电,高频的充放电运行会在储能元件中产生损耗,同时造成其使用寿命下降。

下面对直流侧无环流的三个移相角之间的约束条件进行分析,并约定 $U_1 > nU_2$。如图 3.8(a)所示,$[t_0,t_1)$ 区间,$u_{cd} < 0$,当变压器电流 i_p 大于零时,在直流电流 i_2 中产生环流。如图 3.8(b)所示,$[t_2,t_3)$ 区间,直流电流 i_1 中产生环流,观察此区间各个波形可知,在 t_2 时刻电流 i_p 极性为负,而 u_{ab} 由 0 变化到 U_1,此时 u_{ab} 的极性变为正,二者的极性不一致。如图 3.8(c)所示,$[t_1,t_2)$ 区间,$u_{ab} > 0$,$u_{cd} < 0$,当 $i_p < 0$ 时,u_{ab} 的极性与 i_p 相反,直流电流 i_1 中产生环流;当 $i_p > 0$ 时,u_{cd} 的极性与 i_p 相反,同样在直流电流 i_2 中产生环流。因此,$D_\varphi > D_2$ 时,在两个直流侧均会产生环流。

由上述分析可知,在直流侧产生环流的本质原因在于全桥变换器交流输出电压与变压器电流的极性没有保持一致。而由此类变换器的工作原理可知,为实现功率传输,两个全桥变换器的交流输出电压必须移开一定角度,因此为保持其与变压器电流的极性相一致,需要保证两个全桥变换器的交流输出电压的正、负半周不能出现交叠,因此要求 $D_\varphi \leqslant D_2$。

为了使变压器电流与全桥变换器的交流输出电压之间的极性始终保持一致,由图 3.8(b) 可知,唯一的方案是,保证变压器电流在两个交流输出电压极性等于零时进行极性切换。因此有,仅当 $i_p(t_2) = i_p(t_5) = 0$ 时,无环流产生,即

$$\begin{cases} i_p(t_5) = i_p(t_2) = 0 \\ i_p(t_5) - i_p(t_2) = \int_{t_2}^{t_5} \dfrac{\mathrm{d}i_p}{\mathrm{d}t}\mathrm{d}t = 0 \end{cases} \tag{3.52}$$

即有在 $[t_2, t_4)$ 区间的变压器电流增量应等于在 $[t_4, t_5)$ 区间的变压器电流增量。

在图 3.8(b) 所示的 $[t_2, t_5)$ 区间内,变压器电流的斜率可表示为

$$\frac{\mathrm{d}i_p}{\mathrm{d}t} = \frac{u_{ab} - nu_{cd}}{L_\sigma} = \begin{cases} \dfrac{U_1}{L_\sigma} & \left([t_2, t_3) = D_\varphi \dfrac{T_s}{2}\right) \\ \dfrac{U_1 - nU_2}{L_\sigma} & \left([t_3, t_4) = (1 - D_1 - D_\varphi)\dfrac{T_s}{2}\right) \\ \dfrac{-nU_2}{L_\sigma} & \left([t_4, t_5) = (D_1 + D_\varphi - D_2)\dfrac{T_s}{2}\right) \end{cases} \tag{3.53}$$

由此得到,在 $[t_2, t_4)$ 区间的变压器电流增量可表示为

$$i_p[t_2, t_4) = D_\varphi \frac{T_s}{2}\frac{U_1}{L_\sigma} + (1 - D_1 - D_\varphi)\frac{T_s}{2}\frac{U_1 - nU_2}{L_\sigma} \tag{3.54}$$

同理,在 $[t_4, t_5)$ 区间的变压器电流增量可表示为

$$\left| \Delta i_p[t_4, t_5) \right| = \left[1 - D_2 - (1 - D_1 - D_\varphi) \right]\frac{T_s}{2}\frac{nU_2}{L_\sigma} \tag{3.55}$$

由此根据两个区间的变压器电流增量相等得到

$$D_2 = 1 + \frac{D_1 - 1}{k} \tag{3.56}$$

综上可以得到,当功率正向传输且 $k < 1$ 时,在三移相调制下无环流运行的约束条件为

$$\begin{cases} 0 \leqslant D_\varphi \leqslant D_2 \\ D_2 = 1 + \dfrac{D_1 - 1}{k} \end{cases} \tag{3.57}$$

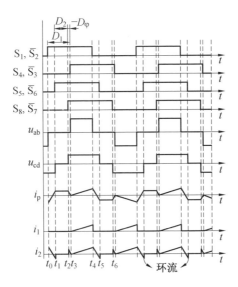

(a) $D_{\varphi} < 0$

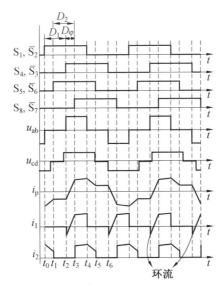

(b) $0 \leqslant D_{\varphi} \leqslant D_2$

图 3.8　无约束的三移相调制下变换器的工作波形

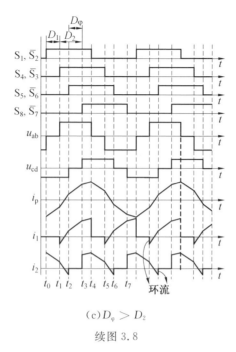

（c）$D_\varphi > D_2$

续图 3.8

式(3.57)中只给出了无直流侧环流下 D_φ 的取值范围,并没有得到其与另两个移相角的确切关系。因此对于确定的期望传输功率,无法确定三个移相角的确切数值。下面对这一问题进行分析。图 3.9 给出了当功率正向传输且 $k < 1$ 时,无环流运行的约束条件下控制坐标可行域,如图中 $\triangle ABD$ 所围成区域所示,其所对应的无直流侧环流约束下的三移相调制 DC－DC 变换器的工作波形如图

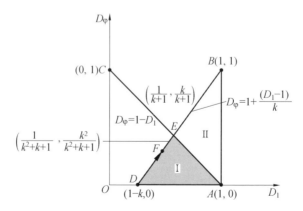

图 3.9　当功率正向传输且 $k < 1$ 时,无环流运行的约束条件下控制坐标可行域

3.10 所示。$\triangle ABD$ 可进一步由边界 AC 分为 $\triangle ADE$ 所围成区域 Ⅰ 及 $\triangle ABE$ 所围成区域 Ⅱ。在区域 Ⅰ 与区域 Ⅱ 的边界线段 AE 上,有 $D_{\varphi}=1-D_1$,其工作波形如图 3.10(c) 所示。

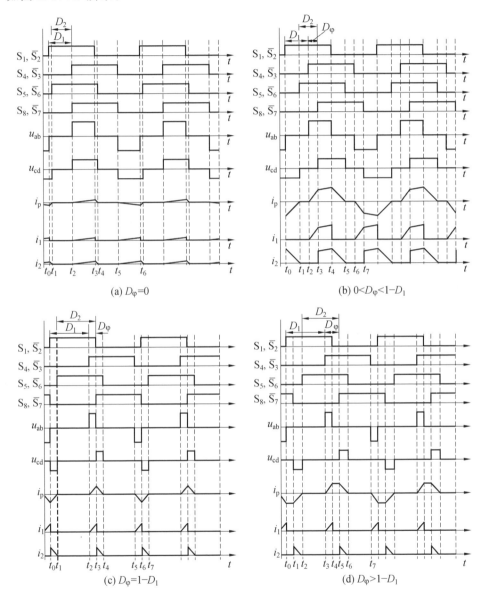

图 3.10　无直流侧环流约束下的三移相调制 DC－DC 变换器的工作波形

当外移相 D_φ 进一步增大,即 $D_\varphi > 1 - D_1$ 时,将进入区域 Ⅱ,其工作波形如图 3.10(d) 所示。显然,对于确定的 D_1,图 3.10(c) 与图 3.10(d) 所表征的两种情形所传输的功率是相同的,而图 3.10(d) 中 $[t_4, t_5]$ 区间的变压器电流虽不会在 i_1 和 i_2 产生环流,但将引起额外的通态损耗。因此,进一步给定约束式使系统运行在图 3.9 所示区域 Ⅰ 中。

$$D_\varphi \leqslant 1 - D_1 \tag{3.58}$$

由图 3.9 可知,图 3.10(a) 及图 3.10(c) 为图 3.10(b) 所表征工作波形的边界情形,因此可依图 3.10(b) 所示工作波形推导无环流约束下的平均传输功率表达式为

$$
\begin{aligned}
P_{av} &= \frac{2}{T_s} \left[\int_0^{\frac{T_s}{2} D_\varphi} \frac{U_1}{L_\sigma} t \, \mathrm{d}t + \int_0^{\frac{T_s}{2}(1 - D_1 - D_\varphi)} \left(\frac{U_1}{L_\sigma} \frac{T_s}{2} D_\varphi + \frac{U_1 - nU_2}{L_\sigma} t \right) \mathrm{d}t \right] \\
&= \frac{2}{T_s} \left[\int_0^{\frac{T_s}{2} D_\varphi} \frac{kU_1}{L_\sigma} t \, \mathrm{d}t + \int_0^{\frac{T_s}{2}(1 - D_1 - D_\varphi)} \left(\frac{kU_1}{L_\sigma} \frac{T_s}{2} D_\varphi + \frac{U_1 - kU_1}{L_\sigma} t \right) \mathrm{d}t \right] \\
&= \frac{U_1^2 T_s}{4 L_\sigma} \left[(1 - D_1)^2 - \frac{1}{k} (1 - D_1 - D_\varphi)^2 \right]
\end{aligned}
\tag{3.59}
$$

由式(3.59)可得,平均传输功率 P_{av} 关于 D_1 和 D_φ 的变化率为

$$
\begin{cases}
\dfrac{\partial P_{av}}{\partial D_1} = -\dfrac{kU_1^2 T_s}{2 L_\sigma} \left[\left(\dfrac{1}{k} - 1 \right)(1 - D_1) + D_\varphi \right] \\
\dfrac{\partial P_{av}}{\partial D_\varphi} = \dfrac{kU_1^2 T_s}{2 L_\sigma} (1 - D_1 - D_\varphi)
\end{cases}
\tag{3.60}
$$

由 $k < 1$ 及式(3.58)可知

$$
\begin{cases}
\dfrac{\partial P_{av}}{\partial D_1} \leqslant 0 \\
\dfrac{\partial P_{av}}{\partial D_\varphi} \geqslant 0
\end{cases}
\tag{3.61}
$$

因此,在无环流约束下传输功率随着 D_φ 的增大而增大,随着 D_1 的减小而增大。由图 3.9 可知,最大传输功率应在线段 DE 上取得,即 D_1 和 D_φ 应满足关系式

$$D_\varphi = 1 - \frac{(1 - D_1)}{k} \tag{3.62}$$

将式(3.62)代入式(3.59)中,并整理可得

$$P_{\text{av\_AB}} = \frac{U_1^2 T_s}{4L_\sigma}\left[-\frac{k^2+k+1}{k}\left(D_1 - \frac{1}{k^2+k+1}\right)^2 + \frac{k^2}{k^2+k+1}\right] \tag{3.63}$$

当 $D_1 = \dfrac{1}{k^2+k+1}$ 时，由式（3.62）可求得 $D_\varphi = \dfrac{k^2}{k^2+k+1}$。可以验证点 $(D_1, D_\varphi) = \left(\dfrac{1}{k^2+k+1}, \dfrac{k^2}{k^2+k+1}\right)$ 在线段 AB 上，其位置为图 3.9 中 F 点。因此，在无环流约束下，系统在点 F 取得最大传输功率，表达式为

$$P_{\text{av\_max}} = \frac{U_1^2 T_s}{4L_\sigma}\frac{k^2}{k^2+k+1} \tag{3.64}$$

下面分析使变压器电流有效值最小的三个移相角的确切关系。由图 3.10（b）可求得变压器电流均方根值表达式为

$$I_{\text{rms}} = \left\{\frac{2}{T_s}\left[\int_0^{\frac{T_s}{2}D_\varphi}\left(\frac{U_1}{L_\sigma}t\right)^2 \mathrm{d}t + \int_0^{\frac{T_s}{2}(1-D_1-D_\varphi)}\left(\frac{U_1}{L_\sigma}\frac{T_s}{2}D_\varphi + \frac{U_1 - nU_2}{L_\sigma}t\right)^2 \mathrm{d}t + \right.\right.$$

$$\left.\left.\int_0^{\frac{T_s}{2}[D_\varphi+(1-D_2)-(1-D_1)]}\left(\frac{nU_2}{L_\sigma}t\right)^2 \mathrm{d}t\right]\right\}^{1/2} \tag{3.65}$$

将式（3.57）代入式（3.65），并整理可得

$$I_{\text{rms}} = \frac{U_1 T_s}{2L_\sigma}\left\{\frac{1}{3}D_\varphi^3 + \frac{1}{3}\left(\frac{k-1}{k}\right)^2 (1-D_1-D_\varphi)^3 + \frac{k^2}{3}\left[D_\varphi + \left(\frac{1}{k}-1\right)(1-D_1)+\right.\right.$$

$$\left.\left.D_\varphi^2(1-D_1-D_\varphi) + (1-k)D_\varphi(1-D_1-D_\varphi)^2\right\}^{1/2} \tag{3.66}\right.$$

考虑到变压器电流均方根值和其平方值具有相同的单调性，这里考察期望功率下，变压器电流均方根值的平方最小的调制策略。由式（3.66）可得，变压器电流均方根值的平方为

$$I_{\text{rms}}^2 = \frac{U_1^2 T_s^2}{4L_\sigma^2}\left\{\frac{1}{3}D_\varphi^3 + \frac{1}{3}\left(1-\frac{1}{k}\right)^2 (1-D_1-D_\varphi)^3 + \frac{k^2}{3}\left[D_\varphi + \left(\frac{1}{k}-1\right)(1-D_1)\right]^3 + \right.$$

$$\left.D_\varphi^2(1-D_1-D_\varphi) + (1-k)D_\varphi(1-D_1-D_\varphi)^2\right\} \tag{3.67}$$

由式（3.59）可得，给定非零 P_{av}^* 下 D_φ 关于 D_1 的表达式为

$$D_\varphi = 1 - D_1 - \sqrt{\frac{1}{k}(1-D_1)^2 - \frac{4L_\sigma P_{\text{av}}^*}{kU_1^2 T_s}} \tag{3.68}$$

由式（3.67）可得

$$\frac{\partial I_{rms}^2}{\partial D_1} = \frac{U_1^2 T_s^2}{4L_\sigma^2} - \left\{ D_\varphi^2 \frac{\partial D_\varphi}{\partial D_1} + (1-k)^2 (1-D_1-D_\varphi)^2 \left(-1-\frac{\partial D_\varphi}{\partial D_1}\right) + \right.$$

$$k^2 \left[D_\varphi + (k-1)(1-D_1)\right]^2 \left(\frac{\partial D_\varphi}{\partial D_1} + 1 - \frac{1}{k}\right) +$$

$$2D_\varphi (1-D_1-D_\varphi) \frac{\partial D_\varphi}{\partial D_1} +$$

$$D_\varphi^2 \left(-1 - \frac{\partial D_\varphi}{\partial D_1}\right) + (k-1)(1-D_1-D_\varphi)^2 \frac{\partial D_\varphi}{\partial D_1} +$$

$$\left. 2(k-1) D_\varphi (1-D_1-D_\varphi) \left(1+\frac{\partial D_\varphi}{\partial D_1}\right) \right\} \tag{3.69}$$

由式(3.68)可得

$$\frac{\partial D_\varphi}{\partial D_1} = -1 + \frac{1-D_1}{\sqrt{k(1-D_1)^2 - \frac{4kLP_{av}^*}{U_1^2 T_s}}} \tag{3.70}$$

为使式(3.70)有意义,应当约束 $P_{av\_p.u.} = \frac{P_{av}^* 4L_\sigma}{U_1^2 T_s} \neq (1-D_1)^2$,即

$$D_\varphi \neq 1 - D_1 \tag{3.71}$$

将式(3.70)代入式(3.69),并整理可得

$$\frac{\partial I_{rms}^2}{\partial D_1} =$$

$$\frac{4(1-D_1)}{U_1^2} \left[\frac{U_1^2 T_s}{4L_\sigma}(1-k)(1-D_1)^2 + P_{av}^*\right] \left[\frac{U_1^2 T_s}{4L_\sigma}\left(\frac{1}{k}-1\right)(1-D_1)^2 + P_{av}^*\right] \Big/$$

$$\left\{ \left[1-D_1 + \sqrt{\frac{1}{k}(1-D_1)^2 - \frac{4L_\sigma P_{av}^*}{kU_1^2 T_s}}\right] \left[\frac{1}{k}(1-D_1) + \sqrt{\frac{1}{k}(1-D_1)^2 - \frac{4L_\sigma P_{av}^*}{kU_1^2 T_s}}\right] \times \right.$$

$$\left. \sqrt{\frac{1}{k}(1-D_1)^2 - \frac{4L_\sigma P_{av}^*}{kU_1^2 T_s}} \right\} \tag{3.72}$$

对于给定非零 P_{av}^*,当 $D_1 = 1 - \sqrt{\frac{4L_\sigma P_{av}^*}{U_1^2 T_s(1-k)}}$ 时,$\frac{\partial I_{rms}^2}{\partial D_1} = 0$;

当 $D_1 < 1 - \sqrt{\frac{4L_\sigma P_{av}^*}{U_1^2 T_s(1-k)}}$ 时,$\frac{\partial I_{rms}^2}{\partial D_1} < 0$;

当 $D_1 > 1 - \sqrt{\frac{4L_\sigma P_{av}^*}{U_1^2 T_s(1-k)}}$ 时,$\frac{\partial I_{rms}^2}{\partial D_1} > 0$。

因此,当 $D_1 = 1 - \sqrt{\frac{4L_\sigma P_{av}^*}{U_1^2 T_s(1-k)}}$ 时,对于给定非零 P_{av}^*,变压器电流均方根

值最小。

将 $D_1 = 1 - \sqrt{\dfrac{4L_\sigma P_{av}^*}{U_1^2 T_s (1-k)}}$ 代入式（3.59），可求得

$$D_\varphi = 0 \tag{3.73}$$

式（3.73）所表征控制坐标轨迹为中线段 OA。此时，功率表达式为

$$P_{av\_op\_k<1\_1} = \frac{U_1^2 T_s}{4L_\sigma} (1-k)(1-D_1)^2 \tag{3.74}$$

而 D_1 的取值范围为

$$1 - k \leqslant D_1 < 1 \tag{3.75}$$

当 $D_1 = 1 - k$ 时，式（3.74）取得最大值，即

$$P_{av\_op\_k<1\_1\_max} = \frac{U_1^2 T_s}{4L_\sigma} (k^2 - k^3) \tag{3.76}$$

可以验证

$$P_{av\_op\_k<1\_1\_max} < P_{av\_max}$$

因此，式（3.76）只是区间 $P_{av}^* \in (0, P_{av\_op\_k<1\_1\_max}]$ 内的变压器电流最小优化调制控制轨迹。而当给定 $P_{av}^* \in (P_{av\_op\_k<1\_1\_max}, P_{av\_max}]$ 时，有 $\dfrac{\partial I_{rms}^2}{\partial D_1} > 0$。因此，随着 D_1 的减小，变压器电流均方根值减小。由图 3.9 可知，D_1 的下界由线段 DE 确定。因此，当给定 $P_{av}^* \in (P_{av\_op\_k<1\_1\_max}, P_{av\_max}]$ 时，变压器电流均方根值最小优化控制轨迹应在线段 DE 上，则有

$$D_\varphi = 1 - \frac{1}{k}(1 - D_1) \tag{3.77}$$

将式（3.77）代入式（3.59），并整理可得

$$P_{av\_op\_k<1\_2} = \frac{U_1^2 T_s}{4L_\sigma} \left[-\frac{k^2 + k + 1}{k} \left(D_1 - \frac{1}{k^2 + k + 1} \right)^2 + \frac{k^2}{k^2 + k + 1} \right] \tag{3.78}$$

由式（3.78）可知，对于给定 $P_{av}^* \in (P_{av\_op\_k<1\_1\_max}, P_{av\_max}]$，可能存在两个 D_1 与之对应，为使变压器电流均方根值最小，D_1 应取较小者，因而 D_1 的取值范围为

$$1 - k < D_1 \leqslant \frac{1}{k^2 + k + 1} \tag{3.79}$$

由式（3.73）、式（3.75）及式（3.79）可知，当 $k < 1$ 时，最小变压器电流均方根值控制坐标轨迹为图 3.9 中线段 AD 及 DF。类似地，可以得到 $k=1$ 和 $k>1$ 两种

情况下,无环流运行约束条件下最小变压器电流均方根值控制坐标轨迹如图 3.11 所示。

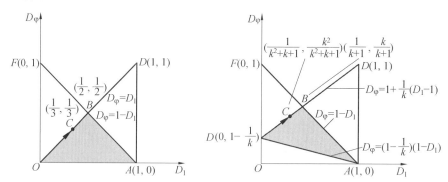

图 3.11　当 $k \geqslant 1$ 时,无环流运行约束条件下最小变压器电流均方根值控制坐标轨迹

最后,给出正向功率传输时,对于任意的 k 值,无环流运行约束条件下最小变压器电流均方根值调制策略对应三移相角与给定传输功率 P_{av}^* 之间的表达式。

(1) 当 $k < 1$ 时,

如果 $0 \leqslant P_{\text{av}}^* \leqslant \dfrac{U_1^2 T_s}{4 L_\sigma} (k^2 - k^3)$,有

$$\begin{cases} D_1 = 1 - \sqrt{\dfrac{4 L_\sigma P_{\text{av}}^*}{(1-k) U_1^2 T_s}} \\ D_2 = 1 + \dfrac{1}{k}(1 - D_1) \\ D_\varphi = 0 \end{cases} \tag{3.80}$$

如果 $\dfrac{U_1^2 T_s}{4 L_\sigma}(k^2 - k^3) < P_{\text{av}}^* \leqslant \dfrac{U_1^2 T_s}{4 L_\sigma} \dfrac{k^2}{k^2 + k + 1}$,有

$$\begin{cases} D_1 = \dfrac{1}{k^2 + k + 1} - \sqrt{\dfrac{k}{k^2 + k + 1}\left(\dfrac{k^2}{k^2 + k + 1} - \dfrac{4 L_\sigma P_{\text{av}}^*}{U_1^2 T_s}\right)} \\ D_\varphi = D_2 = 1 + \dfrac{1}{k}(1 - D_1) \end{cases} \tag{3.81}$$

(2) 当 $k = 1$ 时,有

$$D_1 = D_2 = D_\varphi = \dfrac{1}{3} - \sqrt{\dfrac{1}{3}\left(\dfrac{1}{3} - \dfrac{4 L_\sigma P_{\text{av}}^*}{U_1^2 T_s}\right)} \tag{3.82}$$

(3) 当 $k > 1$ 时,

如果 $0 \leqslant P_{av}^* \leqslant \dfrac{U_1^2 T_s}{4 L_\sigma} \left(1 - \dfrac{1}{k}\right)$,有

$$
\begin{cases}
D_1 = 1 - \sqrt{\dfrac{4 k L P_{av}^*}{(k-1) U_1^2 T_s}} \\[3mm]
D_2 = 1 + \dfrac{1}{k}(1 - D_1) \\[3mm]
D_\varphi = \left(1 - \dfrac{1}{k}\right)(1 - D_1)
\end{cases}
\tag{3.83}
$$

如果 $\dfrac{U_1^2 T_s}{4 L_\sigma}\left(1 - \dfrac{1}{k}\right) < P_{av}^* \leqslant \dfrac{U_1^2 T_s}{4 L_\sigma} \dfrac{k^2}{k^2 + k + 1}$,有

$$
\begin{cases}
D_1 = \dfrac{1}{k^2 + k + 1} - \sqrt{\dfrac{k}{k^2 + k + 1}\left(\dfrac{k^2}{k^2 + k + 1} - \dfrac{4 L P_{av}^*}{U_1^2 T_s}\right)} \\[4mm]
D_\varphi = D_2 = 1 + \dfrac{1}{k}(1 - D_1)
\end{cases}
\tag{3.84}
$$

3.3　串联谐振式双有源桥 DC－DC 变换器

3.3.1　拓扑结构

LC 串联谐振式双有源桥隔离型 DC－DC 变换器原理结构如图 3.12 所示。该变换器主要包括一次侧的全桥变换器、LC 串联谐振网络、高频变压器和二次侧的基于全控型开关管的全桥变换器。该变换器是一种升降压型变换器,并且可以实现功率双向传输。其工作原理与单向功率传输的谐振式变换器的区别在于二次侧采用基于全控型开关管的全桥变换器,因此其控制自由度有所增加,控制更加灵活。其调制策略包括变频调制和定频移相调制。鉴于变频调制的工作原理和单向功率传输的谐振式变换器基本一致,本节重点阐述定频单移相调制和定频三移相调制的工作原理。

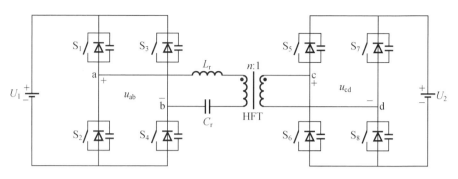

图 3.12　LC 串联谐振式双有源桥隔离型 DC－DC 变换器原理结构

3.3.2　定频单移相调制

定频单移相调制下的工作波形如图 3.13 所示。其基本工作原理是,两个全桥变换器的对角控制信号均为占空比 50％ 的控制信号,即内移相角等于零。通过控制两个全桥变换器高频交流输出电压的相位差,即外移相角的大小实现传输功率的调节,而通过控制两个交流输出电压的超前、滞后关系,可以改变功率传输的方向。为简化控制,在移相调制中一般采用定频控制,开关频率稍大于谐振频率,以保持谐振电流连续,并易于实现开关管的软开关。下面简要分析这种调制策略的工作特性。

这里仍然沿用基波分析法,只考虑各个变量的基波成分,谐振式双有源桥变换器的简化电路如图 3.14 所示。

将图 3.14 中两个全桥变换器的高频交流输出电压均看作理想正弦波形,u_{ab} 的基波分量为

$$u_{ab1}(t)=\frac{4U_1}{\pi}\sin(\omega_s t-\varphi)=\sqrt{2}U_{ab1}\sin(\omega_s t-\varphi) \tag{3.85}$$

u_{cd} 的基波分量为

$$u_{cd1}(t)=\frac{4U_2}{\pi}\sin(\omega_s t-\varphi)=\sqrt{2}U_{cd1}\sin(\omega_s t-\varphi) \tag{3.86}$$

式中,$\varphi=D_\varphi\pi$ 为外移相角。

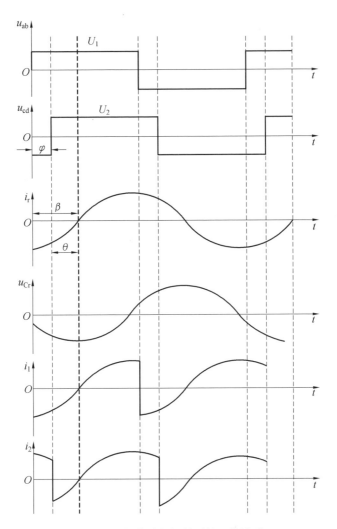

图 3.13　定频单移相调制下的工作波形

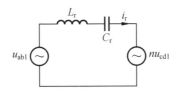

图 3.14　谐振式双有源桥变换器的简化电路

根据基波分量下谐振式变换器的简化电路可求得一次侧谐振电流为

$$i_r(t) = \frac{u_{ab1} - nu_{cd1}}{j\omega_s L_r + 1/j\omega_s C_r}$$

$$= \frac{4}{\pi} \frac{1}{\omega_s L_r - 1/\omega_s C_r} [-U_1 \cos \omega_s t + nU_2 \cos(\omega_s t - \varphi)] \tag{3.87}$$

由式(3.87)可知

$$i_r(0) = \frac{4}{\pi} \frac{U_1}{\omega_s L_r - 1/\omega_s C_r} [-1 + k\cos \varphi] \tag{3.88}$$

$$i_r(\varphi) = \frac{4}{\pi} \frac{U_1}{\omega_s L_r - 1/\omega_s C_r} [k - \cos \varphi] \tag{3.89}$$

$i_r(0)$ 为一次侧全桥变换器高频交流输出电压极性反转处的谐振电流值,如果 $i_r(0) > 0$ 则开关管为零电流开关,否则可实现零电压开关。当 $k < 1$ 时,一次侧全桥变换器的开关管可实现零电压开关;当 $k > 1$,$\varphi > \arccos \frac{1}{k}$ 时,一次侧全桥变换器的开关管工作在零电压开关状态,否则工作在零电流开关状态。$i_{rc1}(\varphi)$ 是二次侧全桥变换器高频交流输出电压极性反转处的谐振电流值,如果 $i_r(\varphi) > 0$ 则二次侧全桥变换器的开关管为零电流开关,否则可实现零电压开关。

谐振电流滞后于 u_{ab1} 的相位为

$$\beta = \arctan \frac{1 - k\cos \varphi}{k \sin \varphi} \tag{3.90}$$

谐振电流滞后于 u_{cd1} 的相位为

$$\theta = \beta - \varphi = \arctan \frac{1 - k\cos \varphi}{k \sin \varphi} - \varphi \tag{3.91}$$

则输出侧平均传输功率为

$$P_{av} = \frac{1}{2\pi} \int_0^{2\pi} u_{cd1} ni_{rc} d(\omega_s t) = \frac{8}{\pi^2} \frac{kU_1^2}{\sqrt{L_r/C_r} \frac{F-1}{F}} \sin \varphi \tag{3.92}$$

式(3.92)表明平均传输功率与移相角之间的关系。当 $-\pi/2 \leqslant \varphi \leqslant \pi/2$ 时,平均传输功率与移相角之间为单调关系,通过改变移相角就可以改变传输功率。当 $\varphi > 0$ 时,功率由一次侧向二次侧传输;当 $\varphi < 0$ 时,功率由二次侧向一次侧传输;当 $\varphi = 0$ 时,平均传输功率等于零。

在考虑二次侧直流输出端连接负载电阻 R_L 时,根据功率平衡有

$$P_{av} = \frac{8}{\pi^2} \frac{kU_1^2}{\sqrt{L_r/C_r} \frac{F-1}{F}} \sin \varphi = \frac{U_2^2}{R_L} \tag{3.93}$$

由此求得电压转换比为

$$k = \frac{8\sin\varphi}{\pi^2 \sqrt{L_r/C_r}\dfrac{F-1}{F}} \qquad (3.94)$$

由式(3.94)可知,通过合理设计谐振参数值,即可实现升降压运行。

3.3.3　定频三移相调制

1.定频三移相调制下的功率特性

定频三移相调制下的工作波形如图 3.15 所示。

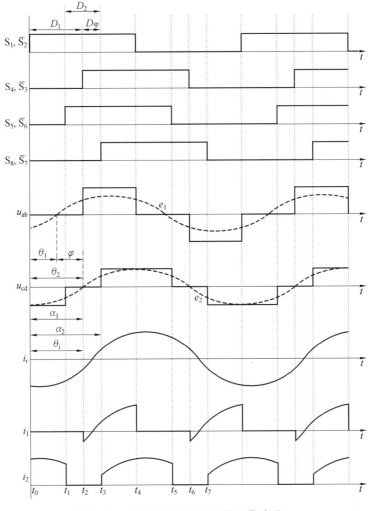

图 3.15　定频三移相调制下的工作波形

在定频单移相调制的基础上,一、二次侧全桥变换器分别引入内移相角 D_1 和 D_2,由此额外引入了两个控制变量,下面首先分析这种调制策略的功率特性。

采用基波分析法,一次侧输出交流方波电压 u_{ab} 的基波分量表达式为

$$u_{ab} = U_{m1} \sin(\omega_s t + \theta_1) \tag{3.95}$$

其幅值 U_{m1} 及初始相角 θ_1 的表达式为

$$\begin{cases} U_{m1} = \dfrac{4U_1}{\pi} \sin \dfrac{1-D_1}{2}\pi & (0 \leqslant D_1 \leqslant 1) \\ \theta_1 = -\dfrac{D_1}{2}\pi \end{cases} \tag{3.96}$$

二次侧输出交流方波电压 u_{cd} 的基波分量表达式为

$$u_{cd} = U_{m2} \sin(\omega_s t + \theta_2) \tag{3.97}$$

其幅值 U_{m2} 及初始相角 θ_2 的表达式为

$$\begin{cases} U_{m2} = \dfrac{4nU_2}{\pi} \sin \dfrac{1-D_2}{2}\pi & (0 \leqslant D_2 \leqslant 1) \\ \theta_2 = -\left(D_1 + D_\varphi - \dfrac{D_2}{2}\right)\pi \end{cases} \tag{3.98}$$

LC 谐振网络阻抗的表达式为

$$Z_{L_r C_r} = j\omega_s L_r + \dfrac{1}{j\omega_s C_r} \tag{3.99}$$

则谐振电流基波分量 i_r 的表达式为

$$i_r = \dfrac{u_{ab} - u_{cd}}{Z_{L_r C_r}} \tag{3.100}$$

将式(3.95)、式(3.97)代入式(3.100)可得

$$i_r = \dfrac{-U_{m1}\cos(\omega_s t + \theta_1) + U_{m2}\cos(\omega_s t + \theta_2)}{Z_r\left(F - \dfrac{1}{F}\right)} \tag{3.101}$$

定频三移相调制下,变换器的平均传输功率 P_{av} 的表达式为

$$P_{av} = \dfrac{1}{2\pi} \int_0^{2\pi} e_1 i_r \, d(\omega_s t) \tag{3.102}$$

将式(3.95)、式(3.101)代入式(3.102)中,变换器的平均传输功率的表达式为

$$P_{av} = \dfrac{U_{m1} U_{m2} \sin \varphi}{2Z_r\left(F - \dfrac{1}{F}\right)} \tag{3.103}$$

式中，φ 为 u_{ab} 超前 u_{cd} 的相位，其表达式为

$$\varphi = \theta_1 - \theta_2' = \left(D_\varphi + \frac{D_1 - D_2}{2} \right) \pi \qquad (3.104)$$

同时为保持谐振电流连续，同样约束 $\omega_s > \omega_r$，这样当相位角 φ 为正时，功率由变换器一次侧向二次侧传输；当相位角 φ 为负时，功率由变换器二次侧向一次侧传输，即功率的传输方向由相角 φ 决定。由式(3.103)可以看出，将相位差 φ 约束在下式范围内，即可实现传输功率的双方向调节：

$$-\frac{\pi}{2} \leqslant \varphi \leqslant \frac{\pi}{2} \qquad (3.105)$$

2. 定频三移相调制下的软开关约束条件

在图 3.15 中，t_2 时刻，一次侧全桥开关管 S_4 导通时，对应角弧度 α_1 为

$$\alpha_1 = \theta_1 - \frac{D_1}{2}\pi = -D_1\pi \qquad (3.106)$$

t_3 时刻，二次侧全桥开关管 S_8 导通时，对应角弧度 α_2 为

$$\alpha_2 = \theta_2 - \frac{D_2}{2}\pi = -(D_1 + D_\varphi)\pi \qquad (3.107)$$

则功率由一次侧向二次侧传输时，一、二次侧所有开关管实现软开关的约束条件为

$$\begin{cases} 0 < \varphi \leqslant \dfrac{\pi}{2} \\ i_{r\_\omega t = \alpha_1} > 0 \\ i_{r\_\omega t = \alpha_2} < 0 \end{cases} \qquad (3.108)$$

功率由二次侧向一次侧传输时，一、二次侧所有开关管实现软开关的条件为

$$\begin{cases} -\dfrac{\pi}{2} < \varphi \leqslant 0 \\ i_{r\_\omega t = \alpha_1} < 0 \\ i_{r\_\omega t = \alpha_2} > 0 \end{cases} \qquad (3.109)$$

3. 基于最小电流均方根值的定频三移相调制

利用基波分析法，可以求得谐振电流均方根值 I_{rms} 与三个移相角之间的关系为

$$I_{\mathrm{rms}} = \frac{I_{\mathrm{rms\_max}}}{1+k}\left[\sin^2\frac{1-D_1}{2}\pi + k^2\sin^2\frac{1-D_2}{2}\pi\right.$$

$$\left. - 2k\sin\frac{1-D_1}{2}\pi\sin\frac{1-D_2}{2}\pi\cos\left(D_\varphi + \frac{D_1+D_2}{2}\right)\pi\right]^{1/2} \qquad (3.110)$$

式中，$I_{\mathrm{rms\_max}}$ 为最大谐振均方根值电流，其表达式为

$$I_{\mathrm{rms\_max}} = \frac{2\sqrt{2}}{\pi}\frac{U_1}{Z_r}\left(F - \frac{1}{F}\right)(1+k) \qquad (3.111)$$

将式(3.96)、式(3.98)、式(3.104)代入式(3.103)中，有

$$P_{\mathrm{av}} = \frac{8U_1^2 k}{\pi^2 Z_r\left(F - \dfrac{1}{F}\right)}\sin\frac{1-D_1}{2}\pi\sin\frac{1-D_2}{2}\pi\sin\left(D_\varphi + \frac{D_1-D_2}{2}\right)\pi$$

$$(3.112)$$

则平均功率的最大值 $P_{\mathrm{av\_max}}$ 为

$$P_{\mathrm{av\_max}} = \frac{8U_1^2 k}{\pi^2 Z_r\left(F - \dfrac{1}{F}\right)} \qquad (3.113)$$

则平均功率的标幺值 $P_{\mathrm{av\_p.u.}}^*$ 可以定义为

$$P_{\mathrm{av\_p.u.}}^* = \frac{P_{\mathrm{av}}}{P_{\mathrm{av\_max}}} = \sin\frac{1-D_1}{2}\pi\sin\frac{1-D_2}{2}\pi\sin\left(D_\varphi + \frac{D_1-D_2}{2}\right)\pi \qquad (3.114)$$

以功率由一次侧向二次侧传输为例，对于给定的传输功率 $P_{\mathrm{av}}^* \in (0,1]$，以谐振电流均方根值 I_{rms} 最小为优化目标，可以得到优化的定频三移相调制。推导过程如下：

$$\lambda = \sin^2\frac{1-D_1}{2}\pi + k^2\sin^2\frac{1-D_2}{2}\pi -$$

$$\frac{2}{k}\sin\frac{1-D_1}{2}\pi\sin\frac{1-D_2}{2}\pi\cos\left(D_\varphi + \frac{D_1-D_2}{2}\right)\pi$$

$$(3.115)$$

观察式(3.115)，若 λ 取得最小值，则可以使谐振电流均方根值 I_{rms} 达到最小值。进一步可得

$$\lambda = \sin^2\frac{1-D_1}{2}\pi + k^2\sin^2\frac{1-D_2}{2}\pi -$$

$$2k\sqrt{\sin^2\frac{1-D_1}{2}\pi\sin^2\frac{1-D_2}{2}\pi - P_{\mathrm{av}}^{*2}} \qquad (3.116)$$

为分析方便,令 $a_1 = \sin^2 \dfrac{1-D_1}{2}\pi$, $a_2 = \sin^2 \dfrac{1-D_2}{2}\pi$,则式(3.116)可以化简为

$$\lambda = a_1 + a_2 k^2 - 2k\sqrt{a_1 a_2 - P_{av}^{*2}} \quad (0 < a_1, a_2 < 1) \quad (3.117)$$

对式(3.117)关于 a_1 和 a_2 求偏导得

$$\begin{cases} \dfrac{\partial \lambda}{\partial a_1} = \dfrac{\sqrt{a_1 a_2 - P_{av}^{*2}} - a_2 k}{\sqrt{a_1 a_2 - P_{av}^{*2}}} \\[4mm] \dfrac{\partial \lambda}{\partial a_2} = \dfrac{k^2 \sqrt{a_1 a_2 - P_{av}^{*2}} - k a_1}{\sqrt{a_1 a_2 - P_{av}^{*2}}} \end{cases} \quad (3.118)$$

(1) 当 $k < 1$ 时,$\dfrac{\partial \lambda}{\partial a_2} < 0$,$\lambda$ 关于 a_2 递减,因此需要控制 $a_2 = 1$,即 $D_2 = 0$。接下来根据 P_{av}^* 的不同范围对 $\dfrac{\partial \lambda}{\partial a_1}$ 进行分析。

① $0 < P_{av}^* \leqslant \sqrt{1-k^2}$。

$\dfrac{\partial \lambda}{\partial a_1}$ 的取值有正有负,因此 λ 关于 a_1 存在拐点,$a_1^* = 1/k^2 + P_{av}^{*2}$ 为极小值点。由此推出,$D_1 = 1 - \dfrac{2}{\pi}\arcsin\sqrt{k^2 + P_{av}^{*2}}$。

② $\sqrt{1-k^2} < P_{av}^* \leqslant 1$。

$\dfrac{\partial \lambda}{\partial a_1}$ 始终小于零,此时 $a_1^* = 1$ 为极小值点,即 $D_1 = 0$。

(2) 当 $k > 1$ 时,$\dfrac{\partial \lambda}{\partial a_1} < 0$,$\lambda$ 关于 a_1 递减,因此需要控制 $a_1 = 1$,即 $D_1 = 0$。同样的,根据 P_{av}^* 的取值变化分情况对 $\dfrac{\partial \lambda}{\partial a_2}$ 进行分析。

① $0 < P_{av}^* \leqslant \sqrt{1-1/k^2}$。

$\dfrac{\partial \lambda}{\partial a_2}$ 的取值有正有负,因此 λ 关于 a_2 存在拐点,$a_2^* = k^2 + P_{av}^{*2}$ 为极小值点。由此推出

$$D_2 = 1 - \dfrac{2}{\pi}\arcsin\sqrt{1/k^2 + P_{av}^{*2}} \quad (3.119)$$

② $\sqrt{1-1/k^2} < P_{av}^* \leqslant 1$。

$\dfrac{\partial \lambda}{\partial a_2}$ 始终小于零,此时 $a_2^* = 1$ 为极小值点,即 $D_2 = 0$。

(3)$k = 1$ 是上述情况的临界状态,不再进行详细分析。

下面对定频三移相调制进行总结。

(1)$k < 1$。

当 $0 < P_{av}^* \leqslant \sqrt{1-k^2}$ 时,有

$$
\begin{cases}
D_1 = 1 - \dfrac{2}{\pi}\arcsin\sqrt{k^2 + P_{av}^{*2}} \\
D_2 = 0 \\
D_\varphi = \dfrac{1}{\pi}\left(\arcsin\sqrt{k^2 + P_{av}^{*2}} + \arctan\dfrac{P_{av}^*}{k}\right) - \dfrac{1}{2}
\end{cases}
\tag{3.120}
$$

当 $\sqrt{1-k^2} < P_{av}^* \leqslant 1$ 时,有

$$
\begin{cases}
D_1 = D_2 = 0 \\
D_\varphi = \dfrac{1}{\pi}\arcsin P_{av}^*
\end{cases}
\tag{3.121}
$$

(2)$k = 1$。

$$
\begin{cases}
D_1 = D_2 = 0 \\
D_\varphi = \dfrac{1}{\pi}\arcsin P_{av}^*
\end{cases}
\tag{3.122}
$$

(3)$k > 1$。

当 $0 < P_{av}^* \leqslant \sqrt{1 - 1/k^2}$ 时,有

$$
\begin{cases}
D_1 = 0 \\
D_2 = 1 - \dfrac{2}{\pi}\arcsin\sqrt{\dfrac{1}{k^2} + P_{av}^{*2}} \\
D_\varphi = \dfrac{1}{\pi}\left(-\arcsin\sqrt{\dfrac{1}{k^2} + P_{av}^{*2}} + \arctan kP_{av}^*\right) + \dfrac{1}{2}
\end{cases}
\tag{3.123}
$$

当 $\sqrt{1 - 1/k^2} < P_{av}^* \leqslant 1$ 时,有

$$
\begin{cases}
D_1 = D_2 = 0 \\
D_\varphi = \dfrac{1}{\pi}\arcsin P_{av}^*
\end{cases}
\tag{3.124}
$$

4. 与定频单移相调制的比较

首先同样利用基波分析法对定频单移相调制下的一、二次侧电压进行分

析。与定频三移相调制相同,利用谐振网络的等效电路可以得到谐振电流的表达式为

$$i'_r = \frac{4U_1}{\pi Z_r(F - 1/F)}\left[k\cos(\omega_s t - \varphi) - \cos \omega_s t\right] \tag{3.125}$$

由式(3.125)可以得出,谐振电流的均方根值为

$$I'_{rms} = \frac{2\sqrt{2}U_1}{\pi Z_r(F - 1/F)}\sqrt{1 + k^2 - 2k\cos \varphi} \tag{3.126}$$

同样地,传输功率的表达式为

$$P'_{av} = \frac{1}{2\pi}\int_0^{2\pi} U'_{ab1}\, i'_r\, d(\omega_s t) = \frac{8kU_1^2}{\pi^2 Z_r(F - 1/F)}\sin \varphi \tag{3.127}$$

比较两种调制策略的传输功率表达式可以发现,两种调制策略的最大传输功率是一致的,则定频单移相调制的传输功率标幺值为

$$P^*_{av\_p.u.} = \frac{P'_{av}}{P_{av\_max}} = \sin \varphi \tag{3.128}$$

由此可以得到定频单移相调制下谐振电流方均根值与传输功率之间的关系:

$$I'_{rms} = \frac{2\sqrt{2}U_1}{\pi Z_r(F - 1/F)}\sqrt{1 + k^2 - 2k\sqrt{1 - P^{*2}_{av}}} \tag{3.129}$$

按照上节所推导的调制策略,将 D_1 和 D_2 推算出的 a_1 和 a_2 代入定频三移相调制下谐振电流方均根值与传输功率之间的关系中,可以得到如下结论。

(1) 当 $\begin{cases} k > 1 \\ P^*_{av} < \sqrt{1 - \dfrac{1}{k^2}} \end{cases}$ 时,$I_{rms} = \dfrac{2\sqrt{2}U_1}{\pi Z_r(F - 1/F)}\sqrt{(P^*_{av}k)^2}$。

(2) 当 $\begin{cases} k < 1 \\ P^*_{av} < \sqrt{1 - k^2} \end{cases}$ 时,$I_{rms} = \dfrac{2\sqrt{2}U_1}{\pi Z_r(F - 1/F)}\sqrt{(P^*_{av})^2}$。

(3) 当 $\begin{cases} k > 1 \\ P^*_{av} > \sqrt{1 - \dfrac{1}{k^2}} \end{cases}$ 或 $\begin{cases} k < 1 \\ P^*_{av} > \sqrt{1 - k^2} \end{cases}$ 时,$I_{rms} = I'_{rms}$。

为比较基于最小电流方均根值的定频三移相调制和定频单移相调制下的谐振电流大小,可以将 I_{rms} 和 I'_{rms} 的根号部分平方后做差,最终得到如下结论。

(1) 当 $\begin{cases} k > 1 \\ P_{av}^* < \sqrt{1 - \dfrac{1}{k^2}} \end{cases}$ 时,有

$$e_{rms} = \left(\frac{\pi Z_r (F - 1/F)}{2\sqrt{2} U_1}\right)^2 (I_{rms}^2 - I_{rms}^{'2}) = -\left(k\sqrt{1 - P_{av}^{*2}} - 1\right)^2 < 0$$

$$(3.130)$$

(2) 当 $\begin{cases} k < 1 \\ P_{av}^* < \sqrt{1 - k^2} \end{cases}$ 时,有

$$e_{rms} = \left[\frac{\pi Z_r (F - 1/F)}{2\sqrt{2} U_1}\right]^2 (I_{rms}^2 - I_{rms}^{'2}) = -\left(k - \sqrt{1 - P_{av}^{*2}}\right)^2 < 0$$

$$(3.131)$$

(3) 当 $\begin{cases} k > 1 \\ P_{av}^* > \sqrt{1 - \dfrac{1}{k^2}} \end{cases}$ 或 $\begin{cases} k < 1 \\ P_{av}^* > \sqrt{1 - k^2} \end{cases}$ 时,有

$$e_{rms} = \left[\frac{\pi Z_r (F - 1/F)}{2\sqrt{2} U_1}\right]^2 (I_{rms}^2 - I_{rms}^{'2}) = 0 \qquad (3.132)$$

从上述分析可以看出,基于最小电流方均根值的定频三移相调制与定频单移相调制相比,在轻载时实现了减小谐振电流的作用,减小了电流应力,提高了变换器的效率。在负载加重后定频三移相调制退化为定频单移相调制。综上,基于最小电流方均根值的定频三移相调制相比于定频单移相调制,总体上减小了谐振电流的大小,使变换器具备了效率高、成本低等优点。

3.4   本 章 小 结

本章分析了电感储能式双有源桥变换器和串联谐振式双有源桥变换器的拓扑结构、工作原理、移相调制和工作特性,二者均可以实现双向功率传输和升降压运行。

电感储能式结构的特点总结如下。

(1) 在每个开关周期内的电感电流瞬时值均可以精确求解,从而可以对变压器电流特性进行精细化控制。

（2）定频单移相调制具有控制简单、容易实现等优点，但是无法对电流特性进行优化。

（3）定频双移相调制增加了一个内移相角，可以改善电流特性，从而提高工作效率。

（4）三移相调制具有三个自由度，在实现传输功率连续调节的同时，可以消除双侧直流电流环流和优化电流特性，实现性能、功能和效率等方面的综合优化。

（5）变压器电流波形为梯形波或三角波，其电流峰值与有效值之比通常大于 2，造成系统功率器件电流应力较大。

谐振式结构的特点总结如下。

（1）谐振电流波形为类正弦波形，具有较好的电磁兼容特性，电流峰值与有效值之比约为 1.6，电流应力显著下降。

（2）无法精确求解各个开关状态下的谐振电流瞬时值，只能使用基波近似分析等方法将变换器看作理想交流系统进行求解，存在一定误差。

（3）谐振网络中的电容电压和传输功率直接相关，受限于现有电容器件耐压限值和出于安全考虑，谐振式变换器适合应用于中小容量场合。

第4章

双向电流源隔离型 DC－DC 变换器

双 向电流源隔离型 DC－DC 变换器不同于电压型变换器结构，其
变压器电流波形接近方波，电流峰值与平均值之比接近 1，具有
高器件额定容量利用率、高效率等优点。然而储能电感和变压器漏感的
存在，会导致暂态电压尖峰，造成变换器安全性降低。本章首先分析升压
型电流源隔离型 DC－DC 变换器的拓扑结构、工作原理、调制策略、工作
特性及电压尖峰消除策略；然后提出一种双向升降压电流源隔离型 DC
－DC 变换器，以拓展此类变换器的工作范围；最后分析交错并联电流源
隔离型 DC－DC 变换器的拓扑结构和工作特性。

4.1　概　　述

电流源隔离型 DC—DC 变换器的储能电感连接在处于一侧的直流电压源和全桥变换器的直流输入端,全桥变换器的输入可近似看作一个恒定的直流电流,故此得名。与电压型的电感储能式和谐振式两种变换器相比,该变换器具有如下优点。

(1) 变压器电流波形接近方波,因此其电流峰值与平均值之比接近 1,而电压型的电感储能式变换器中,这一电流比至少为 2;在谐振式变换器中,这一电流比约为 1.6。由于这一电流比表明了开关管的额定容量利用率,因此在传输相同功率的前提下,电流源隔离型变换器具有最高的开关管额定容量利用率,因此具有最佳性价比。

(2) 所有开关管均可实现零电压或零电流的软开关运行。对于开关管而言,在流过相同电流时,额定电流值越大,其通态损耗会越大,接近于 1 的电流比有利于降低开关管的通态损耗及电感和高频变压器的铁损。

同时,电流源隔离型 DC—DC 变换器中包含了储能电感和变压器漏感,由于电感电流不能突变,因此在工作过程中会产生电压尖峰,进而造成开关管过压击穿。对于这一问题,通常采用两种解决方案,一种方案是采用硬件吸收电路,其根据电路性质,又分为有源型和无源型,这一方案中所使用的元器件参数依赖于变换器的电压和功率等级,所设计的元器件参数不具有通用性,额外增加的元器件也造成系统复杂和成本增加;另一种方案是通过对调制策略的优化来实现两个电感电流的自然过渡,从而消除暂态电压尖峰,这种方案无须增加额外的硬件,因此更具有实用价值。

本章重点分析升压型电流源隔离型 DC—DC 变换器、双向升降压电流源隔离型 DC－DC 变换器的拓扑结构、工作原理、调制策略和基本工作特性。最后分析一种复合式结构,即交错并联电流源隔离型 DC－DC 变换器的拓扑结构和工作特性。

4.2　升压型电流源隔离型 DC－DC 变换器

4.2.1　拓扑结构

升压型电流源隔离型 DC－DC 变换器拓扑结构如图 4.1 所示,该变换器包括储能电感 L、$S_1\sim S_4$ 构成的一次侧全桥变换器 HB1、$S_5\sim S_8$ 构成的二次侧全桥变换器 HB2 及高频变压器,L_σ 为变压器的漏感,n 为变压器的一、二次侧变比。储能电感 L 连接在直流电源 U_1 和一次侧全桥变换器的直流正极输入侧。由图可知,若忽略高频变压器的作用,其从 U_1 至 U_2 的方向可以等效为一个非隔离型升压电路,而从 U_2 至 U_1 的方向可以等效为一个非隔离型降压电路,因此其在 U_1 至 U_2 方向只能实现升压运行,U_2 至 U_1 方向只能实现降压运行。由升压电路的工作原理可知,需要桥臂直通来实现对储能电感的储能。因此 HB1 中需要主动产生桥臂直通状态,从而对储能电感进行储能。而在正常功率传输过程中,需要 HB1 的对角开关管导通,使电感电流流入变压器,同时两个对角开关管需交替工作,以实现对变压器电流的交变控制。理论上,HB2 的四个开关管可以始终处于关断状态,即通过四个开关管的体二极管对变压器电流整流以获得直流电流。但是由于变压器漏感的存在,需要保证在电路由直通状态切换为功率传输状态时,储能电感电流与变压器电流相等,以避免电流突变,进而避免产生电压尖峰。因此需要对 HB2 的开关管进行控制来主动改变变压器电流,进而消除电压尖峰。

为保证分析工作过程的统一性,本节只分析功率由 U_1 流向 U_2 的工作过程。此类拓扑归纳起来共有以下几种工作状态。

(1)功率传输态。在变压器电流正半周,此时 HB1 的对角开关管 S_1、S_4 导通,其余开关管关断;在变压器电流负半周,此时 HB1 的对角开关管 S_2、S_3 导通,其余开关管关断。

（2）桥臂直通态。HB1 的四个开关管均导通,此时 U_1 经电感 L 短路,能量存储在储能电感 L 中。

（3）变压器电流极性反转态。此状态下为避免变压器电流突变,在变压器电流由负半周转为正半周时,HB2 的 S_5、S_8 导通,由 U_2 提供短时功率,将变压器电流主动加速到储能电感电流。在变压器电流由正半周转为负半周时,HB2 的 S_6、S_7 导通,同样由 U_2 提供短时功率,将变压器电流主动加速到储能电感电流。

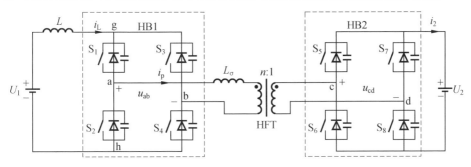

图 4.1　升压型电流源隔离型 DC－DC 变换器拓扑结构

4.2.2　调制策略及工作过程分析

根据升压型电流源隔离型 DC－DC 变换器拓扑的工作状态及避免产生电流突变,给出一种调制策略,其原理波形如图 4.2 所示。图 4.3 所示为图 4.2 中不同工作区间对应的等效电路模态图。在分析过程中,假设 L 很大,i_L 的平均电流 I_L 保持不变,其电流纹波很小(图 4.2 中为了观察方便,将 i_L 的波形进行了放大)。

在运行过程中一次侧开关管 S_2、S_3 滞后 S_1、S_4 半个开关周期,并定义一个开关周期内对角功率开关管同时导通的占空比为 d,则 HB1 的桥臂直通时间为

$$t_{short}=(d-0.5)T_s \tag{4.1}$$

式中,T_s 为开关周期。

图 4.3 中各个时间区间的变换器工作过程逐一分析如下。

$[t_0,t_1)$ 区间:一次侧 S_2 和 S_3 导通,变压器二次侧电流经 HB2 的二极管 D_6 和 D_7 输出到 U_2。此时 U_1 经电感和变压器一次侧往二次侧传送能量,相当于升压电路中的续流态,故此时 i_L 在二次侧电压的作用下有一个微小的下降。

$[t_1,t_2)$ 区间:在 t_1 时刻,S_1 和 S_4 导通,由于变压器电流不能突变,因此流过 S_1 和 S_4 的电流由零逐渐增加,为零电流导通。寄生电容 C_1 和 C_4 放电,u_{ab} 很快下

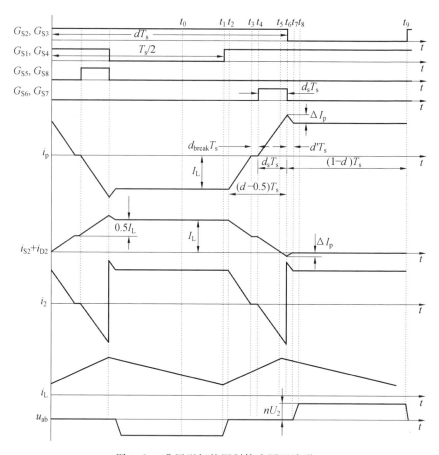

图 4.2　升压型拓扑调制策略原理波形

降到零。

　　$[t_2,t_3)$ 区间：在 t_2 时刻，$S_1 \sim S_4$ 全部导通，HB1 处于桥臂直通状态。一次侧直流电源 U_1 经过储能电感及 S_1、S_2 组成的桥臂还有 S_3、S_4 组成的桥臂两个支路短路，电感电流在 U_1 的作用下逐渐上升。变压器漏感 L_σ 两端的压降为

$$u_\sigma = u_{ab} - nU_2 \approx -nU_2 \tag{4.2}$$

因此变压器电流 i_p 瞬时值为

$$i_p = -I_L + \frac{nU_2(t-t_2)}{L_\sigma} \tag{4.3}$$

其在二次侧电压的作用下开始减小。从这个模态开始，有

$$i_2 = i_{D7} = i_{D6} = -i_p/n$$

式中，i_2 为输出电流；i_{D6}、i_{D7} 分别为流过二极管 D_6、D_7 的电流。

流过 S_1 和 S_4 的电流 i_{S1}、i_{S4} 开始从零增大，同时流过 S_2 和 S_3 的电流 i_{S2}、i_{S3} 从 I_L 开始减小，各个功率开关管的瞬时电流可以表示为

$$i_{S2} = i_{S3} = I_L - \frac{nU_2(t-t_2)}{2L_\sigma} \tag{4.4}$$

$$i_{S1} = i_{S4} = \frac{nU_2(t-t_2)}{2L_\sigma} \tag{4.5}$$

式中，$i_{S1} \sim i_{S4}$ 分别为流过 $S_1 \sim S_4$ 的电流。

$[t_3，t_4)$ 区间：在 t_3 时刻，i_p 上升到零，由于二次侧 HB2 的功率开关管保持关断，因此变压器电流 i_p 为零且保持不变，因此二次侧二极管 D_6 和 D_7 自然关断，系统达到稳态，流过 S_2 和 S_3 的电流减小到 $I_L/2$ 且保持不变，流过 S_1 和 S_4 的电流增加到 $I_L/2$ 且保持不变。这个模态的持续时间为 d_{break}，d_{break} 是 i_p 为零的时间比。

$[t_4，t_5)$ 区间：在 t_4 时刻，给开关管 S_6 和 S_7 导通信号，开关管 S_6 和 S_7 得以导通，U_2 施加到变压器二次侧。由于此时 $u_{ab}=0$，i_p 在二次侧电压的作用下开始由零反向增大，流过 S_2 和 S_3 的电流从 $I_L/2$ 开始减小，流过 S_1 和 S_4 的电流从 $I_L/2$ 开始增加。

$[t_5，t_6)$ 区间：$i_p=i_L$，S_2 和 S_3 的电流减小到零，S_1 和 S_4 的电流增加到 I_L。理论上，此时关断 S_2、S_3、S_6 和 S_7 就可以实现一次侧桥臂的换流（从 S_2、S_3 换到 S_1、S_4）而不会产生电压尖峰。但实际中为了确保安全换流和 S_2、S_3 的零电流关断，需要延时一段时间。在这段时间内二极管 D_2 和 D_3 导通，S_2 和 S_3 的电流等于零。此时变压器电流有两个流通路径，一个是 $S_1 \rightarrow D_3 \rightarrow$ 变压器一次侧绕组，另一个是 $D_2 \rightarrow S_4 \rightarrow$ 变压器一次侧绕组，因此，此阶段各个开关管的电流可以表示为

$$i_{D2} = i_{D3} = \frac{1}{2}(i_p - i_L) \tag{4.6}$$

$$i_{S1} = i_{S4} = \frac{1}{2}i_L + \frac{1}{2}(i_p - i_L) = \frac{1}{2}i_p \tag{4.7}$$

式中，i_{D2}、i_{D3} 分别为流过 D_2、D_3 的电流。

$[t_6，t_7)$ 区间：t_6 时刻，对 S_2、S_3、S_6 和 S_7 施加关断信号。因 S_2 和 S_3 上已经没有电流，故可以实现零电流关断。因为有电容 C_5、C_8、C_6 和 C_7，故 S_6 和 S_7 为零电压关断，此时变压器电流流过二极管 D_5 和 D_8。由于此阶段 $u_{ab}=0$，变压器漏感电

压为 $u_\sigma \approx -nU_2$，因此其会逐渐下降，说明 i_p 在 t_7 时刻达到最大值。定义 i_p 的最大值为 i_{p_max}，则为了保证变换器在整个功率范围内均不产生电压尖峰，则 i_{p_max} 的选值应在额定电感电流 I_{L_rate} 的前提下再增加一定的电流裕度 ΔI_p，由此 i_{p_max} 可以表示为

$$i_{p\_max} = I_{L\_rate} + \Delta I_p \qquad (4.8)$$

由于 i_p 开始反向减小，因此 S_1、S_4、D_2 和 D_3 上的电流均开始减小。各个开关管的电流应力为

$$i_{D2\sim D3} = i_{S1\sim S4} = I_{L\_rate} + \frac{1}{2}\Delta I_p \qquad (4.9)$$

$[t_7，t_8)$ 区间：在 t_7 时刻，i_p 与 I_L 相等，$i_{D2} = i_{D3} = 0$，电流流通路径变为 $S_1 \to$ 变压器一次侧绕组 $\to S_4$，以及变压器二次侧绕组 $\to D_5 \to U_2 \to D_8$，变换器转换到正常功率传输模式。根据变压器漏感电压为 $u_\sigma \approx -nU_2$，可以计算出此区间的表达式为

$$d'T_s = \frac{L_\sigma}{nU_2}(I_{L\_rate} + \Delta I_p - I_L) \qquad (4.10)$$

式中，d' 为 i_p 从 i_{p_max} 下降到 I_{L_rate} 的时间比。

$[t_8，t_9)$ 区间：在这个时间段内，一次侧 S_1 和 S_4 导通，二次侧二极管 D_5 和 D_8 导通。此时 U_1 通过 L、S_1、S_4、隔离变压器、D_5 和 D_8 向 U_2 传送能量，故此时 i_L 的瞬时表达式为

$$i_L = I_L + \frac{U_1 - nU_2}{L + L_\sigma} \qquad (4.11)$$

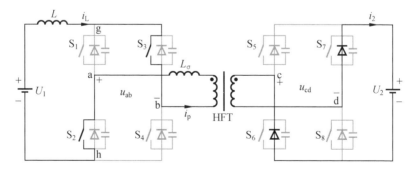

(a) $[t_0，t_1)$

图 4.3　图 4.2 中不同工作区间对应的等效电路模态

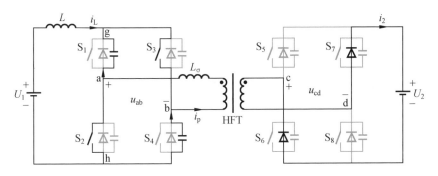

(b) $[t_1, t_2)$

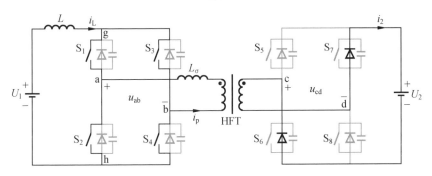

(c) $[t_2, t_3)$

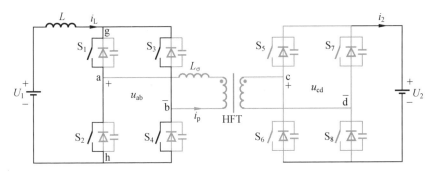

(d) $[t_3, t_4)$

续图 4.3

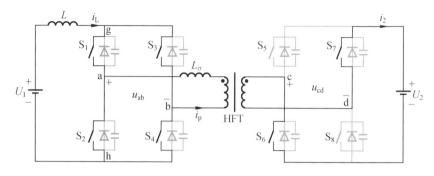

(e) $[t_4, t_5)$

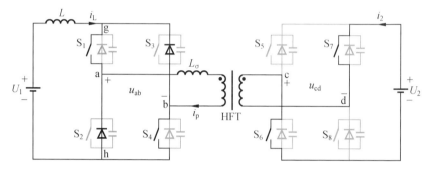

(f) $[t_5, t_6)$

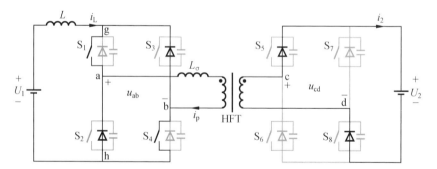

(g) $[t_6, t_7)$

续图 4.3

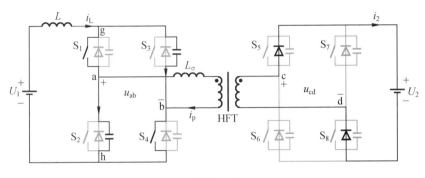

（h）$[t_7, t_8]$

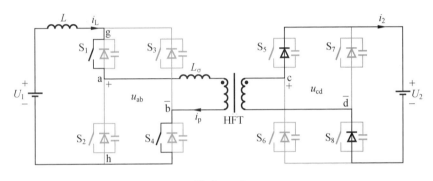

（i）$[t_8, t_9]$

续图 4.3

4.2.3　稳态工作特性分析

下面分析可控变量 d 及 d' 和电压转换比 $k = nU_2/U_1$ 之间的关系。设图4.1 中 g、h 两点间的平均电压为 U_{gh}。显然 U_{gh} 的波形是由图4.2中 u_{ab} 的波形整流得到的，因此通过求解半个周期内 u_{ab} 的平均值即可得到 U_{gh}，即有

$$U_{gh} = 2(1 - d - d')nU_2 \qquad (4.12)$$

根据稳态时 L 两端伏秒平衡，可得稳态时输入、输出电压之间的关系为

$$k = \frac{nU_2}{U_1} = \frac{1}{2(1 - d - d')} \qquad (4.13)$$

进一步可得

$$k = \frac{nU_2}{U_1} = \frac{1}{2\left[1 - d - \dfrac{L_\sigma}{nU_2 T_s}(I_{L\_rate} + \Delta I_p - I_L)\right]} \qquad (4.14)$$

由式(4.13)和式(4.14)可知,通过改变 d 的值可以实现对输出电压的调节。而由于 d 大于 0.5, d' 大于 0,因此等号右边分母小于 1。这说明在功率由 U_1 向 U_2 传输方向下,电压转换比恒大于 1,即该变换器只能实现升压运行。

4.3 双向升降压电流源隔离型 DC – DC 变换器

4.3.1 拓扑结构及工作原理

双向升降压电流源隔离型 DC—DC 变换器拓扑结构如图 4.4 所示,该变换器包括 S_{11} 和 S_{12} 构成的半桥、储能电感 L、$S_1 \sim S_4$ 构成的全桥变换器 HB1、$S_5 \sim S_8$ 构成的全桥变换器 HB2 及高频变压器 HFT,L_σ 为变压器的漏感。其中储能电感 L、HB1、HB2 和变压器构成一个标准的电流源型 DC—DC 变换器,其在 U_1 至 U_2 功率传输方向只能实现升压运行,U_2 至 U_1 功率传输方向只能实现降压运行。S_{11}、S_{12} 构成的桥臂,在功率由 U_1 至 U_2 功率传输方向时,S_{12} 保持关断,通过控制 S_{11} 的占空比 d_{11},可以实现降压运行,其等效电路如图 4.5(a)所示。在功率由 U_2 向 U_1 传输时,S_{11} 保持关断,通过控制 S_{12} 的占空比 d_{12} 实现升压运行,其等效电路如图 4.5(b)所示。由前述分析可知,通过增加 S_{11} 和 S_{12},可以实现双向功率传输和升降压运行。

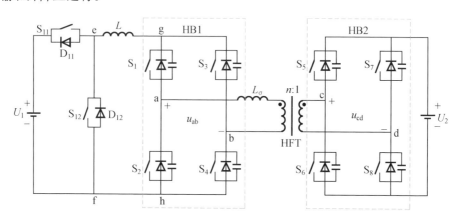

图 4.4 双向升降压电流源隔离型 DC — DC 变换器拓扑结构

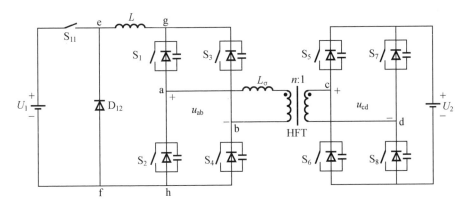

（a）功率由 U_1 向 U_2 传输（正向传输模式）时的等效电路

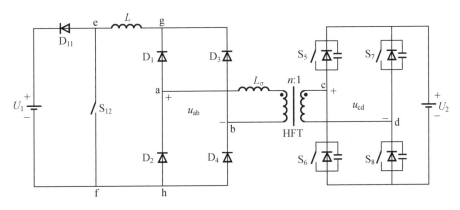

（b）功率由 U_2 向 U_1 传输（反向传输模式）时的等效电路

图 4.5 双向升降压拓扑的两个功率传输方向下的等效电路

4.3.2 一般性调制策略及工作过程分析

下面分析双向升降压电流源隔离型 DC-DC 变换器的工作原理。考虑到在两个功率传输方向下的工作过程是对偶的，只分析功率从 U_1 向 U_2 传输（正向传输模式）时的工作过程。

根据图 4.5（a）所示正向传输时的等效电路，需要控制 HB1 的桥臂直通时间来实现升压控制，而同时需要在每个开关周期中让 HB2 的对角开关管短时导通，该导通时间比定义为 d_s，以便主动对变压器电流进行控制，令其在转变为功率传输态之前主动达到电感电流，以避免变压器电流突变而产生电压尖峰。另外，还有一个可控量，就是 S_{11} 的占空比 d_{11}。需要注意的是，S_{11} 以二倍开关频率工作。

考虑上述情况的一种双向升降压型拓扑的一般性调制策略原理波形图如图
4.6 所示。图 4.7 所示为正向传输时,即图 4.6 中的不同工作区间对应的等效电
路。在分析过程中,假设储能电感 L 很大,流过 L 的电流 i_L 的平均电流保持为 I_L
不变。

图 4.6 中各个时间间隔下的变换器工作过程逐一分析如下。

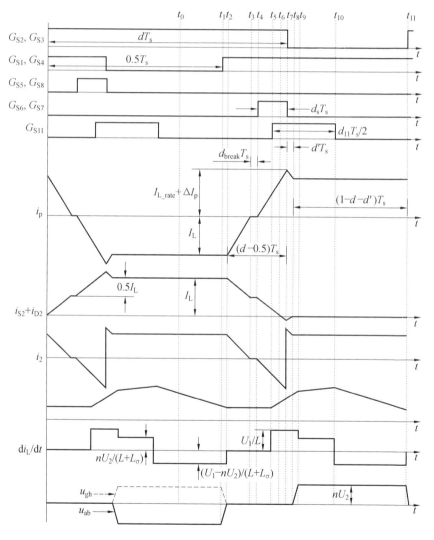

图 4.6　双向升降压型拓扑的一般性调制策略原理波形

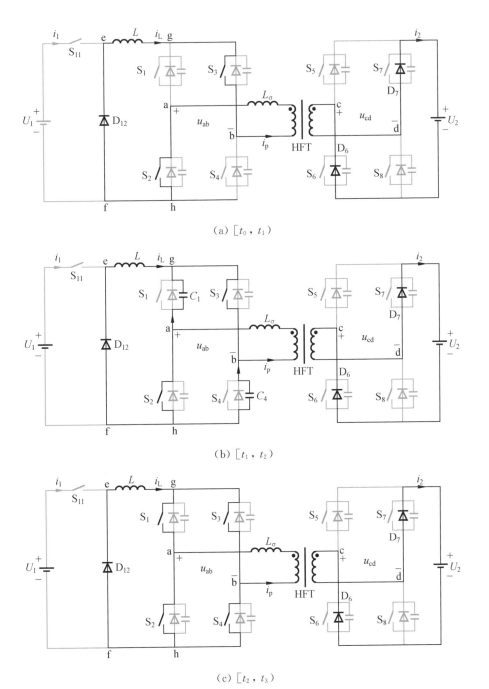

（a）$[t_0, t_1)$

（b）$[t_1, t_2)$

（c）$[t_2, t_3)$

图 4.7 图 4.6 中的不同工作区间对应的等效电路

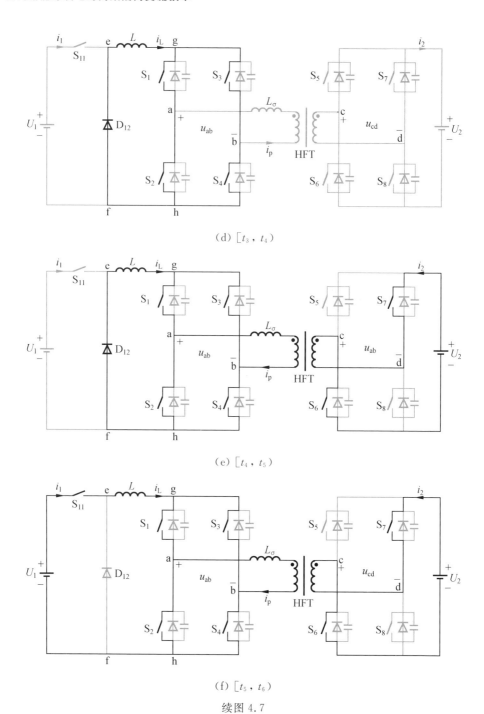

(d) $[t_3，t_4)$

(e) $[t_4，t_5)$

(f) $[t_5，t_6)$

续图 4.7

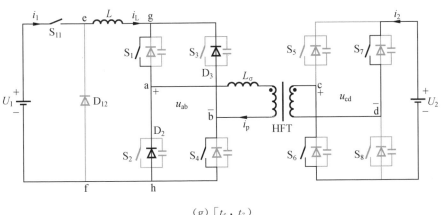

(g) [t_6，t_7)

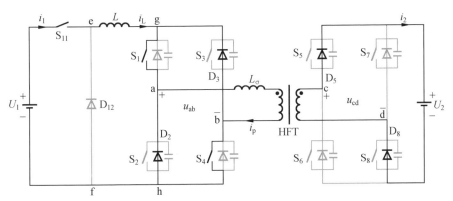

(h) [t_7，t_8)

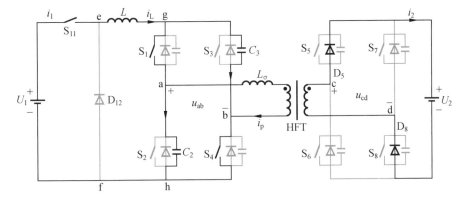

(i) [t_8，t_9)

续图 4.7

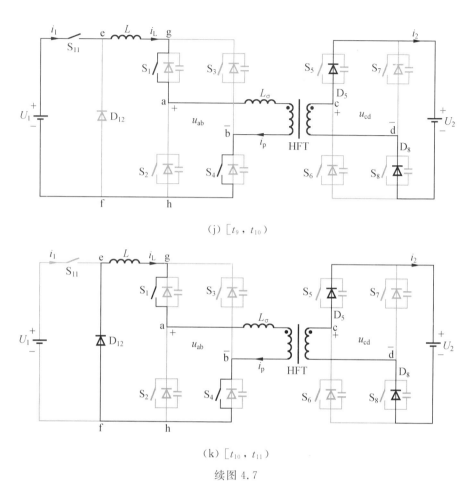

(j) $[t_9, t_{10})$

(k) $[t_{10}, t_{11})$

续图 4.7

$[t_0, t_1)$ 区间：S_{11} 关断，D_{12} 续流，一次侧 S_2 和 S_3 导通，变压器二次侧电流经 HB2 的二极管 D_6 和 D_7 输出到 U_2。此时 U_1 不输出功率，L 可看作一个电流源经一次侧往二次侧传输能量，故此时 i_L 在二次侧电压的作用下有一个微小的下降。

$[t_1, t_2)$ 区间：在 t_1 时刻，导通 S_1 和 S_4，由于变压器电流不能突变，因此流过 S_1 和 S_4 的电流由零逐渐增加，为零电流导通。C_1 和 C_4 放电，u_{ab} 很快下降到零。

$[t_2, t_3)$ 区间：在 t_2 时刻，$S_1 \sim S_4$ 全部导通，HB1 处于桥臂直通状态。i_L 通过 S_1、S_2 组成的桥臂及 S_3、S_4 组成的桥臂这两个支路共同续流，其值近似维持不变。而变压器漏感的压降为

$$u_\sigma = u_{ab} - nU_2 \approx -nU_2 \qquad (4.15)$$

因此,变压器电流 i_p 瞬时值为

$$i_p = -I_L + \frac{nU_2(t-t_2)}{L_\sigma} \qquad (4.16)$$

其在二次侧电压 $-nU_2$ 的作用下开始减小。从这个模态开始 $i_2 = i_{D7} = i_{D6} = -i_p/n$。流过 S_1 和 S_4 的电流开始从零增大,同时流过 S_2 和 S_3 的电流从 I_L 开始减小,各个功率开关管的瞬时电流可以表示为

$$i_{S2} = i_{S3} = I_L - \frac{nU_2(t-t_2)}{2L_\sigma} \qquad (4.17)$$

$$i_{S1} = i_{S4} = \frac{nU_2(t-t_2)}{2L_\sigma} \qquad (4.18)$$

式中, $i_{S1} \sim i_{S4}$ 分别为流过 $S_1 \sim S_4$ 的电流。

$[t_3, t_4)$ 区间:在 t_3 时刻, i_p 减小到零,由于二次侧 HB2 的功率开关管保持关断,因此变压器电流 i_p 为零且保持不变,使得二次侧二极管 D_6 和 D_7 自然关断,系统达到稳态,流过 S_2 和 S_3 的电流减小到 $I_L/2$ 且保持不变,流过 S_1 和 S_4 的电流增加到 $I_L/2$ 且保持不变。这个模态的持续时间为 $d_{break}T_s$。

$[t_4, t_5)$ 区间:在 t_4 时刻,给开关管 S_6 和 S_7 导通信号,开关管 S_6 和 S_7 得以导通, U_2 施加到变压器二次侧。由于此时 $u_{ab} = 0$,因此 i_p 在二次侧电压的作用下开始由零反向增大,流过 S_2 和 S_3 的电流从 $I_L/2$ 开始减小,流过 S_1 和 S_4 的电流从 $I_L/2$ 开始增加。

$[t_5, t_6)$ 区间:在 t_5 时刻,导通 S_{11}, U_1 施加到电感 L 上,由于此时 $u_{ab} = 0$,因此 i_L 的瞬时表达式为

$$i_L = I_L + \frac{U_1 - u_{ab}}{L} = I_L + \frac{U_1}{L} \qquad (4.19)$$

由于 L 远远大于 L_σ,因此 i_L 上升的速率远小于 i_p 反向增加的速率。

$[t_6, t_7)$ 区间:在 t_6 时刻, $i_p = i_L$, S_2 和 S_3 的电流减小到 0, S_1 和 S_4 的电流增加到 I_L。理论上此时关断 S_2、S_3、S_6 和 S_7 就可以实现一次侧桥臂的换流(从 S_2、S_3 换到 S_1、S_4)而不会产生电压尖峰。但实际中为了确保安全换流和 S_2、S_3 的零电流关断,需要延时一段时间。在这段时间内二极管 D_2 和 D_3 导通, S_2 和 S_3 的电流等于零。此时变压器电流有两个流通路径,一个是 $S_1 \rightarrow D_3 \rightarrow$ 变压器一次侧绕组,另一个是 $D_2 \rightarrow S_4 \rightarrow$ 变压器一次侧绕组,因此,此阶段各个开关管的电流可以表示为

$$i_{D2} = i_{D3} = \frac{1}{2}(i_p - i_L) \tag{4.20}$$

$$i_{S1} = i_{S4} = \frac{1}{2}i_L + \frac{1}{2}(i_p - i_L) = \frac{1}{2}i_p \tag{4.21}$$

式中，i_{D2}、i_{D3} 分别为流过 D_2、D_3 的电流。

$[t_7, t_8)$ 区间：t_7 时刻，对 S_2、S_3、S_6 和 S_7 施加关断信号。因 S_2 和 S_3 上已经没有电流，故可以实现零电流关断。因为有寄生电容 C_5、C_8、C_6 和 C_7，所以 S_6 和 S_7 为零电压关断，此时变压器电流流过二极管 D_5 和 D_8。由于此阶段 $u_{ab} = 0$，变压器漏感电压为 $u_\sigma \approx -nU_2$，因此 i_p 会逐渐下降，说明 i_p 在 t_7 时刻达到最大值。定义 i_p 的最大值为 i_{p_max}，则为了保证变换器在整个功率范围内均不产生电压尖峰，则 i_{p_max} 的选值应在额定电感电流 I_{L_rate} 的前提下再增加一定的电流裕度 ΔI_p，由此 i_{p_max} 可以表示为

$$i_{p\_max} = I_{L\_rate} + \Delta I_p \tag{4.22}$$

由于 i_p 开始反向减小，因此 S_1、S_4、D_2 和 D_3 上的电流均开始减小。因此由式 $(4.20) \sim (4.22)$ 可得各个开关管的电流为

$$i_{D2 \sim D3} = i_{S1 \sim S4} = I_{L\_rate} + \frac{1}{2}\Delta I_p \tag{4.23}$$

$[t_8, t_9)$ 区间：在 t_8 时刻，i_p 与 I_L 相等，$i_{D2} = i_{D3} = 0$，电流流通路径变为 $S_1 \rightarrow$ 变压器一次侧绕组 $\rightarrow S_4$，以及变压器二次侧绕组 $\rightarrow D_5 \rightarrow U_2 \rightarrow D_8$，变换器转换到正常功率传输模式。根据此区间的变压器漏感电压为 $u_\sigma \approx -nU_2$，可以计算出此区间的表达式为

$$d'T_s = \frac{L_\sigma}{nU_2}(I_{L\_rate} + \Delta I_p - I_L) \tag{4.24}$$

$[t_9, t_{10})$ 区间：在这个时间段内 S_{11} 导通，D_{12} 关断，一次侧 S_1 和 S_4 导通，二次侧二极管 D_5 和 D_8 导通。此时 U_1 通过 L、S_1 和 S_4、HFT、D_5 和 D_8 向 U_2 传送能量，故此时 i_L 的瞬时表达式为

$$i_L = I_L + \frac{U_1 - nU_2}{L + L_p} \tag{4.25}$$

$[t_{10}, t_{11})$ 区间：t_{10} 时刻开始，S_{11} 关断，i_L 以 $(nU_2)/(L + L_p)$ 的变化率下降。

下面分析可控变量 d_{11}、d、d' 和电压转换比 $k = nU_2/U_1$ 及电感电流平均值 I_L 之间的关系。设图 4.5(a) 中 e、f 两点间的平均电压为 U_{ef}，g、h 两点间的平均电压为 U_{gh}。显然，u_{gh} 的波形是由图 4.6 中 u_{ab} 的波形整流得到的，所以求半个周期

内 u_{ab} 的平均值即可得到 U_{gh}:

$$U_{ef} = d_{11}U_1 \qquad (4.26)$$

$$U_{gh} = 2(1 - d - d')nU_2 \qquad (4.27)$$

根据稳态时电感 L 两端伏秒平衡,也就是电感 L 两端的平均电压为零可得稳态时电压关系为

$$U_{ef} = U_{gh} \qquad (4.28)$$

由此可得稳态时输入、输出电压之间的关系为

$$k = \frac{nU_2}{U_1} = \frac{d_{11}}{2(1 - d - d')} \qquad (4.29)$$

进一步可得

$$k = \frac{nU_2}{U_1} = \frac{d_{11}}{2\left[1 - d - \dfrac{L_\sigma}{nU_2 T_s}(I_{L\_rate} + \Delta I_p - I_L)\right]} \qquad (4.30)$$

由式(4.29)和式(4.30)可知,由于 d 大于 0.5,d' 大于 0,因此式(4.29)等号右边分母小于 1,所以 $U_1 d_{11} < nU_2$,显然可知合理改变 d_{11}、d 的值即可实现升、降压运行。

4.3.3　基于电感电流最小的优化调制策略

由前述分析可知,通过改变 d_{11} 或 d 均可以改变电压转换比。在相同电压转换比的前提下,d_{11}、d 可以有无穷多个组合,因此需要通过引入适当的约束来获得二者确定的关系。另外,S_{11} 相对于 HB1 控制信号的导通位置的变化不会影响电压转换比的形式,但是会影响电感电流纹波,本节将以电感电流纹波最小化为目标获得 S_{11} 相对于 HB1 控制信号的导通位置。

下面首先分析 HB2 提供反向电压的作用时间 d_s 的选取原则。d_s 这一时间段的作用是通过在变压器漏感两端加入 nU_2,使得变压器电流主动反向增加,以消除电压尖峰。由图 4.6 可知,在 d_s 这一时间段里,U_1 没有输出功率,而是由 U_2 向变压器漏感储存能量,这部分能量相当于无功能量。因此希望这一时间段越短越好,以避免过多占用有效的功率传输时间。在这一时间段里,变压器电流的表达式为

$$i_p = \frac{nU_2}{L_\sigma}t \qquad (4.31)$$

进一步推得

$$d_{\mathrm{s}} = \frac{L_{\mathrm{p}}}{nU_2} i_{\mathrm{p\_max}} = \frac{L_{\mathrm{p}}}{nU_2} (I_{\mathrm{L\_rate}} + \Delta I_{\mathrm{p}}) \tag{4.32}$$

因此当所需要的 $i_{\mathrm{p\_max}}$ 不变时，d_{s} 主要与变压器漏感 L_σ 成正比，L_σ 越小，d_{s} 越小。在实际系统中，L_σ 需根据变压器制造工艺进行考虑，以避免将其设置得过小而导致实际生产过程中无法实现。为简化控制复杂度，在整个功率传输范围和电压转换范围内，d_{s} 均保持不变。

接下来分析 d_{11} 和 d 的控制原则。由该变换器的原理可知其输入电流 i_1 的平均值 I_1 与 I_{L} 的关系为

$$I_1 = d_{11} I_{\mathrm{L}} \tag{4.33}$$

从图 4.6 中变换器输出电流 i_2 的波形可知，i_2 的平均值 I_2 为

$$I_2 = 2I_{\mathrm{L}} (1 - d - d') \tag{4.34}$$

由式 (4.33) 和式 (4.34) 可知，传输相同额定功率的前提下，d_{11} 越大，I_{L} 越小；d 越小，I_{L} 越小。降低 I_{L} 有利于降低开关管和电感 L 及 HFT 的损耗，因此应尽量选取较大的 d_{11} 和较小的 d。而对于电压转换比而言，为获得相同的电压转换比，若提高 d_{11}，应减小 d，因此对这两个控制变量的期望取值与获得较小 I_{L} 时所需要的期望取值是相同的。

由此获得 d_{11} 和 d 的控制原则为，在给定的电压转换比下，应该尽可能取较大的 d_{11} 和较小的 d，以降低 I_{L}。由电压转换比公式可知，其与 d_{11} 成正比而与 d 成反比，因此在降压模式下，将 d 取为最小值。而由于 d_{11} 的最大值只能取为 1，因此在升压模式下将 d_{11} 固定为 1，而通过调整 d 实现不同的电压转换比。

下面分析 d 的最小值的选取原则。由前述分析可知，为了消除电压尖峰，在每个开关周期需要 HB2 主动提供反向电压以便使变压器电流尽快上升并超过 I_{L}，而这段时间应尽量短，以提高系统硬件容量的利用率。为了获得最快的变压器电流的变化率，在变压器电流下降及 HB2 提供反向电压的时间区间，HB1 的交流侧输出电压应等于零。因此需要 HB1 桥臂直通时间大于或等于 HB2 提供反向电压的时间区间的 2 倍，即有

$$d - 0.5 \geqslant 2d_{\mathrm{s}} \tag{4.35}$$

图 4.8 给出了额定状态下三种情况的变压器电流极性转换过程波形。

由图 4.8(a) 可知,变压器电流过渡时间不够,造成其尚未达到 I_{L_rate} 时,电路状态即发生了改变,导致电流产生突变,也因此会产生电压尖峰。而由图 4.8(b) 可知,此时变压器电流恰好等于 I_{L_rate},而且变压器电流处于临界连续状态。由图 4.8(c) 可知,此时变压器电流能够达到 I_{L_rate},因此不会产生电压尖峰,但是由于此时变压器电流处于断续状态,因此为获得相同功率,电感电流平均值会大于临界连续的情况,所以会产生额外的功率损耗。为在消除电压尖峰的前提下尽可能降低功率损耗,则在降压模式下 d 的最小取值为

$$d_{\min} = 0.5 + 2d_s \tag{4.36}$$

进一步将式(4.36)代入电压转换比公式,并忽略 d' 的影响(这样得到的临界电压转换比为最大电感电流时的),获得降压模式下电压转换比与 d_{11} 的关系为

$$k = \frac{nU_2}{U_1} = \frac{d_{11}}{2(1 - 0.5 - 2d_s - d')} \approx \frac{d_{11}}{2(0.5 - 2d_s)} \tag{4.37}$$

当 $d_{11} = 1$ 时,电压转换比的临界值为

$$k_{crit} = \frac{1}{2(1 - 0.5 - 2d_s - d')} \approx \frac{1}{2(0.5 - 2d_s)} > 1 \tag{4.38}$$

当实际的电压转换比大于 k_{crit} 时,d_{11} 保持为1,通过调节 HB1 的直通时间来实现调节电压转换比,此时电压转换比的表达式为

$$k = \frac{1}{2(1 - d - d')} \tag{4.39}$$

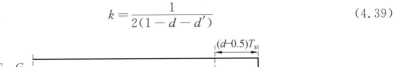

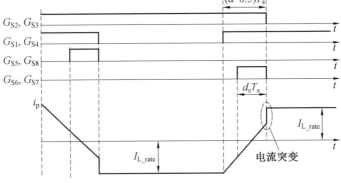

(a) $d - 0.5 < 2d_s$

图 4.8　额定状态下三种情况的变压器电流极性转换过程波形

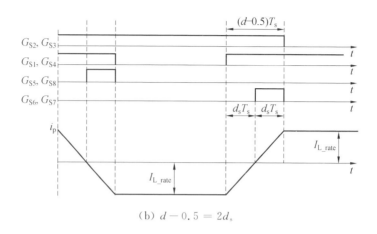

（b）$d-0.5=2d_s$

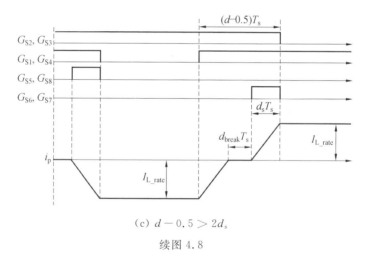

（c）$d-0.5>2d_s$

续图 4.8

  根据优化的调制策略,绘制了 k、d 和 d_{11} 的三维关系曲线,如图 4.9 所示。当 $k<k_{crit}$ 时,变换器运行于下侧轨迹,对应于降压模式;当 $k>k_{crit}$ 时,变换器运行于上侧轨迹,对应于升压模式。

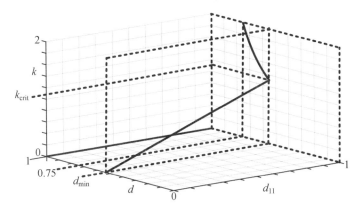

图 4.9　k、d 和 d_{11} 的三维关系曲线

4.3.4　输入侧半桥开关管最优作用区间

由前述分析可知，d_{11} 的大小会影响电压转换比和电感电流平均值的大小。通过其原理可知，在半个控制周期内，S_{11} 导通区间所处位置并不会影响电压转换比和电感电流平均值，但是会影响电感电流纹波。下面将在变换器输出功率相同的前提下，以电感电流纹波最小为目标选择 G_{S11} 的初始位置。

根据前述的各种开关模态，i_L 随时间的变化率 $\mathrm{d}i_L/\mathrm{d}t$ 有以下三种：U_1/L、$(U_1-nU_2)/(L+L_\sigma)$ 和 $(nU_2)/(L+L_\sigma)$。显然 U_1-nU_2 的正负决定着其中变化率 $(U_1-nU_2)/(L+L_\sigma)$ 的正负，也决定着不同的 i_L 的波形，所以在下面的分析中，会按照 $k\leqslant 1$ 和 $1<k<k_{crit}$ 两种情况分别进行分析。

以 G_{S2} 的上升沿为参考起始点，随着 G_{S11} 的作用区间在时间轴上逐渐后移，所提出拓扑的工作波形可分为 a～l 六种情况，分别如图 4.10 所示。图 4.10(a) 中的情况 a～f 对应 $1<k<k_{crit}$；图 4.10(b) 中的情况 g～l 对应 $k\leqslant 1$。图 4.10 中，定义电流纹波 Δi_L 为 i_L 波形中的最大瞬时电流与最小瞬时电流的差。定义 $\Delta d_{11}T_s$ 为 G_{S11} 的上升沿与 G_{S2} 上升沿的时间差，则 G_{S11} 的下降沿时刻可以表示为 $(\Delta d_{11}+0.5d_{11})T_s$。考虑到图 4.10 中有些工作波形只有在 d_{11} 处于某一范围时才会出现，因此下面对各种情况对应的 d_{11} 范围及各种情况下的电感电流纹波表达式进行推导，并通过比较获得最小电感电流纹波的作用区间。

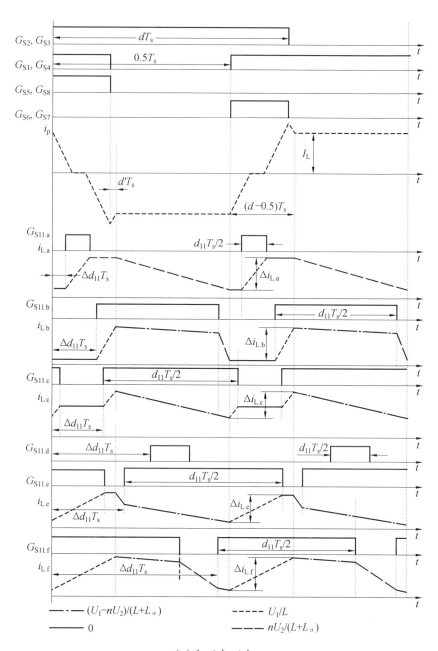

（a）$1 < k < k_{\text{crit}}$

图 4.10 G_{S11} 不同初相位时 i_{L} 的波形

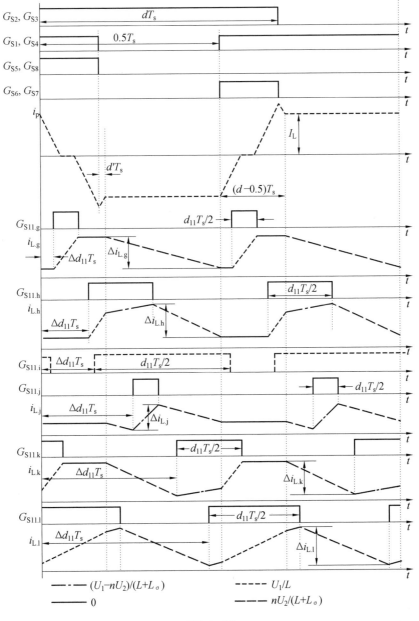

（b）$k \leqslant 1$

续图 4.10

1. 情况 a、g

根据图 4.10，这两种情况出现时，G_{S11} 的两个边沿时刻需分别满足 $0 \leqslant \Delta d_{11} < d + d' - 0.5$ 和 $0 \leqslant \Delta d_{11} + 0.5 d_{11} < d + d' - 0.5$。同时其时间宽度不能超过一次侧全桥变换器四个开关管全部导通的时间，即 $d + d' - 0.5 > 0.5 d_{11}$，由此可得

$$d_{11} < \frac{nU_2}{(nU_2 + U_1)} \tag{4.40}$$

所以只要 $G_{S11.a}$、$G_{S11.g}$ 分别满足边沿时刻的条件，在升降压时，情况 a、g 分别只会出现在 $d_{11} < nU_2/(nU_2 + U_1)$ 时。现根据图 4.10 可得到情况 a 和情况 g 的纹波电流表达式为

$$\Delta i_{L.a} = \frac{U_1 (0.5 d_{11}) T_s}{L} \tag{4.41}$$

$$\Delta i_{L.g} = \frac{nU_2 (1 - d - d') T_s}{L + L_\sigma} \tag{4.42}$$

2. 情况 b、h

根据图 4.10，这两种情况出现时，G_{S11} 的两个边沿时刻需分别满足 $0 \leqslant \Delta d_{11} < d + d' - 0.5$ 和 $d + d' - 0.5 \leqslant \Delta d_{11} + 0.5 d_{11} < 0.5$。同时其时间宽度 $0.5 d_{11} T_s$ 可以为不超过 $(1 - 4 d_s) k T_s$ 时间的任意值。现根据图 4.10 可得到情况 b 和情况 h 的纹波电流表达式为

$$\Delta i_{L.b} = \frac{U_1 (d + d' - 0.5 - \Delta d_{11}) T_s}{L} \tag{4.43}$$

$$\Delta i_{L.h} = \frac{nU_2 (0.5 - \Delta d_{11} - 0.5 d_{11}) T_s}{L + L_\sigma} \tag{4.44}$$

3. 情况 c、i

根据图 4.10，这两种情况出现时，G_{S11} 的两个边沿时刻需分别满足 $d + d' - 0.5 \leqslant \Delta d_{11} < 0.5$ 和 $0.5 \leqslant \Delta d_{11} + 0.5 d_{11} < d + d'$。同时其时间宽度 $0.5 d_{11} T_s$ 必须超过一次侧全桥变换器只有两个对角开关管导通的时间，即 $1 - d + d' < 0.5 d_{11}$，根据电压转换比表达式得 $k > 1$。所以在升压时，只要 $G_{S11.c}$ 满足边沿时刻的条件，情况 c 都会出现；在降压时情况 i 不存在。现根据图 4.10(a) 可得到情况 c 的纹波电流表达式为

$$\Delta i_{L.c} = \frac{U_1 [d + d' - 0.5 - 0.5 (1 - d_{11})] T_s}{L} \tag{4.45}$$

4. 情况 d、j

根据图 4.10，这两种情况出现时，G_{S11} 的两个边沿时刻需分别满足 $d + d' - $

$0.5 \leqslant \Delta d_{11} < 0.5$ 和 $d + d' - 0.5 \leqslant \Delta d_{11} + 0.5 d_{11} < 0.5$。同时其时间宽度 $0.5 d_{11} T_s$ 不能超过一次侧全桥变换器只有两个对角开关管导通的时间,即 $1 - d + d' \geqslant 0.5 d_{11}$,根据电压转换比表达式得 $k < 1$。所以情况 d 在升压情况下不会出现;在降压时,只要 $G_{S11.j}$ 满足边沿时刻的条件,情况 j 都会出现。现根据图 4.10(b) 可得到情况 j 的纹波电流表达式为

$$\Delta i_{L.j} = \frac{n U_2 (1 - d - d' - 0.5 d_{11}) T_s}{L + L_\sigma} \tag{4.46}$$

5. 情况 e、k

根据图 4.10,这两种情况出现时,G_{S11} 的两个边沿时刻需分别满足 $d + d' - 0.5 \leqslant \Delta d_{11} < 0.5$ 和 $0.5 \leqslant \Delta d_{11} + 0.5 d_{11} < d + d'$。同时其时间宽度 $0.5 d_{11} T_s$ 可以为不超过 $(1 - 4 d_s) k T_s$ 时间的任意值。所以无论 k 为何值,只要 $G_{S11.e}$、$G_{S11.k}$ 满足边沿时刻的条件,情况 e 和情况 k 都会出现。现根据图 4.10 可得到情况 e 和情况 k 的纹波电流表达式为

$$\Delta i_{L.e} = \frac{U_1 [\Delta d_{11} - 0.5(1 - d_{11})] T_s}{L} \tag{4.47}$$

$$\Delta i_{L.k} = \frac{n U_2 (\Delta d_{11} - d - d' + 0.5) T_s}{L + L_\sigma} \tag{4.48}$$

6. 情况 f、l

根据图 4.10,这两种情况出现时,G_{S11} 的两个边沿时刻需分别满足 $d + d' - 0.5 \leqslant \Delta d_{11} < 0.5$ 和 $d + d' \leqslant \Delta d_{11} + 0.5 d_{11} < 1$。同时其时间宽度必须超过一次侧全桥变换器四个开关管全部导通的时间,即 $d + d' - 0.5 \leqslant 0.5 d_{11}$,由此得到

$$d_{11} \geqslant \frac{n U_2}{n U_2 + U_1} \tag{4.49}$$

因此只要 $G_{S11.f}$、$G_{S11.l}$ 分别满足边沿时刻的条件,情况 f 和情况 l 分别只会出现在 $d_{11} \geqslant n U_2 / (n U_2 + U_1)$ 时。现根据图 4.10 可得到情况 f 和情况 l 的纹波电流表达式为

$$\Delta i_{L.f} = \frac{U_1 (d + d' - 0.5) T_s}{L} \tag{4.50}$$

$$\Delta i_{L.l} = \frac{n U_2 (1 - 0.5 d_{11}) T_s}{L + L_\sigma} \tag{4.51}$$

为了便于比较,分别将 $1 < k < k_{crit}$ 和 $k \leqslant 1$ 时 G_{S11} 的边沿时刻条件、G_{S11} 作用时间宽度、电流纹波表达式列于表 4.1、表 4.2 中。由表 4.1 可知,对于情况 b、e、c,当 $1 < k < k_{crit}$ 时,无论变换器输出的功率为多少,随着 G_{S11} 作用在时间轴上位置的改变,这三种情况都会出现。但是情况 a、f 只可能在特定的功率范围内

表 4.1　$1 < k < k_{\text{crit}}$ 时不同情况下的纹波电流表达式

情况	边沿时刻条件	时间宽度条件	纹波电流表达式
a	$0 \leqslant \Delta d_{11} < d+d'-0.5$ $0 \leqslant \Delta d_{11} + 0.5 d_{11} < d+d'-0.5$	$d_{11} < nU_2/(nU_2+U_1)$	$\Delta i_{L,\text{a}} = \dfrac{U_1(0.5 d_{11}) T_s}{L}$
b	$0 \leqslant \Delta d_{11} < d+d'-0.5$ $d+d'-0.5 < \Delta d_{11} + 0.5 d_{11} < 0.5$	无	$\Delta i_{L,\text{b}} = \dfrac{U_1(d+d'-0.5-\Delta d_{11}) T_s}{L}$
c	$d+d'-0.5 \leqslant \Delta d_{11} < 0.5$ $0.5 \leqslant \Delta d_{11} + 0.5 d_{11} < d+d'$	无	$\Delta i_{L,\text{c}} = \dfrac{U_1[d+d'-0.5-0.5(1-d_{11})] T_s}{L}$
e	$d+d'-0.5 \leqslant \Delta d_{11} < 0.5$ $0.5 \leqslant \Delta d_{11} + 0.5 d_{11} < d+d'$	无	$\Delta i_{L,\text{e}} = \dfrac{U_1[\Delta d_{11} - 0.5(1-d_{11})] T_s}{L}$
f	$d+d'-0.5 \leqslant \Delta d_{11} < 0.5$ $d+d' \leqslant \Delta d_{11} + 0.5 d_{11} < 1$	$d_{11} \geqslant nU_2/(nU_2+U_1)$	$\Delta i_{L,\text{f}} = \dfrac{U_1(d+d'-0.5) T_s}{L}$

表 4.2　$k \leqslant 1$ 时不同情况下的纹波电流表达式

情况	边沿时刻条件	时间宽度条件	纹波电流表达式
g	$0 \leqslant \Delta d_{11} < d+d'-0.5$	$0 \leqslant \Delta d_{11}+0.5d_{11} < d+d'-0.5$ $d_{11} < nU_2/(nU_2+U_1)$	$\Delta i_{L,g} = \dfrac{nU_2(1-d-d')T_s}{L+L_\sigma}$
h	$0 \leqslant \Delta d_{11} < d+d'-0.5$	无	$\Delta i_{L,h} = \dfrac{nU_2(0.5-\Delta d_{11}-0.5d_{11})T_s}{L+L_\sigma}$
j	$d+d'-0.5 \leqslant \Delta d_{11} < d+d'$	无	$\Delta i_{L,j} = \dfrac{nU_2(1-d-d'-0.5d_{11})T_s}{L+L_\sigma}$
k	$d+d'-0.5 \leqslant \Delta d_{11} < 0.5$ $0.5 \leqslant \Delta d_{11}+0.5d_{11} < d+d'$	无	$\Delta i_{L,k} = \dfrac{nU_2(\Delta d_{11}-d-d'+0.5)T_s}{L+L_\sigma}$
l	$d+d'-0.5 \leqslant \Delta d_{11} < 0.5$ $d+d' \leqslant \Delta d_{11}+0.5d_{11} < 1$	$d_{11} \geqslant nU_2/(nU_2+U_1)$	$\Delta i_{L,l} = \dfrac{nU_2(1-0.5d_{11})T_s}{L+L_\sigma}$

出现。各种情况电流纹波的比较过程如下。

比较情况 b 和 c，因为情况 c 的边沿时刻条件为 $0.5 \leqslant \Delta d_{11} + 0.5 d_{11}$，将其代入式（4.45），可得 $\Delta i_{L,c} \leqslant \Delta i_{L,b}$。比较情况 e 和 c，因为情况 c 的边沿时刻条件为 $d + d' - 0.5 \leqslant \Delta d_{11}$，将其代入式（4.45），可得 $\Delta i_{L,c} \leqslant \Delta i_{L,e}$。比较情况 f 和 c，因为 $d_{11} < 1$，显然可得 $\Delta i_{L,c} \leqslant \Delta i_{L,f}$。比较情况 a 和 c，因为 $d + d' < 1$，显然可得 $\Delta i_{L,c} \leqslant \Delta i_{L,a}$。综上所述，当 $1 < k < k_{crit}$ 时，情况 c 的电流纹波是最小的，同时情况 c 可以在任意功率范围内出现。以相同的方式比较表 4.2 中的电流纹波表达式，可以得到相似的结论，即当 $k \leqslant 1$ 时，情况 j 的电流纹波是最小的，同时情况 j 可以在任意功率范围内出现。

通过前述获得的各种情况下的电流纹波表达式，绘制了在某一固定的 k 值的前提下，电感电流纹波 Δi_L 随作用位置 Δd_{11} 变化的关系曲线，如图 4.11 所示。由图可以明显看出，情况 c、j 对应的电流纹波最小，与前述分析结果相一致。

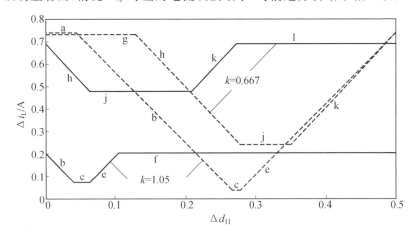

图 4.11　电感电流纹波随作用位置 Δd_{11} 变化的关系曲线

根据上述分析可以得到，当 $1 < k < k_{crit}$ 时，需按照情况 c 设置 G_{S11} 的作用区间才能使纹波电流全局最小；而当 $k \leqslant 1$ 时，需按照情况 j 设置 G_{S11} 的作用区间。根据图 4.10 所示的这两种情况下的工作波形可知，G_{S11} 的作用区间应尽可能跨越正常的功率传输区间。

4.3.5　工作模式直接切换下的运行特性分析

根据上述分析，变换器在两个工作模式下的输入变量是不同的。对于变换器而言,通常需要在调制策略的基础上增加电流闭环控制环节以实现正常运行。因此需要考虑电流环控制器输出与调制策略中的两个控制变量之间的关系。

在变换器运行过程中,其所处的工作模式由当前电压转换比与 k_{crit} 的关系决定,当实际的电压转换比大于 k_{crit} 时,变换器处于升压模式,否则处于降压模式。在控制环节,一种简单的控制器的输出与调制策略中的两个输入变量之间的映射方案是,在升压模式时,令 d_{11} 等于 1,被控量 d 等于电流控制器的输出 d_{out};而在降压模式时,令 d 等于 d_{min},d_{11} 等于 d_{out}。这是一种最为简单的切换方案,本书称为直接切换,其工作模式逻辑如图 4.12 所示。

下面分析直接切换方案存在的问题。需要指出的是本书注重切换过程暂态行为的研究,对于切换前后因被控对象模型发生变化而导致的系统稳定性问题不在本书的讨论范围。

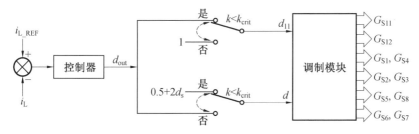

图 4.12　直接切换工作模式逻辑

首先分析变换器由降压模式转换为升压模式的暂态过程。假设在某一时刻 t_a,电压转换比为 $k_{crit} - \Delta k$,对应为降压模式,此时变换器的控制量为 $d(t_a) = 0.5 + 2d_s$,$d_{11}(t_a) \leqslant 1$,且已达稳定状态,因此内环调节器的输出为 $d_{out}(t_a) = d_{11}(t_a) \leqslant 1$。将 $d(t_a)$、$I_L(t_a)$ 和 $d_{11}(t_a)$ 代入电压转换比公式,可得

$$\begin{cases} d_{11}(t_a) = \dfrac{nU_2(t_a)(1-4d_s)}{U_1(t_a)} - \dfrac{L_\sigma f_s[I_{L\_rate} + \Delta I_p - I_L(t_a)]}{U_1(t_a)} \\ d'(t_a) = \dfrac{L_\sigma}{nU_2(t_a)T_s}[I_{L\_rate} + \Delta I_p - I_L(t_a)] \end{cases} \quad (4.52)$$

式中,$U_1(t_a)$、$U_2(t_a)$、$I_L(t_a)$ 分别为 t_a 时的稳态输入电压、输出电压及电感电流。

在时刻 t_b,输入输出电压发生微小的波动导致电压转换比变为 $k_{crit} + \Delta k$,对应为升压模式,根据直接切换方案,此时变换器的 $d_{11}(t_b)$ 应该置 1,而 $d(t_b)$ 等于

$d_{\text{out}}(t_b)$。由于是直接切换，认为切换瞬间闭环调节器的输出尚未来得及发生变化，因此有 $d(t_b) \approx d_{\text{out}}(t_a) = d_{11}(t_a)$。可以认为在时刻 t_b 电感电流没有来得及变化，有 $I_L(t_b) \approx I_L(t_a)$。将 $d(t_b)$、$I_L(t_b)$ 和 $d_{11}(t_b)$ 代入电压转换比公式，可得

$$
\begin{cases}
d(t_b) = d_{11}(t_a) = \dfrac{nU_2(t_a)(1 - 4d_s)}{U_1(t_a)} - \dfrac{L_\sigma f_s[I_{L\_rate} + \Delta I_p - I_L(t_a)]}{U_1(t_a)} \\
d'(t_b) = \dfrac{L_\sigma}{nU_2(t_b)T_s}[I_{L\_rate} + \Delta I_p - I_L(t_a)]
\end{cases}
\tag{4.53}
$$

式中，$U_2(t_b)$ 为 t_b 时的输出电压。

将式(4.52)和式(4.53)代入电压转换比公式，可得到模式切换后电压 $U_{ef}(t_b)$ 和 $U_{gh}(t_b)$ 的表达式为

$$
\begin{cases}
U_{ef}(t_b) = d_{11}(t_b)U_1(t_b) = U_1(t_b) \\
U_{gh}(t_b) = 2[1 - d(t_b) - d'(t_b)]nU_2(t_b) \\
\quad\quad = 2nU_2(t_b)\Big(1 - \dfrac{L_\sigma f_s}{nU_2(t_b)}[I_{L\_rate} + \Delta I_p - I_L(t_a)] - \\
\quad\quad\quad \dfrac{nU_2(t_a)(1 - 4d_s) - L_\sigma f_s[I_{L\_rate} + \Delta I_p - I_L(t_a)]}{U_1(t_a)}\Big)
\end{cases}
\tag{4.54}
$$

假设输入输出电压在很小的范围内波动，有

$$
\begin{cases}
U_1(t_a) \approx U_1(t_b) \approx \dfrac{nU_2(t_a)}{k_{\text{crit}}} \approx \dfrac{nU_2(t_b)}{k_{\text{crit}}} \\
U_{gh}(t_b) = -2(1 - k_{\text{crit}})L_\sigma f_s[I_{L\_rate} + \Delta I_p - I_L(t_a)]
\end{cases}
\tag{4.55}
$$

由式(4.54)和式(4.55)可以得到切换后电感两端平均压降的表达式为

$$
U_L(t_b) = U_{ef}(t_b) - U_{gh}(t_b)
$$

$$
= nU_2(1 - 4d_s) - \frac{8L_\sigma f_s d_s}{(1 - 4d_s)}[I_{L\_rate} + \Delta I_p - I_L(t_a)]
\tag{4.56}
$$

由式(4.56)可知，切换前的电感电流 $I_L(t_a)$ 会影响切换后电感的平均压降 $U_L(t_b)$，其值不再为零，因此会导致暂态电感电流波动。

电感电流的范围可以表示为

$$
0 \leqslant I_L(t_a) \leqslant I_{L\_rate} + \Delta I_p = \frac{2nU_2 d_s}{L_\sigma f_s}
\tag{4.57}
$$

进而得到 $U_L(t_b)$ 的变化范围为

$$
nU_2(1 - 4d_s) \geqslant U_L(t_b) \geqslant nU_2(1 - 4d_s) - \frac{16nU_2 d_s}{1 - 4d_s}
\tag{4.58}
$$

接下来分析变换器由升压模式直接切换到降压模式所产生的问题。假设电压转换比在切换前的 t_a 时刻为 $k_{crit} + \Delta k$，对应于升压模式，有

$$
\begin{cases}
d(t_a) = \dfrac{2nU_2(t_a) - U_1(t_a)}{2nU_2(t_a)} - \dfrac{2L_\sigma f_s[I_{L\_rate} + \Delta I_p - I_L(t_a)]}{2nU_2(t_a)} \\[4mm]
d'(t_a) = \dfrac{L_\sigma f_s[I_{L\_rate} + \Delta I_p - I_L(t_a)]}{nU_2(t_a)}
\end{cases}
\tag{4.59}
$$

在时刻 t_b，输入输出电压发生微小的波动导致电压转换比变为 $k_{crit} - \Delta k$，对应为降压模式，根据直接切换方案，此时变换器的占空比 $d(t_b)$ 应置为 $0.5 + 2d_s$，而 $d_{11}(t_b)$ 应等于 $d_{out}(t_b) \approx d_{out}(t_a) = d_1(t_a)$。将 $d(t_b)$、$I_L(t_b)$ 和 $d_{11}(t_b)$ 代入电压转换比公式，可得

$$
\begin{cases}
d_{11}(t_b) = \dfrac{2nU_2(t_a) - U_1(t_a)}{2nU_2(t_a)} - \dfrac{2L_\sigma f_s[I_{L\_rate} + \Delta I_p - I_L(t_a)]}{2nU_2(t_a)} \\[4mm]
d'(t_b) = \dfrac{L_\sigma}{nU_2(t_a)T_s}[I_{L\_rate} + \Delta I_p - I_L(t_a)]
\end{cases}
\tag{4.60}
$$

将式(4.59)和式(4.60)代入电压转换比公式，可得到模式切换后电压 $U_{ef}(t_b)$ 和 $U_{gh}(t_b)$ 的表达式为

$$
\begin{cases}
U_{ef}(t_b) = \dfrac{U_1(t_b)}{2nU_2(t_b)}\{2nU_2(t_a) - U_1(t_a) - 2L_\sigma f_s[I_{L\_rate} + \Delta I_p - I_L(t_a)]\} \\[4mm]
U_{gh}(t_b) = 2nU_2(t_b)\left\{1 - 0.5 - 2d_s - \dfrac{L_\sigma f_s}{nU_2(t_a)}[I_{L\_rate} + \Delta I_p - I_L(t_a)]\right\}
\end{cases}
\tag{4.61}
$$

假设输入输出电压在很小的范围内波动，有

$$
\begin{cases}
U_1(t_a) \approx U_1(t_b) \approx nU_2(t_a)/k_{crit} \approx nU_2(t_a)/k_{crit} \\[2mm]
U_L(t_b) = U_{ef}(t_b) - U_{gh}(t_b) \\[2mm]
\qquad = U_1(2d_s - 0.5) + L_\sigma f_s[I_{L\_rate} + \Delta I_p - I_L(t_a)](1 + 4d_s)
\end{cases}
\tag{4.62}
$$

将电感电流的最大值和最小值公式(4.57)代入式(4.62)可以得到 $U_L(t_b)$ 的最大值和最小值，表示为

$$
U_1\left(2d_s - 0.5 + \dfrac{2d_s(1 + 4d_s)}{1 - 4d_s}\right) \geqslant U_L(t_b) \geqslant U_1(2d_s - 0.5) \tag{4.63}
$$

由式(4.58)和式(4.63)可知，在两个工作模式切换后，电感电压 U_L 均不为零，由此导致电感电流产生暂态变化。进一步分析可知，U_L 的大小与二次侧电压

的作用时间 d_s 有关,因此下面分析不同 d_s 时电感电压的变化范围。作出切换后电感平均电压降 $U_L(t_b)$ 的上下限与二次侧电压作用时间 d_s 的关系曲线,如图 4.13 所示。

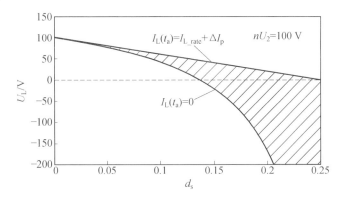

(a) 降压模式切换到升压模式

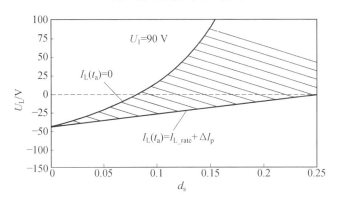

(b) 升压模式切换到降压模式

图 4.13　切换后电感平均电压降的上下限与二次侧电压作用时间的关系曲线

　　可见降压模式切换到升压模式的瞬间,电感两端电压的最小值在 d_s 较小时是大于零的,而在 d_s 较大时,电感电压是小于零的,均不满足伏秒平衡,而且随着 d_s 的变化,电感电压在较大范围内变化。说明这两种模式切换过程中,均会导致电感电流产生较大波动。考虑最严重的情况,切换前电感电流工作在额定值 I_{L_rate},切换后电感电流可能会超过变压器电流所能达到的最大值 $I_{L\_rate}+\Delta I_p$,造成变压器电流产生突变,从而产生电压尖峰。由上述分析可知,工作模式直接切换方案在切换点处会产生电感电流的暂态波动,导致控制性能恶化。另外,在某些工况下,会产生暂态电压尖峰,造成开关管过压损坏。

4.3.6　工作模式的柔性切换策略

若在切换前后电感电流波动很小,一种办法就是构造内环闭环调节器的输出 d_{out} 与 d、d_{11} 的函数,以保证在电压转换比变化导致工作模式切换前后,电感电流平均值保持不变。根据调制策略的工作原理,有两种控制方式。

① 在降压模式,保持 $d=d_{min}$,$d_{11}=d_{out}$;在升压模式,保持 $d_{11}=1$,构造函数 $d=f_{boost}(d_{out})$,保证电感电流保持不变。

② 在升压模式,保持 $d_{11}=1$,$d=d_{out}$;在降压模式,令 $d=d_{min}$,构造函数 $d_{11}=f_{buck}(d_{out})$,保证电感电流保持不变。本节采用方式 ①,相应的变换器工作模式平滑切换逻辑如图 4.14 所示。

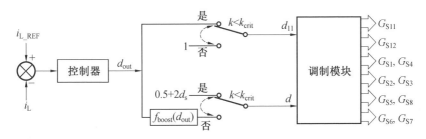

图 4.14　变换器工作模式平滑切换逻辑

下面分析升压模式下所构造的函数 $d=f_{boost}(d_{out})$。由电压转换比的表达式可知,变换器的电压转换比 k、电感电流平均值 I_L 和变换器的两个控制占空比呈现互相耦合、相互制约的关系。因此只要在变换器的工作模式切换后根据电压转换比公式合理选择两个控制占空比的值,就可以使电感电流不变,从前一个工作模式下的稳态直接过渡到另一个工作模式下的稳态,从而避免暂态过程中出现的电感电流波动的问题。

假设变换器在时刻 t_a 处于降压模式,且已处于稳态。根据变换器的双模式工作原理,此时 $d(t_a)$ 应该被置为 $d(t_a)=0.5+2d_s$,开关管 S_{11} 的占空比为 $d_{11}(t_a)$,电感电流稳态值为 $I_L(t_a)$。将 $d(t_a)$、$I_L(t_a)$ 和 $d_{11}(t_a)$ 代入电压转换比公式并且变换形式,将电感电流放在等号左侧,可以得到切换前电感电流稳态值 $I_L(t_a)$ 的表达式为

$$I_{\mathrm{L}}(t_{\mathrm{a}}) = \frac{T_s U_1(t_{\mathrm{a}}) d_{11}(t_{\mathrm{a}})}{2L_\sigma} + \frac{(0.5 - 2d_s - 1)n U_2(t_{\mathrm{a}}) T_s}{L_\sigma} + I_{\mathrm{L\_rate}} + \Delta I_{\mathrm{p}}$$

$$(4.64)$$

假设在时刻 t_{b}，变换器切换到升压模式，此时 $d_{11}(t_{\mathrm{b}})$ 应该被置 1，直通占空比为 $d(t_{\mathrm{b}})$，设时刻 t_{b} 切换后，变换器经一段时间达到稳态时的电感电流值为 $I_{\mathrm{L}}(t_{\mathrm{b}}+)$。将 $d(t_{\mathrm{b}})$、$I_{\mathrm{L}}(t_{\mathrm{b}}+)$ 和 $d_{11}(t_{\mathrm{b}})$ 代入电压转换比公式并且变换形式，可得切换后电感电流稳态值 $I_{\mathrm{L}}(t_{\mathrm{b}}+)$ 的表达式为

$$I_{\mathrm{L}}(t_{\mathrm{b}}+) = \frac{T_s U_1(t_{\mathrm{b}})}{2L_\sigma} + \frac{d(t_{\mathrm{b}}) - 1)n U_2(t_{\mathrm{b}}) T_s}{L_\sigma} + I_{\mathrm{L\_rate}} + \Delta I_{\mathrm{p}} \quad (4.65)$$

为了保证电感电流在时刻 t_{b} 切换后不突变，从而跳过暂态过程直接达到稳态，只要使 $I_{\mathrm{L}}(t_{\mathrm{b}}+) = I_{\mathrm{L}}(t_{\mathrm{a}})$ 就可以保证。令式（4.64）和式（4.65）相等，消掉电感电流即可得到切换瞬间保证电感电流不发生暂态波动的 $d(t_{\mathrm{b}})$，其表达式为

$$d(t_{\mathrm{b}}) = \frac{U_1(t_{\mathrm{a}}) d_{11}(t_{\mathrm{a}})}{2n U_2(t_{\mathrm{b}})} + (-0.5 - 2d_s) \frac{U_2(t_{\mathrm{a}})}{U_2(t_{\mathrm{b}})} - \frac{U_1(t_{\mathrm{b}})}{2n U_2(t_{\mathrm{b}})} + 1 \quad (4.66)$$

可见 $d(t_{\mathrm{b}})$ 分别和切换前占空比 $d_{11}(t_{\mathrm{a}})$、切换前的输入电压 $U_1(t_{\mathrm{a}})$、切换前的输出电压 $U_2(t_{\mathrm{a}})$ 以及切换后的输入输出电压 $U_1(t_{\mathrm{b}})$ 和 $U_2(t_{\mathrm{b}})$ 有关。因输入输出侧大电容的存在，输入输出电压的变化往往都是连续的且相对缓慢的，假设输入输出电压在临界切换点左右的小范围内波动，则输入电压和输出电压在切换前后可以近似相等，有

$$U_1(t_{\mathrm{a}}) \approx U_1(t_{\mathrm{b}}) \approx \frac{n U_2(t_{\mathrm{a}})}{k_{\mathrm{crit}}} \approx \frac{n U_2(t_{\mathrm{b}})}{k_{\mathrm{crit}}} \quad (4.67)$$

将式（4.66）代入式（4.67），可得经合理近似处理后的 $d(t_{\mathrm{b}})$ 关于 $d_{11}(t_{\mathrm{a}})$ 的表达式为

$$d(t_{\mathrm{b}}) = \frac{0.5 d_{11}(t_{\mathrm{a}}) - 0.5 + (0.5 + 2d_s) k_{\mathrm{crit}}}{k_{\mathrm{crit}}} \quad (4.68)$$

从式（4.68）可知，当电压转换比变化时，只要保留切换前 $d_{11}(t_{\mathrm{a}})$ 的值，在切换瞬间对直通占空比 $d(t_{\mathrm{b}})$ 按照上式取值就可以保证电感电流不会因模式切换而产生暂态跳变。假设切换前变换器运行于降压模式，根据图 4.14 所示的平滑切换原理图，切换时刻前 $d_{11}(t_{\mathrm{a}})$ 为控制变量，其值与控制器的输出 $d_{\mathrm{out}}(t_{\mathrm{a}})$ 相等。而由于切换前后控制器的输出 $d_{\mathrm{out}}(t)$ 变化很小，因此切换前 $d_{11}(t_{\mathrm{a}})$ 的值近似和切换后控制器的输出 $d_{\mathrm{out}}(t_{\mathrm{b}})$ 相等。将上述近似关系代入式（4.68），可得 $d(t)$ 关于 $d_{\mathrm{out}}(t)$ 的函数表达式为

$$d(t) = f_{\text{boost}}(d_{\text{out}}(t)) = \frac{0.5d_{\text{out}}(t) - 0.5 + (0.5 + 2d_{\text{s}})k_{\text{crit}}}{k_{\text{crit}}} \qquad (4.69)$$

式中，$d_{\text{out}}(t)$ 为任意时刻 t 的电感电流闭环控制器的输出值；$d(t)$ 为任意时刻 t 的一次侧全桥变换器的直通占空比。

当变换器由升压模式切换为降压模式时，假设切换前时刻为 t_{a}，切换时刻为 t_{b}，根据图 4.14 所示的平滑切换原理图，切换时刻前 $d(t_{\text{a}})$ 为控制变量，其值与控制器的输出经式（4.69）所示的平滑切换函数处理后的值相等。显然，由升压模式切换为降压模式时仍能由逆推的方法得到与式（4.64）和式（4.65）相等的结果，从而保证电感电流平均值在切换后不变。

由上述分析可知，在降压模式下，有 $d_{11} = d_{\text{out}}$，而 $d = d_{\text{min}} = 0.5 + 2d_{\text{s}}$；在升压模式下，有 $d_{11} = 1$，而按照式（4.65）计算 d 即可避免产生电感电流跳变。

4.3.7　升压模式下暂态电压尖峰产生机理及消除方法

在升压模式下，需要通过改变直通占空比 d 来调节功率，当负载突变时由于闭环调节器的作用，d 会快速大范围变化。显然 d 阶跃增加时只要电感电流不超过预设的最大值 $I_{\text{L\_rate}} + \Delta I_{\text{p}}$，就不会产生电压尖峰；但 d 阶跃减小时却会影响变换器电压尖峰的消除效果。具体分析如下。

图 4.15(a) 所示为本周期变换器的波形，各变量加标号 (i) 表示；图 4.15(b)～(d) 所示为下周期改变直通占空比 d 为不同值后对应的三种不同情况的波形，各变量加标号 $(i+1)$ 表示。设图 4.15(a) 中直通占空比为 $d(i)$，变压器电流断续时间为 $d_{\text{break}}(i)T_{\text{s}}$，HB1 中二极管的续流时间为 $d'(i)T_{\text{s}}$。在下周期，当直通占空比从 $d(i)$ 开始减小时，根据占空比减小值的不同，变压器电流会呈现不同的波形。由于电感电流不会突变，故 $i_{\text{L}}(i+1) = i_{\text{L}}(i)$。当直通占空比减小到 $d(i+1) = d(i) - d_{\text{break}}(i)$ 时，变压器电流 i_{p} 开始变为连续，如图 4.15(b) 所示。当直通占空比减小到 $d(i+1) = d(i) - d_{\text{break}}(i) - d'(i)$ 时，变压器电流随时间变化的波形表现为梯形，如图 4.15(c) 所示，即变压器电流在二次侧电压的作用下开始增加，当其第一次与 i_{L} 相等时，就立即使 HB1 从四个开关管全部导通的状态变为对角导通状态（L_{σ} 与 L 串联在一起）；当直通占空比减小到 $d(i+1) < d(i) - d_{\text{break}}(i) - d'(i)$ 时，会使变压器电流在未上升到 i_{L} 时就将 L_{σ} 与 L 串联在一起，由于 L 很大，L_{σ} 上的电流在远小于开关周期的时间内被钳位到 i_{L}，因此会产生电压

尖峰,如图 4.15(d) 所示。

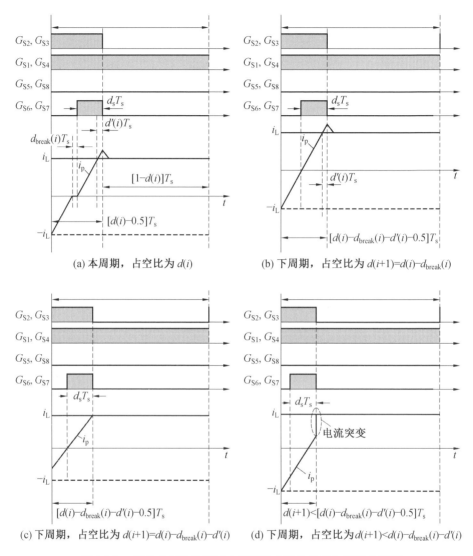

(a) 本周期,占空比为 $d(i)$

(b) 下周期,占空比为 $d(i+1)=d(i)-d_{break}(i)$

(c) 下周期,占空比为 $d(i+1)=d(i)-d_{break}(i)-d'(i)$

(d) 下周期,占空比为 $d(i+1)<d(i)-d_{break}(i)-d'(i)$

图 4.15   直通占空比阶跃减小时暂态电压尖峰产生机理的波形

综上所述,在每个周期内,直通占空比的减小值都不能超过上个周期所对应的 $d_{break}(i)$ 与 $d'(i)$ 的和。

由图 4.15 (a) 可知,变压器电流的断续时间 $d_{break}(i)T_s$ 为 $[d(i) - 0.5 - d_s]T_s$ 减去变压器电流 i_p 从 $-i_L$ 变为零的时间;而 HB1 中二极管的续流时间

$d'T_s$ 为变压器电流 i_p 从峰值减小到与电感电流 i_L 相等所需的时间。变压器电流的断续时间 $d_{break}T_s$ 和二极管的续流时间 $d'T_s$ 之和定义为直通占空比的单次最大减少值 $\Delta d_{sub\_max}T_s$。根据图 4.15，$d_{break}(i)$、$d'(i)$ 与 $\Delta d_{sub\_max}(i)$ 分别为

$$d_{break}(i) = \frac{d(i)-0.5-d_s-I_L(i)L_\sigma}{nU_2(i)T_s} \tag{4.70}$$

$$d'(i) = \frac{L_\sigma}{nU_2(i)T_s}\left[I_{L\_rate}+\Delta I_p - I_L(i)\right] = d_s - \frac{I_L(i)L_\sigma}{nU_2(i)T_s} \tag{4.71}$$

$$\Delta d_{sub\_max}(i) = d(i)-0.5-\frac{2I_L(i)L_\sigma}{nU_2(i)T_s} \tag{4.72}$$

　　直通占空比 d 的变化率约束的基本思想就是将测得的电感电流值代入式 (4.72)，从而得到每个开关周期的直通占空比允许减小的裕度。其基本流程如下。

　　(1) 采样本周期的电感电流 $I_L(i)$ 和输出电压 $U_2(i)$，通过闭环控制器计算其输出 $d_{out}(i+1)$。

　　(2) 如果 $d_{out}(i+1)$ 比本周期的占空比 $d(i)$ 大，令下周期的占空比 $d(i+1)$ 等于 $d_{out}(i+1)$。否则，将 $I_L(i)$ 和 $U_2(i)$ 代入式 (4.70) ～ (4.72)，可得占空比的单次最大减小值 $\Delta d_{sub\_max}(i)$。

　　(3) 如果本周期的占空比 $d(i)$ 与控制器的输出 $d_{out}(i+1)$ 的差小于单次最大减小值 $\Delta d_{sub\_max}(i)$，同样令 $d(i+1)$ 等于 $d_{out}(i+1)$。否则，令下周期的直通占空比 $d(i+1)$ 等于 $d(i)-\Delta d_{sub\_max}(i)$。

　　直通占空比下降率约束的计算流程如图 4.16 所示。

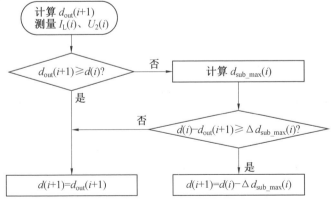

图 4.16　直通占空比下降率约束的计算流程

4.4 交错并联电流源谐振式隔离型 DC－DC 变换器

4.4.1 拓扑结构及工作过程分析

交错并联电流源谐振式隔离型 DC－DC 变换器拓扑结构如图 4.17 所示。输入电感 L_1、L_2 及开关管 $S_1 \sim S_4$ 构成低压侧交错并联升压变换器,既能有效降低输入电流纹波,又可通过调节下开关管占空比将输入电压提升至合适水平,保证变换器高效工作。开关管 $S_5 \sim S_8$ 及输出分压电容 C_{H1}、C_{H2} 构成高压侧半桥式三电平变换器。L_r、C_r 组成谐振网络作为中间储能环节实现功率传输。同时 C_r 作为高压侧三电平变换器的一部分,其电压平均值为高压侧电压的一半。低压侧和高压侧通过高频变压器实现电气隔离及电压匹配,变压器匝数比为 $n:1$。理想情况下输入电感 L_1、L_2 及输出分压电容 C_{H1}、C_{H2} 应完全相同。

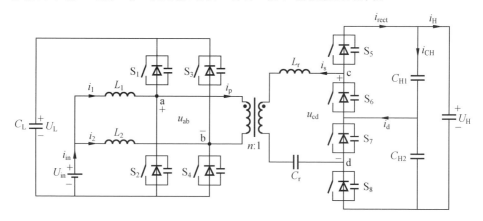

图 4.17 交错并联电流源谐振式隔离型 DC－DC 变换器拓扑结构

变换器可实现双向功率传输,其中低压侧到高压侧为升压运行,反之为降压运行。两种工作模式下的控制策略完全相同,因此这里仅对升压模式下的工作原理进行详细分析。忽略死区时间,升压模式下,在固定开关频率 PWM 加双移相调制策略下,变换器关键工作波形如图 4.18 所示。通过调节低压侧全桥下开关管占空比 d_1 可以将输入电压 U_{in} 提升至合适水平,同时借助开关管复用在变压器低压侧产生等效交流电源 u_{ab},高压侧采用交错 PWM 电压均衡调制策略,通过非对称开关管控制实现电压共享,并在高压侧产生等效交流电源 u_{cd}。同时,谐振电容 C_r 可滤除 u_{cd} 中的直流分量,进一步通过控制变压器两侧等效交流电源间的外移相角调节传输功率的大小和方向,这里定义一次侧与二次侧变换器交流输出电压 u_{ab} 和 u_{cd} 中性点之间的相位差为外移相角 $D_{\varphi 1}$。

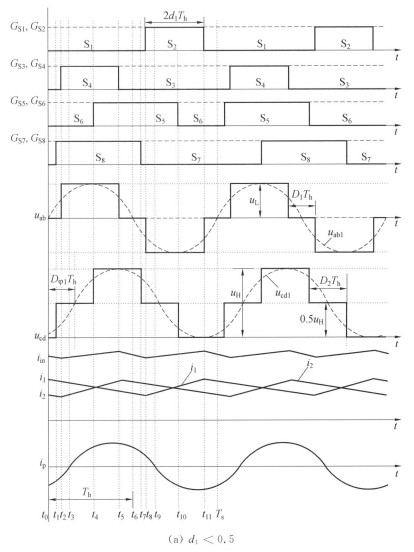

(a) $d_1 < 0.5$

图 4.18　双移相调制策略下变换器关键工作波形

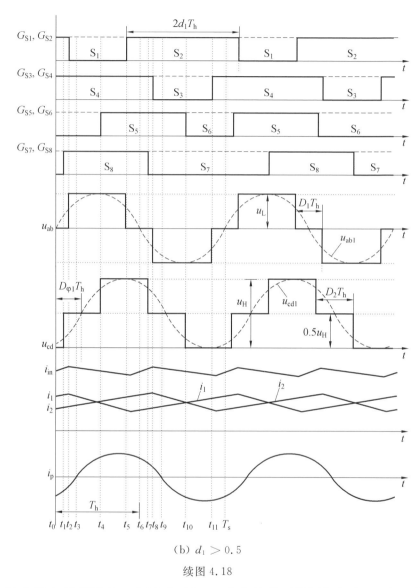

（b）$d_1 > 0.5$

续图 4.18

结合图 4.18 所示的工作波形可知，一个完整的开关周期包含 12 个工作模态。考虑到相似性，对 $d_1 < 0.5$ 情况下，$[t_0, t_6)$ 所示半个周期内各区间变换器工作状态进行简要描述，各区间变换器等效电路如图 4.19 所示。

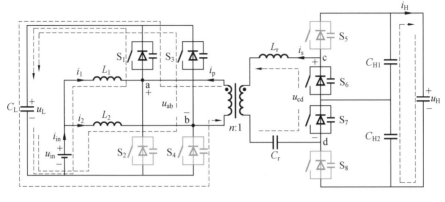

$(a)[t_0，t_1)$

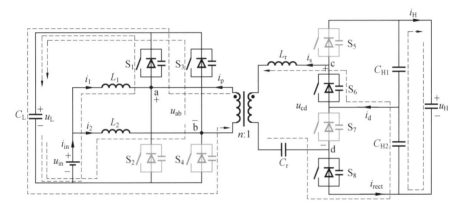

$(b)[t_1，t_2)$

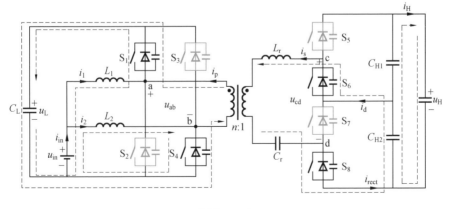

$(c)[t_2，t_3)$

图 4.19　各区间变换器等效电路

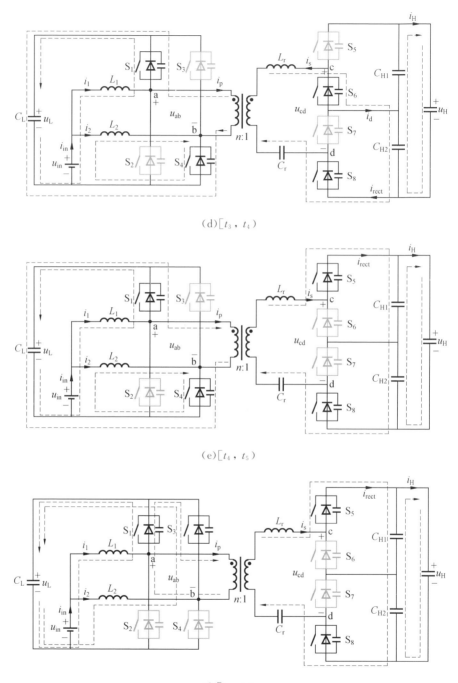

（d）$[t_3，t_4)$

（e）$[t_4，t_5)$

（f）$[t_5，t_6)$

续图 4.19

[t_0，t_1）区间：如图 4.19（a）所示，开关管 S_1、S_3、S_6、S_7 保持导通状态，等效交流电源电压 $u_{ab}=0$，$u_{cd}=0$，谐振网络所储存能量通过开关管 S_6、S_7 及 S_1、S_3 的寄生二极管反馈至低压母线，变压器一、二次侧谐振电流 i_p 和 i_s 反向减小。同时，U_{in} 和输入电感 L_1、L_2 通过开关管 S_1、S_3 共同为低压侧母线电容 C_L 充电。

$$\frac{\mathrm{d}i_1}{\mathrm{d}t}=\frac{\mathrm{d}i_2}{\mathrm{d}t}=\frac{U_{in}-u_L}{L} \tag{4.73}$$

[t_1，t_2）区间：如图 4.19（b）所示，t_1 时刻，S_7 关断，S_8 导通，$u_{cd}=\frac{1}{2}U_H$，变压器谐振电流 i_p 和 i_s 通过开关管 S_6、S_8 及 S_1、S_3 的寄生二极管继续反向减小。

[t_2，t_3）区间：如图 4.19（c）所示，t_2 时刻，S_3 关断，S_4 导通，$u_{ab}=u_L$，U_{in} 和 L_1 继续通过开关管 S_1 共同为低压侧母线电容 C_L 充电，同时，U_{in} 通过开关管 S_4 为输入电感 L_2 充电。

$$\frac{\mathrm{d}i_2}{\mathrm{d}t}=\frac{U_{in}}{L} \tag{4.74}$$

[t_3，t_4）区间：如图 4.19（d）所示，t_3 时刻，变压器谐振电流 i_p 和 i_s 反向减小至零后，开始正向增加，并通过开关管 S_1、S_4、S_6、S_8 将低压侧功率传输至高压侧。

[t_4，t_5）区间：如图 4.19（e）所示，t_4 时刻，S_6 关断，S_5 导通，谐振电流从 S_6 换相至 S_5，u_{cd} 变为 U_H，即高压侧可产生三电平等效电源。

[t_5，t_6）区间：如图 4.19（f）所示，t_5 时刻，S_4 关断，S_3 导通，$u_{ab}=0$，谐振电流不能突变，开始正向减小，谐振网络通过开关管 S_3、S_5、S_8 及 S_1 的寄生二极管向高压侧释放储存能量。同时，U_{in} 和 L_2 再次借助开关管 S_2 为低压侧母线电容 C_L 充电。

$d_1>0.5$ 情况下，变换器工作过程和上述分析类似，只是低压侧等效交流电源的零电平时间段内，由 S_1 和 S_3 同时导通变为 S_2 和 S_4 同时导通。

结合上述分析可知，低压侧采用电流源交错并联全桥结构，不仅可保证低压侧输入电流的连续性和低纹波特性，且通过开关管复用，既可实现对低压侧母线电压的升压控制，又可产生等效三电平交流电压，即调节低压侧全桥下开关管占空比 d_1 既可以调节低压侧母线电压 u_L，又可以控制输入侧等效交流电源内移相角 D_1，即

$$u_L=\frac{U_{in}}{1-d_1}\quad(d_1\in(0,1)) \tag{4.75}$$

$$\begin{cases} D_1 = 1 - 2d_1 & (0 < d_1 \leqslant 0.5) \\ D_1 = 2d_1 - 1 & (0.5 < d_1 < 1) \end{cases} \tag{4.76}$$

4.4.2　稳态特性分析

变换器采用固定开关频率控制，且开关频率 f_s 稍大于谐振槽谐振频率 f_r。因此，采用基波近似法分析变换器的稳态工作特性，即忽略谐振电流及变压器两端等效交流电源的所有谐波分量，假设功率仅通过基波分量传输，将变压器参数均统一至一次侧，此时，变换器的等效分析电路如图 4.20 所示，其中，u_{ab1}、i_{p1} 和 u'_{cd1} 分别代表等效交流电源 u_{ab} 和 u'_{cd} 及变压器一次侧谐振电流 i_p 的基波分量，且 $u'_{cd} = nu_{cd}$。

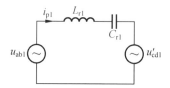

图 4.20　变换器的等效分析电路

首先，为简化分析，将谐振槽谐振频率 f_r 作为开关频率的基值，则标幺化开关频率可表示为

$$F_B = f_r = \frac{1}{2\pi\sqrt{L_r C_r}} \tag{4.77}$$

$$F_{s\_p.u.} = \frac{f_s}{F_B} \tag{4.78}$$

进一步使用如下所示的基值：

$$U_B = U_{in}, \quad Z_B = X_s, \quad I_{pB} = \frac{U_{in}}{X_s}, \quad P_B = U_B I_{pB} = \frac{U_{in}^2}{X_s} \tag{4.79}$$

式中，U_{in} 为低压侧输入电压；X_s 为谐振网络特性阻抗，X_s 可表示为

$$X_s = \left(F_{s\_p.u.} - \frac{1}{F_{s\_p.u.}}\right)\sqrt{\frac{L_{r1}}{C_{r1}}}$$

由此得到谐振网络两端等效交流电压源基波分量的标幺值为

$$u_{ab1\_p.u.}(t) = \frac{4}{\pi}\frac{\sin d_1\pi}{(1-d_1)}\sin(\omega_s t + D_{\varphi1}\pi) \tag{4.80}$$

$$u_{cd1\_p.u.}(t) = \frac{4k}{\pi}\cos D_2\frac{\pi}{2}\sin\omega_s t \tag{4.81}$$

$$k=\frac{nU_{\mathrm{H}}}{2U_{\mathrm{in}}}\qquad(4.82)$$

式中，$d_1 \in (0,1)$，$D_2 \in (0,1]$，$D_{\varphi1} \in [-0.5,0.5]$。

利用叠加原理，变压器一次侧谐振电流标幺值可表示为

$$i_{\mathrm{p1\_p.u.}}(t)=\frac{4}{\pi}\left[\frac{\sin d_1\pi}{1-d_1}\sin\left(\omega_{\mathrm{s}}t+D_{\varphi1}\pi-\frac{\pi}{2}\right)-k\cos D_2\frac{\pi}{2}\sin\left(\omega_{\mathrm{s}}t-\frac{\pi}{2}\right)\right]$$

$$(4.83)$$

计算 $\dfrac{\mathrm{d}i_{\mathrm{p1\_p.u.}}(t)}{\mathrm{d}t}=0$，得到谐振电流基波分量峰值时间 $\omega_{\mathrm{s}}t_{\mathrm{p}}$ 为

$$\omega_{\mathrm{s}}t_{\mathrm{p}}=\arctan\frac{\dfrac{\sin d_1\pi}{1-d_1}\sin D_{\varphi1}\pi}{k\cos D_2\dfrac{\pi}{2}-\dfrac{\sin d_1\pi}{1-d_1}\cos D_{\varphi1}\pi}\qquad(4.84)$$

将式(4.84)代入式(4.83)得到谐振电流基波分量峰值标幺值和有效值标幺值为

$$i_{\mathrm{p1p\_p.u.}}=\frac{4}{\pi}\sqrt{\left(\frac{\sin d_1\pi}{1-d_1}\right)^2-2k\frac{\sin d_1\pi}{1-d_1}\cos D_2\frac{\pi}{2}\cos D_{\varphi1}\pi+\left(k\cos D_2\frac{\pi}{2}\right)^2}$$

$$(4.85)$$

$$i_{\mathrm{p1r\_p.u.}}=\frac{\sqrt8}{\pi}\sqrt{\left(\frac{\sin d_1\pi}{1-d_1}\right)^2-2k\frac{\sin d_1\pi}{1-d_1}\cos D_2\frac{\pi}{2}\cos D_{\varphi1}\pi+\left(k\cos D_2\frac{\pi}{2}\right)^2}$$

$$(4.86)$$

假设等效电路可实现无损功率传输，通过输出侧电压基波分量计算变换器的平均传输功率，则每个开关周期内传输平均功率归一化值为

$$P_{\mathrm{av}}=\frac{1}{T_{\mathrm{s}}}\int_0^{T_{\mathrm{s}}}P_{\mathrm{out}}(t)\mathrm{d}t=\frac{8k}{\pi^2}\frac{\sin d_1\pi}{1-d_1}\cos D_2\frac{\pi}{2}\sin D_{\varphi1}\pi\qquad(4.87)$$

$$P_{\mathrm{av}}=\frac{8k}{\pi^2}G\qquad(4.88)$$

$$G=\frac{\sin d_1\pi}{1-d_1}\cos D_2\frac{\pi}{2}\sin D_{\varphi1}\pi\qquad(4.89)$$

G 代表每个开关周期下负载的方向与等级，变换器传输功率方向由外移相角 $D_{\varphi1}$ 的极性决定，而传输功率则由低压侧桥式变换器下开关管占空比 d_1、高压侧内移相角 D_2 及外移相角 $D_{\varphi1}$ 共同决定。

传输相同功率情况下，三个自由度 $(d_1,D_2,D_{\varphi1})$ 有无穷多个组合，且不同组

合下,谐振电流有效值差别较大,因此需要引入约束条件,确定三个自由度间的匹配关系。

4.4.3 全局最小谐振电流有效值优化调制策略

本节以期望传输功率 $P_{\mathrm{av}}^{*}=G^{*}$ 时,实现最小谐振电流有效值运行为目标,寻找最优工作点 $(d_1,D_2,D_{\varphi1})$。因此,谐振电流目标优化函数及相应约束条件可表示为

$$最小化 \quad i_{\mathrm{p1r\_p.u.}}(d_1,D_2,D_{\varphi1}) \tag{4.90}$$

$$G(d_1,D_2,D_{\varphi1})-G^{*}=0, \quad 0<d_1<1, \quad 0\leqslant D_2<1, \quad -0.5\leqslant D_{\varphi1}\leqslant 0.5 \tag{4.91}$$

本节利用 KKT 拉格朗日乘子法对含有上述约束条件的非线性优化问题进行求解,三个控制变量 d_1、D_2、$D_{\varphi1}$ 间的关系可用满足 KKT 条件的拉格朗日函数 L 表示。

$$L(d_1,D_2,D_{\varphi1},\lambda,\mu)=i_{\mathrm{p1r\_p.u.}}(d_1,D_2,D_{\varphi1})+\lambda[G(d_1,D_2,D_{\varphi1})-G^{*}]+$$
$$\sum_{j=1}^{q}\mu_j g_j(d_1,D_2,D_{\varphi1}) \tag{4.92}$$

式中,λ 为拉格朗日函数 L 的等式约束 KKT 乘数。拉格朗日函数 L 的等式约束定义为

$$G(d_1,D_2,D_{\varphi1})-G^{*}=0 \tag{4.93}$$

μ_j 为拉格朗日函数 L 的不等式约束 KKT 乘数,拉格朗日函数 L 的不等式约束定义为

$$\begin{cases} g_1(d_1,D_2,D_{\varphi1})=-d_1 \\ g_2(d_1,D_2,D_{\varphi1})=d_1-1 \\ g_3(d_1,D_2,D_{\varphi1})=-D_2 \\ g_4(d_1,D_2,D_{\varphi1})=D_2-1 \\ g_5(d_1,D_2,D_{\varphi1})=-D_{\varphi1}-1 \\ g_5(d_1,D_2,D_{\varphi1})=D_{\varphi1}-1 \end{cases} \tag{4.94}$$

通过式(4.94)求得的目标函数最优工作点 $G^{*}=(d_1^{*},D_2^{*},D_{\varphi1}^{*})$ 应满足如下所示的 KKT 条件。

$$\begin{cases}
\dfrac{\partial L}{\partial d_1}\bigg|_{G=G^*}=0 \\[2mm]
\dfrac{\partial L}{\partial D_2}\bigg|_{G=G^*}=0 \\[2mm]
\dfrac{\partial L}{\partial D_{\varphi 1}}\bigg|_{G=G^*}=0 \\[2mm]
\lambda \neq 0 \\[1mm]
L(d_1,\ D_2,\ D_{\varphi 1})-L(G^*)=0 \\[1mm]
\mu_j \geqslant 0 \\[1mm]
g_j(G=G^*)\leqslant 0 \\[1mm]
\mu_j g_j(G=G^*)=0 \quad (j=1,2,\cdots,6)
\end{cases} \tag{4.95}$$

进而得到如下公式：

$$\begin{cases}
D_2^*=0 \\[2mm]
k=\cos D_{\varphi 1}\pi \cdot \dfrac{\sin d_1\pi}{1-d_1} \\[2mm]
L^*=k\tan D_{\varphi 1}\pi
\end{cases} \tag{4.96}$$

进一步可以求得 KKT 条件下的最优解，即得到最小谐振电流有效值的全局最优工作点 $G^*=(d_1^*,\ D_2^*,\ D_{\varphi 1}^*)$ 为

$$\begin{cases}
\dfrac{\sin d_1^*\pi}{1-d_1^*}=\sqrt{k^2+G^{*2}} \\[2mm]
D_2^*=0 \\[2mm]
D_{\varphi 1}^*=\dfrac{1}{\pi}\arctan \dfrac{G^*}{k}
\end{cases} \tag{4.97}$$

式中，$0<k<\sqrt{\pi^2-G^{*2}}$。

在全局最优工作点 $G^*=(d_1^*,\ D_2^*,\ D_{\varphi 1}^*)$ 下，控制变量随 G^* 变化曲线如图 4.21 所示。首先保证高压侧内移相角为零，使其有效电压作用时间最长，此时两侧等效交流电源间的外移相角 $D_{\varphi 1}$ 会随期望传输功率的增加而增大，同时为保证传输相同功率下，谐振电流有效值最小，低压侧全桥变换器下开关管占空比 d_1 会相应增加，以调节低压侧母线电压至合适值。

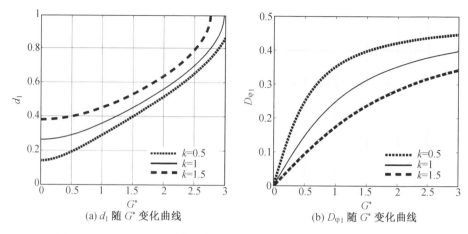

(a) d_1 随 G^* 变化曲线   (b) D_{φ_1} 随 G^* 变化曲线

图 4.21 $F = 1.11$ 时最优工作点下变换器控制变量值随 G^* 变化曲线

4.5   本 章 小 结

    本章重点分析了升压型电流源隔离型 DC — DC 变换器、双向升降压电流源隔离型 DC — DC 变换器的拓扑结构、工作原理、调制策略和基本工作特性,以及交错并联电流源隔离型 DC — DC 变换器的拓扑结构和工作特性。升压型电流源隔离型 DC — DC 变换器具有理论上最低的开关管电流应力,但是在确定的功率传输方向只能实现升压或降压运行,电压转换范围较窄。升降压型电流源隔离型 DC — DC 变换器在保留了升压型电流源隔离型 DC — DC 变换器的低开关管电流应力的前提下,实现了两个功率传输方向上的升降压运行,拓宽了电流源隔离型 DC — DC 变换器的电压转换范围,从而使其可适应更为宽泛的应用场合。交错并联电流源谐振式隔离型 DC — DC 变换器的本质是一种交错并联升压变换器与谐振式隔离型变换器的复合结构,具有更高的控制自由度。结合谐振电流有效值最优化调制策略,使其具有输入电流连续、工作效率高、电压转换范围宽等优点,进一步拓宽了电流源隔离型 DC — DC 变换器的适用范围。

第 5 章

单相高频隔离型 AC − DC 变换器

隔 离型 AC−DC 变换器在交流并网型清洁能源发电系统、储能系统和电动车充放电系统中获得了广泛应用。本章首先简述两级式高频隔离型 AC−DC−DC 变换器的统一结构和技术特点；然后分析单相准单级式双有源桥高频隔离型 AC−DC 变换器的工作原理和调制策略；最后分析一种单相单级式电流型高频隔离型 AC−DC 变换器的工作原理，并给出一种可消除电压尖峰的调制策略。

5.1　概　　述

隔离型 AC－DC 变换器在交流并网型清洁能源发电系统、储能系统和电动车充放电系统中获得了广泛应用。交流侧与直流侧之间的电气隔离有利于系统的安全运行,同时可以实现双向升降压运行。在拓扑结构方面,最早采用工频变压器来实现隔离型 AC－DC 变换器。该方案能够实现功率变换系统与交流电网的电气隔离,并能够减少变换器短路故障对电网的二次影响。但是工频变压器具有体积大、质量重、存在工频噪声等问题。目前隔离型 AC－DC 变换器正朝着高频化、高功率密度和高效率的方向发展。一种较为成熟的高频隔离方案是两级式 AC－DC－DC 变换,通过隔离型 DC－DC 变换器实现变压器的高频化运行,从而降低系统体积和质量。目前一种新兴方案是单级式高频隔离型 AC－DC 变换技术,通过一级结构同时实现高频电气隔离和 AC－DC 变换。

本章首先简述两级式高频隔离型 AC－DC－DC 变换器的统一结构和技术特点;然后分析单相准单级式双有源桥高频隔离型 AC－DC 变换器的工作原理和调制策略;最后分析一种单相单级式电流型高频隔离型 AC－DC 变换器的工作原理,并给出一种可消除电压尖峰的调制策略。

5.2　两级式高频隔离型 AC－DC－DC 变换器

图 5.1 所示为两级式高频隔离型 AC－DC－DC 变换器的统一结构。该结构包括两部分:一部分为非隔离型的 AC－DC 逆变器;另一部分为包含高频变压器的 DC－DC 变换器。下面简要阐述这两部分的功能。

AC－DC 变换器的功能包括以下几点。

（1）将直流母线电压转换为交流电压或电流。

（2）控制直流母线电压保持恒定。

（3）控制交流电压或电流的波形为正弦波。

DC－DC 变换器的功能包括以下几点。

（1）实现基本的电气隔离功能，将直流电压转换为高频交流电压，再将另一侧的高频交流电压经整流后转换为直流电压。

（2）实现直流输出电压、功率的实时调节。

目前，在隔离型 DC－DC 变换器和 AC－DC 变换器两个方面均已有大量的研究成果，涌现了一大批具有优良性能的拓扑结构和控制策略。上述研究成果均可以应用到这种两级式结构中。理论上，这种两级式结构可以实现宽范围的电压、功率转换，并可实现双向功率传输。然而两级结构通常需要在直流母线上加入较大容值的电解电容，这将带来如下问题。

（1）大容值电解电容造成系统体积较大，同时整个系统的使用寿命直接受限于电解电容的寿命，整体寿命较低。

（2）AC－DC 变换器难以实现所有开关管在整个工作范围内的软开关运行，造成效率提升困难。

（3）两级式结构控制较为复杂，不利于提高系统集成度。

（4）两级式结构输出、输入阻抗相互耦合，需单独对其稳定性进行分析和参数设计。

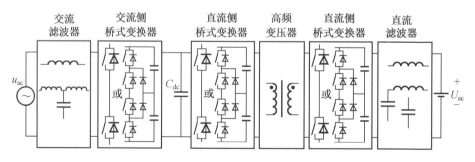

图 5.1　两级式高频隔离型 AC－DC－DC 变换器的统一结构

5.3　单相准单级式双有源桥高频隔离型 AC－DC 变换器

5.3.1　拓扑结构

单相准单级式双有源桥高频隔离型 AC－DC 变换器拓扑结构如图 5.2 所示。该结构由前级同步整流器和后级双有源桥变换器组成，与标准两级式结构的区别是，直流母线电压不再是恒定值，而是交流电压经过整流后的电压波形，因此直流侧电容不再起支撑直流母线电压恒定的作用，而是与交流侧电感构成一个 LC 滤波器，滤除高频电流纹波。直流侧电容的容值很小，一般在数十微法。

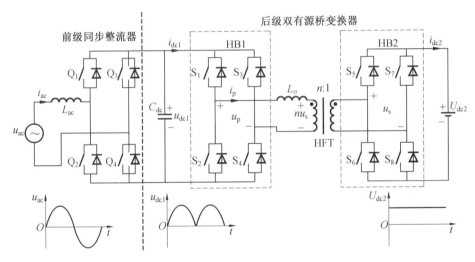

图 5.2　单相准单级式双有源桥高频隔离型 AC－DC 变换器拓扑结构

在图 5.2 所示后级双有源桥变换器中，HB1 和 HB2 分别表示两个全桥变换器；u_p 和 u_s 分别表示 HB1 和 HB2 的交流侧输出电压；u_{dc1} 和 U_{dc2} 分别表示 HB1 和 HB2 直流侧输入电压；i_{dc1} 和 i_{dc2} 分别表示 HB1 和 HB2 直流侧电流；n 表示高频变压器 HFT 的变比；i_p 表示流经变压器一次侧的电流。

忽略交流侧滤波器压降，以功率由交流侧向直流侧传输为例对准单级式变换器工作原理进行分析，并假定变换器工作在单位功率因数，即交流侧电流与交流电源电压同相位。交流电源电压经同步整流后在滤波电容 C_{dc} 上得到单极性脉动电压 u_{dc1},其表达式为

$$u_{dc1} = U_m |\sin \omega_1 t| \tag{5.1}$$

式中,U_m 为交流电源电压幅值;ω_1 为交流电源电压角频率。

由于后级双有源桥变换器的开关频率远大于交流电源频率,HB1 输入电压 u_{dc1} 在开关周期层面可视为恒值,因此后级双有源桥变换器与双有源桥 DC — DC 变换器的工作原理在开关周期层面完全一致。但为维持交流电源侧电流 i_g 的正弦性,HB1 在开关周期 T_s 内的期望交流侧传输电流平均值 $\langle i_{dc1} \rangle_{T_s}^*$ 是逐个开关周期不断变化的,其表达式为

$$\langle i_{dc1} \rangle_{T_s}^* = I_m^* |\sin \omega_1 t| \tag{5.2}$$

式中,I_m^* 为期望交流侧传输电流幅值。

理论上将式(5.2)作为开关周期 T_s 内 HB1 输入平均电流的期望值,然后对后级双有源桥变换器做移相调制即可实现 AC — DC 升降压变换和双向功率传输。

5.3.2 单移相调制及电流耦合问题分析

图 5.3 所示为单移相调制策略下后级双有源桥变换器开关周期层面工作波形。$D_{\varphi 1}$ 和 $D_{\varphi 2}$ 分别为相邻开关周期 T_{s1} 和 T_{s2} 的外移相角,$\langle i_{dc} \rangle_{Ts1}$ 和 $\langle i_{dc2} \rangle_{Ts2}$ 分别为相邻两开关周期内变换器交流侧传输平均电流。首先求取 $\langle i_{dc1} \rangle_{Ts1}$ 的表达式。由图 5.2 可知,变压器电流 i_p 在 $t \in [t_0, t_4]$ 内可表示为

$$i_p = \begin{cases} i_p(t_0) + (u_{dc1} + nU_{dc2})/L_\sigma \cdot t & (t \in [t_0, t_1) = D_{\varphi 1} T_s/2) \\ i_p(t_1) + (u_{dc1} - nU_{dc2})/L_\sigma \cdot t & (t \in [t_1, t_2) = (1 - D_{\varphi 1}) T_s/2) \\ i_p(t_2) - (u_{dc1} + nU_{dc2})/L_\sigma \cdot t & (t \in [t_2, t_3) = D_{\varphi 1} T_s/2) \\ i_p(t_3) - (u_{dc1} - nU_{dc2})/L_\sigma \cdot t & (t \in [t_3, t_4) = (1 - D_{\varphi 1}) T_s/2) \end{cases} \tag{5.3}$$

由图 5.3 可知,$\langle i_{dc1} \rangle_{Ts1}$ 的计算式为

$$\langle i_{dc1} \rangle_{Ts1} = \frac{1}{T_s} \left(\int_{t_0}^{t_2} i_p dt + \int_{t_2}^{t_4} (-i_p) dt \right) \tag{5.4}$$

由式(5.3)和式(5.4)可推导出 $\langle i_{dc1} \rangle_{Ts1}$ 的表达式为

$$\langle i_{dc1} \rangle_{Ts1} = i_p(t_0) + \frac{[u_{dc1} + nU_{dc2}(-2D_{\varphi 1}^2 + 4D_{\varphi 1} - 1)] T_s}{4L_\sigma} \tag{5.5}$$

同理，$\langle i_{dc1}\rangle_{Ts2}$ 可表示为

$$\langle i_{dc1}\rangle_{Ts2}=i_p(t_4)+\frac{\left[u_{dc1}+nU_{dc2}\left(-2D_{\varphi2}^2+4D_{\varphi2}-1\right)\right]T_s}{4L_\sigma} \quad (5.6)$$

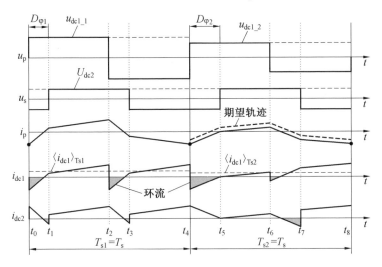

图 5.3　单移相调制策略下后级双有源桥变换器开关周期层面工作波形

由式(5.5)和式(5.6)可知，变换器交流侧传输平均电流由当前移相角和开关周期初始时刻变压器电流共同决定。因此，若要获得$\langle i_{dc1}\rangle_{Ts1}$ 和$\langle i_{dc1}\rangle_{Ts2}$关于移相角的准确表达式，必须求取开关周期初始时刻的变压器电流值。在双有源桥 DC−DC 变换器中，稳态情况下每个开关周期内变压器电流在正负半周期是对称的，从而可以确定开关周期初始时刻的变压器电流。但在图 5.2 所示的 AC−DC 变换器中，相邻开关周期内变换器交流侧的输入电压及期望平均电流均不相同，相邻开关周期内变压器电流波形也不相同。在变压器电流处于连续状态时相邻开关周期存在耦合，因此难以保证在每个开关周期内变压器电流在正负半周期的对称性。

若忽略相邻开关周期变压器电流的耦合效应而直接沿用双有源桥 DC−DC 变换器中的移相角计算式，这将导致变换器交流侧传输平均电流的控制存在误差，从而使变换器交流侧电流发生畸变。

另外，当功率由交流侧向直流侧传输时，在理想情况下 i_{dc1} 和 i_{dc2} 均不应小于零。但在图 5.3 所示的灰色区域中，由于变压器电压和电流极性相反，因此 i_{dc1} 和 i_{dc2} 出现了小于零的情况，即内部环流。该环流将增大变压器电流的有效值。由

于功率开关管的通态损耗和变压器的铜损均与变压器电流有效值直接相关,因此该环流会引起额外损耗。

根据表 5.1 中参数,图 5.4 所示为对双有源桥 DC－DC 变换器直接应用单移相调制策略的仿真波形。由图 5.4(a) 可知,在单移相调制策略下,交流电源侧电流存在明显畸变。由图 5.4(b) 可知,交流电源侧电流含有大量低次谐波,其总谐波畸变率(THD) 高约 24%,这极大地恶化了并网质量。由图 5.4(c) 可知,在单移相调制策略下,后级双有源桥变换器的两个直流侧电流均产生了内部环流。而由图 5.4(d) 可知,在单移相调制策略下,相邻开关周期变压器电流确实存在耦合。

表 5.1　单相准单级式变换器的仿真参数

参数	值	参数	值
交流电源电压幅值 U_m/V	311	变压器变比 n	1：1
交流电源电压频率 f_1/Hz	50	变压器漏感 $L_\sigma/\mu H$	45
直流侧电压 U_{dc2}/V	220	交流侧滤波电感 $L_{ac}/\mu H$	180
开关频率 f_s/kHz	50	交流侧滤波电容 $C_{dc}/\mu F$	5
额定功率 /kW	1.2	—	—

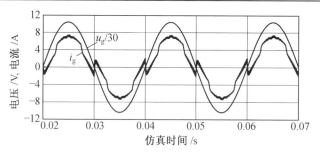

(a) 交流电源电压电流波形

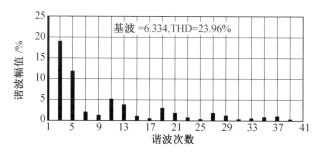

(b) 交流电源侧电流傅里叶分析结果

图 5.4　对双有源桥 DC－DC 变换器应用单移相调制策略的仿真波形

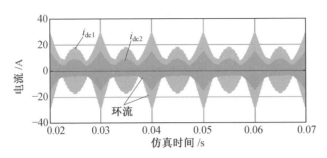

（c）变换器直流侧电流波形

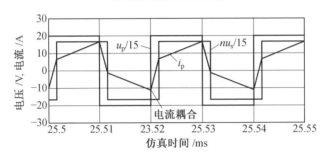

（d）变压器电压电流波形

续图 5.4

　　通过上述分析结果及仿真波形可知,单移相调制策略应用于单相准单级式拓扑时存在如下两大问题:① 相邻开关周期变压器电流的耦合使得交流侧传输电流产生误差,进而导致交流电源侧电流畸变;② 变换器内部环流会引起额外损耗。而在单移相调制策略下,若考虑相邻开关周期变压器电流的耦合效应,求解开关周期内变换器交流侧传输平均电流与移相角之间的表达式是极其困难的。因此,为准确控制变换器交流侧传输平均电流,必须采取措施使相邻开关周期变压器电流解耦,并且应设法消除内部环流以优化系统效率。

5.3.3　三移相调制及电流解耦控制

　　由前述分析可知,理论上准单级式变换器可以使用移相调制来进行控制。但是由式(5.5)和式(5.6)可知,每个开关周期的期望交流侧传输平均电流均会随交流电压相角的变化而变化,如果相邻开关周期的变压器电流之间存在耦合,则会导致难以直接通过控制移相角来精确控制交流侧的传输平均电流。下面对后级双有源桥变换器在该工况下的特性进行分析。

以功率由交流侧向直流侧传输为例，分析后级双有源桥变换器在一般三移相调制策略下的工作波形。图5.5所示为$u_{dc1} \geqslant nU_{dc2}$情况下三移相调制的一般性工作波形。

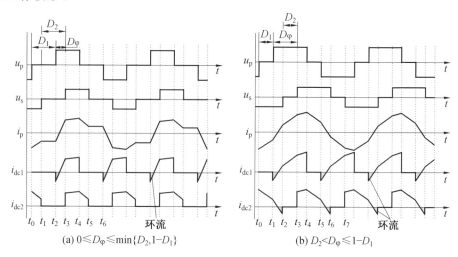

(a) $0 \leqslant D_\varphi \leqslant \min\{D_2, 1-D_1\}$ (b) $D_2 < D_\varphi \leqslant 1-D_1$

图5.5 $u_{dc1} \geqslant nU_{dc2}$情况下三移相调制的一般性工作波形

定义电压转换比$k = nU_{dc2}/u_{dc1}$，此时$k < 1$。图5.5中，HB1和HB2的两个内移相角分别定义为D_1和D_2，外移相角定义为D_φ。接下来对图5.5所示的两种工作情形进行分析。图5.5(a)所示为u_p的正输出电压区间与u_s的负输出电压区间无重叠的情况。在图5.5(a)中，假定t_2为一个开关周期的起始时刻，$i_p(t_1) = i_p(t_2)$且二者均小于零，此时u_p由零变为正的u_{dc1}。由于$i_p(t_2)$与u_p极性相反，因此i_{dc1}有一小段时间为负值，如图中灰色区域。这会造成环流，同时导致i_{dc1}产生较大波动，并且这将造成i_{dc1}的平均值与$i_p(t_2)$之间产生关联。由于$i_p(t_2)$由上一周期的电流波形决定，因此造成相邻开关周期的电流耦合。图5.5(b)所示为u_p的正输出电压区间与u_s的负输出电压区间存在重叠的情况。在图5.5(b)中，由于$i_p(t_1)$不为零且与u_p极性相反，这同样会导致相邻开关周期的电流耦合，同时在i_{dc1}中产生环流。除此之外，在$[t_1, t_2)$区间，i_{dc2}中也产生了环流，同样会造成较大的电流波动。通过上述分析可以简要总结无约束的三移相调制策略的问题：① 由于相邻开关周期存在电流耦合，因此本周期的有效平均电流不仅仅由本周期的三个移相角决定，还与上一周期变压器电流的终值有关，为每个开关周期的有效平均电流的精确控制带来较大困难；② 由于双有源桥变换器的两侧均产

生环流,因此会导致电流波动增加,并导致滤波器尺寸增加和损耗加大。

因此,为解决准单级式变换器存在的上述问题,需要对调制策略进行优化。根据对图 5.5 的分析,如果在每个开关周期的起始和终止时刻变压器电流均为零,即图 5.5(a)中 $i_p(t_2) = i_p(t_5) = 0$,则能够消除相邻开关周期的电流耦合。而通过对比图 5.5(a)和(b)可知,只有在 u_p 的正电压区间和 u_s 的负电压区间不重叠时,即保证二者极性相同时才能够消除 i_{dc2} 的环流。根据此思想可以获得一种普遍意义下的能够解决上述问题的工作波形,即变换器相邻开关周期变压器电流解耦后的工作波形,如图 5.6 所示。

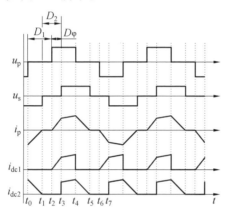

图 5.6　变换器相邻开关周期变压器电流解耦后的工作波形

第 3 章中详细分析了一种用于双有源桥 DC−DC 变换器的优化三移相调制策略。由其工作波形可知,该优化策略保证了每个开关周期变压器电流均由零开始、由零结束,可以满足这种单级式 AC−DC 变换器需实现相邻开关周期变压器电流解耦的要求。上述优化三移相调制策略同时实现了双直流侧环流的消除和变压器电流有效值的最小化运行,应用于单级式 AC−DC 变换器时同样可以实现工作效率的优化。

这种优化三移相调制策略的工作原理和各个移相角确切关系的求解过程已在第 3 章中进行了详细分析,在此不再赘述。该策略应用于准单级式 AC−DC 变换器时需做如下改动。首先是调制策略的输入变量由期望传输功率变为 HB1 输入平均电流值期望值,以获得正弦的交流侧电流波形。另外,为保持算法的完整性,这里详细给出了电压转换比在大范围变化时的不同区间的各个移相角与 HB1 输入平均电流值期望值 $\langle i_{dc1} \rangle_{Ts}^*$ 的关系。

当 $k < 1$ 且 $\langle i_{dc1} \rangle^{*}_{Ts} \in [0, \langle i_{dc1} \rangle_{Ts\_cri1}]$ 时,得

$$
\begin{cases}
D_1 = 1 - \sqrt{\dfrac{4L_\sigma \langle i_{dc1} \rangle^{*}_{Ts}}{(1-k) u_{dc1} T_s}} \\[4mm]
D_\varphi = 0
\end{cases}
\tag{5.7}
$$

当 $k < 1$ 且 $\langle i_{dc1} \rangle^{*}_{Ts} \in (\langle i_{dc1} \rangle_{Ts\_cri1}, \langle i_{dc1} \rangle_{Ts\_max}]$ 时,得

$$
\begin{cases}
D_1 = \dfrac{1}{k^2 + k + 1} - \sqrt{\dfrac{k}{k^2 + k + 1}\left(\dfrac{k^2}{k^2 + k + 1} - \dfrac{4L_\sigma \langle i_{dc1} \rangle^{*}_{Ts}}{u_{dc1} T_s}\right)} \\[4mm]
D_\varphi = 1 + \dfrac{1}{k}(1 - D_1)
\end{cases}
\tag{5.8}
$$

当 $k \geqslant 1$ 且 $\langle i_{dc1} \rangle^{*}_{Ts} \in [0, \langle i_{dc1} \rangle_{Ts\_cri2}]$ 时,得

$$
\begin{cases}
D_1 = 1 - \sqrt{\dfrac{4kL_\sigma \langle i_{dc1} \rangle^{*}_{Ts}}{(k-1) u_{dc1} T_s}} \\[4mm]
D_\varphi = \left(1 - \dfrac{1}{k}\right)(1 - D_1)
\end{cases}
\tag{5.9}
$$

当 $k \geqslant 1$ 且 $\langle i_{dc1} \rangle^{*}_{Ts} \in (\langle i_{dc1} \rangle_{Ts\_cri2}, \langle i_{dc1} \rangle_{Ts\_max}]$ 时,得

$$
\begin{cases}
D_1 = \dfrac{1}{k^2 + k + 1} - \sqrt{\dfrac{k}{k_1^2 + k + 1}\left(\dfrac{k^2}{k_1^2 + k + 1} - \dfrac{4L_\sigma \langle i_{dc1} \rangle^{*}_{Ts}}{u_{dc1} T_s}\right)} \\[4mm]
D_\varphi = 1 + \dfrac{1}{k}(1 - D_1)
\end{cases}
\tag{5.10}
$$

式中, $\langle i_{dc1} \rangle_{Ts\_cri1} = \dfrac{u_{dc1} T_s}{4L_\sigma}(k^3 - k^2)$, $\langle i_{dc1} \rangle_{Ts\_cri2} = \dfrac{u_{dc1} T_s}{4L_\sigma}\left(1 - \dfrac{1}{k}\right)$, $\langle i_{dc1} \rangle_{Ts\_max} = \dfrac{u_{dc1} T_s}{4L_\sigma}\dfrac{k^2}{k^2 + k + 1}$ 。

相应的功率由交流侧向直流侧传输时各区间开关周期内的工作波形,如图 5.7 所示。

由双有源桥变换器的基本工作原理可知,在保持内移相角不变的前提下,对于任意的期望传输平均电流,通过改变外移相角均可改变功率的传输方向。因此,在图 5.7 所示工作波形的基础上,保持 D_1 和 D_2 不变,并按照图 5.8 所示原则调整 D_φ,可在保持传输平均电流大小不变的前提下改变功率传输方向。对于图 5.8(a) 和 (c) 所示情形,有 $D_\varphi = D_1$;对于图 5.8(b) 所示情形,有 $D_\varphi = 1 - D_2 - (1 - D_1) = (1/k - 1)(1 - D_1)$;对于图 5.8(d) 所示情形,有 $D_\varphi = 0$。因此,对于功率由直流侧向交流侧传输的情形,三移相调制策略下的最终三移相角计算式

可表示为如下形式。

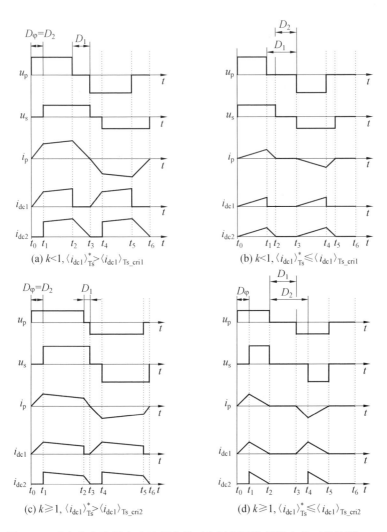

(a) $k<1$, $\langle i_{dc1}\rangle_{Ts}^* > \langle i_{dc1}\rangle_{Ts\_cri1}$

(b) $k<1$, $\langle i_{dc1}\rangle_{Ts}^* \leqslant \langle i_{dc1}\rangle_{Ts\_cri1}$

(c) $k\geqslant1$, $\langle i_{dc1}\rangle_{Ts}^* > \langle i_{dc1}\rangle_{Ts\_cri2}$

(d) $k\geqslant1$, $\langle i_{dc1}\rangle_{Ts}^* \leqslant \langle i_{dc1}\rangle_{Ts\_cri2}$

图 5.7　功率由交流侧向直流侧传输时各区间开关周期内的工作波形

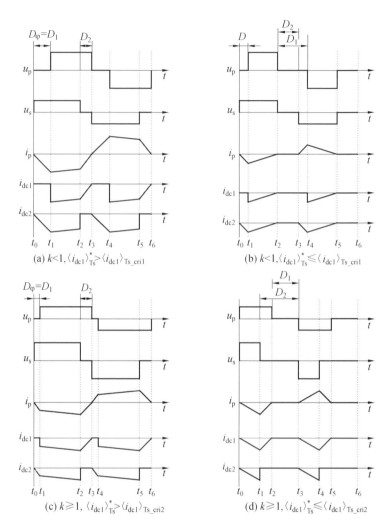

图 5.8 功率由直流侧向交流侧传输时各区间开关周期层面工作波形

当 $k < 1$ 且 $\langle i_{dc1} \rangle_{Ts}^* \in \left[0, \langle i_{dc1} \rangle_{Ts\_cri1}\right]$ 时,得

$$
\begin{cases}
D_1 = 1 - \sqrt{\dfrac{4L_\sigma \langle i_{dc1} \rangle_{Ts}^*}{(1-k)\, u_{dc1}\, T_s}} \\[3mm]
D_\varphi = \left(\dfrac{1}{k} - 1\right)(1 - D_1)
\end{cases}
\tag{5.11}
$$

当 $k < 1$ 且 $\langle i_{dc1} \rangle_{Ts}^* \in \left(\langle i_{dc1} \rangle_{Ts\_cri1},\ \langle i_{dc1} \rangle_{Ts\_max}\right]$ 时,得

$$\begin{cases} D_1 = \dfrac{1}{k^2+k+1} - \sqrt{\dfrac{k}{k^2+k+1}\left[\dfrac{k^2}{k^2+k+1} - \dfrac{4L_\sigma \langle i_{dc1}\rangle^*_{Ts}}{u_{dc1}T_s}\right]} \\ D_\varphi = D_1 \end{cases} \tag{5.12}$$

当 $k \geqslant 1$ 且 $\langle i_{dc1}\rangle^*_{Ts} \in \left[0, \langle i_{dc1}\rangle_{Ts\_cri2}\right]$ 时,得

$$\begin{cases} D_1 = 1 - \sqrt{\dfrac{4kL_\sigma \langle i_{dc1}\rangle^*_{Ts}}{(k-1)\,u_{dc1}T_s}} \\ D_\varphi = 0 \end{cases} \tag{5.13}$$

当 $k \geqslant 1$ 且 $\langle i_{dc1}\rangle^*_{Ts} \in \left(\langle i_{dc1}\rangle_{Ts\_cri2}, \langle i_{dc1}\rangle_{Ts\_max}\right]$ 时,得

$$\begin{cases} D_1 = \dfrac{1}{k^2+k+1} - \sqrt{\dfrac{k}{k^2+k+1}\left[\dfrac{k^2}{k^2+k+1} - \dfrac{4L_\sigma \langle i_{dc1}\rangle^*_{Ts}}{u_{dc1}T_s}\right]} \\ D_\varphi = D_1 \end{cases} \tag{5.14}$$

5.3.4   仿真验证

下面以功率由交流侧向直流侧方向传输为例,对准单级式变换器进行仿真验证。首先分析三移相调制策略交流侧的最大瞬时平均电流期望值,以便确定瞬时平均电流期望值的标幺值形式。可求得三移相调制策略下 HB1 输出平均电流最大值 $\langle i_{dc1}\rangle_{Ts\_max}$ 为

$$\langle i_{dc1}\rangle_{Ts\_max} = \dfrac{u_{dc1}T_s}{4L_\sigma}\dfrac{k^2}{k^2+k+1} \tag{5.15}$$

将 $\omega_1 t = \dfrac{\pi}{2}$ 代入式(5.15),HB1 所能输出的一个交流侧电流周期内的最大平均电流 $\langle i_{dc1}\rangle_{Ts\_max\_\omega 1 t=\frac{\pi}{2}}$ 为

$$\langle i_{dc1}\rangle_{Ts\_max\_\omega t=\frac{\pi}{2}} = \dfrac{U_m T_s}{4L_\sigma}\dfrac{k_m^2}{k_m^2+k_m+1} \tag{5.16}$$

式中,$k_m = nU_{dc2}/U_m$。因此,对于任意相角 $\omega_1 t$ 所对应的开关周期,HB1 期望输出平均电流 $\langle i_{dc1}\rangle^*_{Ts\_a\_\omega 1 t}$ 的标幺值可表示为

$$\langle i_{dc1}\rangle^*_{Ts\_\omega 1 t\_pu} = \dfrac{\langle i_{dc1}\rangle^*_{Ts\_\omega 1 t}}{\langle i_{dc1}\rangle_{Ts\_max\_\omega 1 t}=\frac{\pi}{2}} = a\,|\sin \omega_1 t| \tag{5.17}$$

式中,a 为交流侧电流的幅值调制比,其取值范围为 $0 < a \leqslant 1$。

以功率由交流侧向直流侧方向传输为例,对三移相调制策略进行仿真验证。由表 5.1 所示仿真参数可知,u_{dc1} 在 $0 \sim 311$ V 之间变化,U_{dc2} 为 220 V。瞬

时电压转换比 k 将在 $0 \sim 1.4$ 之间变化。由前述分析可知,三移相调制策略随着瞬时电压转换比 k 及平均电流期望的不同,所采用的计算公式也不同。图 5.9 以期望变换器交流侧传输平均电流幅值为 6 A 和 3 A 为例给出了三移相调制策略下半个工频周期内三移相角的变化曲线。由图可知,由于在半个工频周期内瞬时电压转换比 k 及平均电流期望值是随时间变化的,因此所获得的三移相角的变化曲线同样也是分段的。

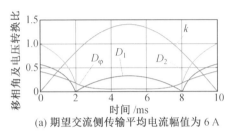

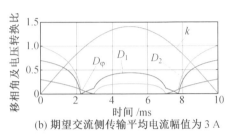

(a) 期望交流侧传输平均电流幅值为 6 A   (b) 期望交流侧传输平均电流幅值为 3 A

图 5.9   三移相调制策略下半个工频周期内三移相角的变化曲线

根据图 5.9 所示三移相角可以得到图 5.10 所示仿真波形。由图 5.10(a) 可知,在三移相调制策略下交流侧电流为正弦波形,表明优化三移相调制策略实现了各个开关周期变换器交流侧传输平均电流的准确控制。从图 5.10(b) 所示的 HB1 及 HB2 直流侧电流波形可知,二者在整个工频周期内均不小于零,这表明三移相调制策略彻底消除了后级双有源桥变换器的内部环流。图 5.10(c) 和(d) 所示为变压器电压 u_p、u_s 和变压器电流 i_p 的仿真波形。由图 5.10 所示开关周期层面变压器波形可知,三移相调制策略实现了相邻开关周期变压器电流解耦,从而保证了开关周期内变换器交流侧传输平均电流的准确控制,进而有效抑制了交流侧电流的畸变。

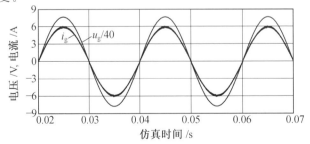

(a) 交流侧电压和电流波形

图 5.10   平均电流期望为 6 A 时的仿真波形

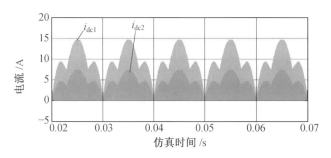

（b）HB1 及 HB2 直流侧输入电流 i_{dc1} 和 i_{dc2} 波形

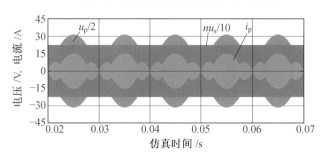

（c）HB1 和 HB2 交流输出电压 u_p 和 u_s 及变压器一次侧电流 i_p 波形

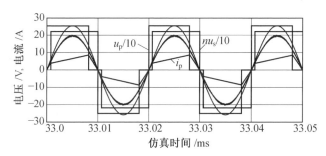

（d）变压器开关周期波形（电压为原来的 10%）

续图 5.10

5.3.5　死区的影响分析

上一节介绍了优化三移相调制策略的原理，并通过仿真结果进行了初步验证。然而在实际系统中，为避免桥臂直通，需要在同一桥臂的两个开关管的开关状态切换时刻加入死区时间。本节以功率由交流侧向直流侧传输为例，对加入死区后三移相调制策略在开关周期层面的工作过程进行分析，并推导加入死区后交流侧传输平均电流的表达式，以揭示加入死区后对优化三移相调制策略实际性能的影响。

图 5.11 所示为加入死区后优化三移相调制策略下(功率由交流侧向直流侧传输时)后级双有源桥变换器的实际工作波形,其中 $D_d = t_d / (T_s / 2)$,t_d 为死区时间。黑色虚线为理想情况下开关管的动作时刻,浅色虚线为加入死区后开关管

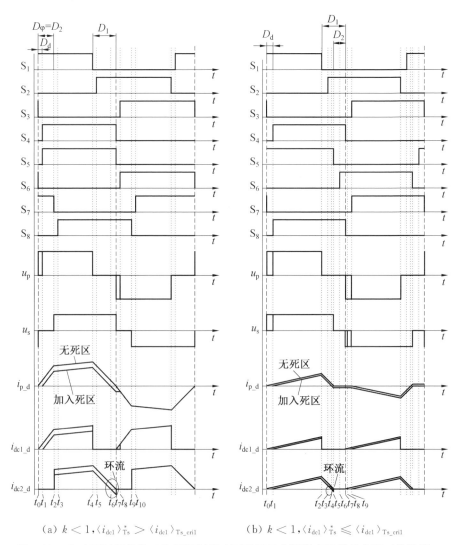

(a) $k < 1$,$\langle i_{dc1} \rangle_{Ts}^* > \langle i_{dc1} \rangle_{Ts\_cri1}$ (b) $k < 1$,$\langle i_{dc1} \rangle_{Ts}^* \leqslant \langle i_{dc1} \rangle_{Ts\_cri1}$

图 5.11 加入死区后优化三移相调制策略下后级双有源桥变换器的实际工作波形

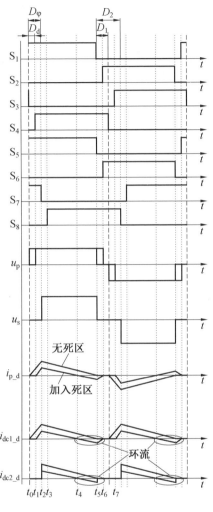

(c) $k \geqslant 1$，$\langle i_{dc1}\rangle_{Ts}^{*} \leqslant \langle i_{dc1}\rangle_{Ts\_cri2}$

续图 5.11

的动作时刻。由图 5.8(a)、(c) 可知,优化三移相调制策略在 $k < 1$ 且 $\langle i_{dc1}\rangle_{Ts}^{*} > \langle i_{dc1}\rangle_{Ts\_cri1}$ 和 $k \geqslant 1$ 且 $\langle i_{dc1}\rangle_{Ts}^{*} > \langle i_{dc1}\rangle_{Ts\_cri1}$ 两种情形下的工作原理是相同的。因此,本节略去 $k \geqslant 1$ 且 $\langle i_{dc1}\rangle_{Ts}^{*} > \langle i_{dc1}\rangle_{Ts\_cri1}$ 情形下加入死区的后级双有源桥变换器实际工作波形。下面以 $k < 1$ 且 $\langle i_{dc1}\rangle_{Ts}^{*} > \langle i_{dc1}\rangle_{Ts\_cri1}$ 情形为例,由图 5.11(a) 所示工作波形和图 5.12 所示换流图分析加入死区的后级双有源桥变换器的工作过程。

模态 1，$t \in [t_0, t_1)$：为简单起见，假设在开关周期起始时刻 t_0 处变压器电流 $i_{p\_d}(t_0)$ 为零。在 $t \in [t_0, t_1)$ 时间段内，开关管 S_1 和 S_7 的控制信号为高；而由于死区的加入，开关管 S_4 和 S_5 的控制信号为低。此时间段内后级双有源桥变换器状态如图 5.12(a) 所示，变压器电流始终为零。

模态 2，$t \in [t_1, t_2)$：在 t_1 时刻，开关管 S_4 和 S_5 的控制信号置高，变压器漏感端电压 $u_L = u_p - n u_s = u_{dc1} - 0 = u_{dc1} > 0$，变压器电流 i_{p_d} 将由零线性增大。因此，在 $t \in [t_1, t_2)$ 时间段内，后级双有源桥变换器状态如图 5.12(b) 所示。在 t_2 时刻，变压器电流 $i_{p\_d}(t_2)$ 可表示为

$$i_{p\_d}(t_2) = i_{p\_d}(t_1) + \frac{u_{dc1}}{L_\sigma} \frac{T_s}{2}(D_\varphi - D_d) = \frac{u_{dc1} T_s}{2 L_\sigma}(D_\varphi - D_d) \tag{5.18}$$

模态 3 和模态 4，$t \in [t_2, t_4)$：在 t_2 时刻，开关管 S_7 控制信号置低而关断。由于变压器漏感 L_σ 的存在，无论开关管 S_8 的控制信号是否置高，变压器电流都将通过开关管 S_8 的并联二极管强迫续流。因此，当 $t \in [t_2, t_3)$ 和 $t \in [t_3, t_4)$ 时，变压器电流的流通路径是相同的，分别如图 5.12(c)、(d) 所示。因此，$t \in [t_2, t_4)$ 时变压器漏感电压 $u_L = u_p - n u_s = u_{dc1} - n U_{dc2} > 0$，$i_{p\_d}$ 将继续线性增大。

在 t_4 时刻，$i_{p\_d}(t_4)$ 可表示为

$$i_{p\_d}(t_4) = i_{p\_d}(t_2) + \frac{u_{dc1} - n U_{dc2}}{L_\sigma} \frac{T_s}{2}(1 - D_1 - D_\varphi)$$

$$= \frac{u_{dc1} T_s}{2 L_\sigma}(1 - D_d - D_1) - \frac{n U_{dc2} T_s}{2 L_\sigma}(1 - D_1 - D_\varphi) \tag{5.19}$$

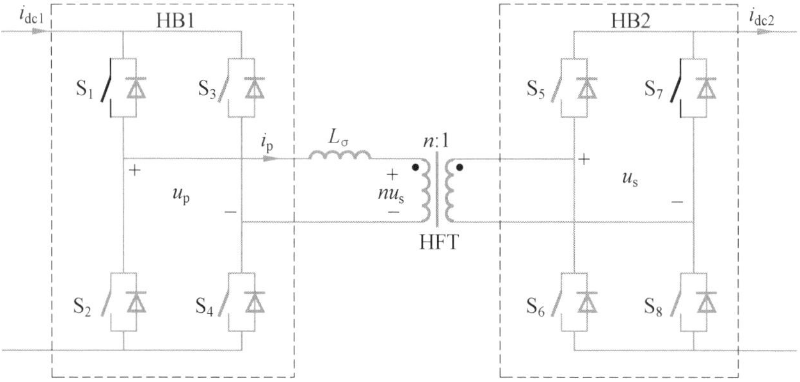

（a）模态 1，$t \in [t_0, t_1)$

图 5.12　$k < 1$ 且 $\langle i_{dc1} \rangle_{T_s}^* > \langle i_{dc1} \rangle_{T_{s\_cri1}}$ 时优化三移相调制策略下后级双有源桥变换器换流图

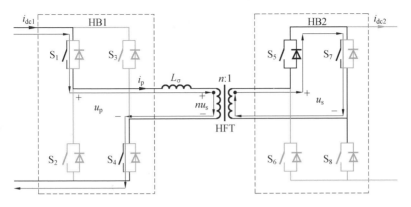

（b）模态 2，$t \in [t_1, t_2)$

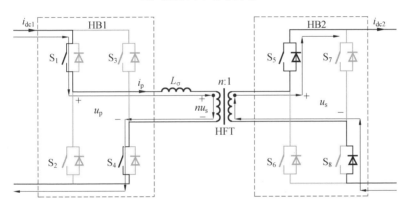

（c）模态 3，$t \in [t_2, t_3)$

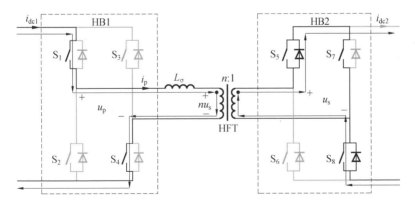

（d）模态 4，$t \in [t_3, t_4)$

续图 5.12

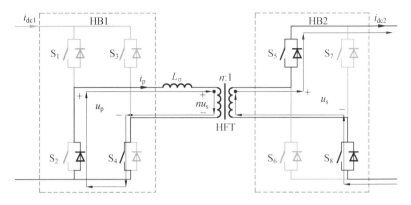

（e）模态 5，$t \in [t_4, t_5)$

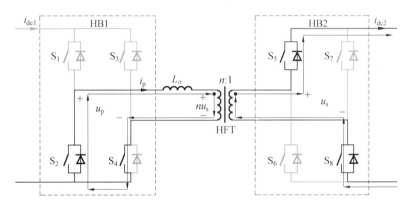

（f）模态 6，$t \in [t_5, t_6)$

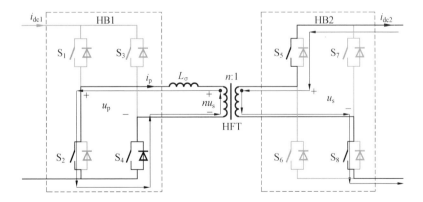

（g）模态 7，$t \in [t_6, t_7)$

续图 5.12

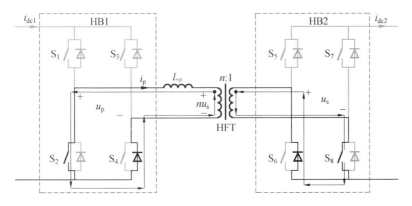

（h）模态 8，$t \in [t_7, t_8]$

续图 5.12

模态 5 和模态 6，$t \in [t_4, t_6]$：在 t_4 时刻，开关管 S_1 的控制信号置低而关断。由于变压器漏感 L_σ 的存在，无论开关管 S_2 的控制信号是否置高，变压器电流都将通过开关管 S_2 的并联二极管强迫续流。因此，在 $t \in [t_4, t_5]$ 和 $t \in [t_5, t_6]$ 时间段内，变压器电流的流通路径是相同的，分别如图 5.12(e)、(f) 所示。因此，在 $t \in [t_4, t_6]$ 时间段内，变压器漏感电压 $u_L = u_p - n u_s = 0 - n U_{dc2} = -n U_{dc2} < 0$，变压器电流 i_{p_d} 将继续线性减小，并将在 t_6 时刻减小至零。可以验证 t_6 时刻发生在开关管 S_4 和 S_5 的控制信号置低之前。

由图 5.11(a) 可得

$$i_{p\_d}(t_6) = i_{p\_d}(t_4) + \frac{-n U_{dc2}}{L_\sigma}\left[t_6 - \frac{T_s}{2}(1 - D_1)\right] = 0 \tag{5.20}$$

由式(5.19)和式(5.20)及 $D_2 = D_\varphi = 1 + (D_1 - 1)/k$ 可知，t_6 可表示为

$$t_6 = \frac{T_s}{2}\left(1 - \frac{D_d}{k}\right) < \frac{T_s}{2} \tag{5.21}$$

由于开关管 S_4 和 S_5 的控制信号置低发生在 $t_7 = T_s/2$ 处，式(5.21)可知，相较于理想情况，加入死区后变压器电流将提前过零。

模态 7，$t \in [t_6, t_7]$：在 t_6 时刻后，由于开关管 S_4 和 S_5 的控制信号仍然置高，变压器漏感端电压不变，变压器电流在减小至零后将反向增大，因此在 $t \in [t_6, t_7]$ 时间段内，后级双有源桥变换器状态如图 5.12(g) 所示，此时 $i_{dc2} < 0$，将产生内部环流。在 t_7 时刻，变压器电流 $i_{p\_d}(t_7)$ 为

$$i_{p\_d}(t_7) = 0 + \frac{-n U_{dc2}}{L_\sigma}\frac{T_s}{2}\frac{D_d}{k} = -\frac{n U_{dc2} T_s}{2 L_\sigma k}D_d = -\frac{u_{dc1} T_s}{2 L_\sigma}D_d \tag{5.22}$$

模态 8，$t \in [t_7, t_8]$：在 t_7 时刻，开关管 S_4 和 S_5 的控制信号置低，而由于死区的加入，开关管 S_3 和 S_6 的控制信号尚未置高。在 HB2 中开关管 S_5 的控制信号置低而关断后，变压器电流将通过开关管 S_6 的并联二极管强迫续流。而在 HB1 中由于开关管 S_3 的控制信号尚未置高，变压器电流同样处于续流状态，因此在 $t \in [t_7, t_8]$ 时间段内，后级双有源桥变换器状态如图 5.12(h) 所示，变压器漏感端电压 $u_L = u_p - n u_s = 0 - 0 = 0$，变压器电流将保持不变。

可以证明在 t_8 时刻以后，理想情况下与加入死区的后级双有源桥变换器工作过程是完全相同的。在理想情况下，变压器电流 $i_p(t_8)$ 为

$$i_p(t_8) = 0 + \frac{-u_{dc1}}{L_\sigma} \frac{T_s}{2} D_d = -\frac{u_{dc1}}{2L_\sigma} T_s D_d = i_{p\_d}(t_7) = i_{p\_d}(t_8) \quad (5.23)$$

由式(5.23)可知，理想情况下与加入死区的后级双有源桥变换器在 t_8 时刻的变压器电流是相同的。而通过对图 5.11(a) 所示的正半周波形进行分析可知，$t \in [t_2, t_3]$ 和 $t \in [t_4, t_5]$ 两段死区时间并不会对后级双有源桥变换器的换流过程产生影响。因而在图 5.11(a) 所示波形的负半周，$t \in [t_9, t_{10})$ 和 $t \in [t_{11}, t_{12})$ 两段死区时间同样不会对后级双有源桥变换器换流过程产生影响。同时由式(5.23)可知 $i_p(t_8) = i_{p\_d}(t_8)$，因此在 t_8 时刻以后理想情况下与加入死区的后级双有源桥变换器的工作波形是完全相同的。因而不再对 t_8 时刻以后加入死区的后级双有源桥变换器的工作过程展开分析。

通过对图 5.11(a) 所示加入死区的后级双有源桥变换器工作波形的分析可知，加入死区后 HB1 交流侧输出有效电压宽度将在起始阶段缩减一个死区时间，从而使变压器电流提前过零，引起 HB2 的内部环流。同时导致开关周期正负半周变压器电流不再对称，从而使变压器电流产生直流偏置。对于图 5.11(b) 和图 5.11(c) 所示加入死区的后级双有源桥变换器工作波形，同样可以结合相应的电路换流图对其工作过程进行分析。分析结果表明，对于图 5.11(b) 所示工作波形，加入死区后 HB1 和 HB2 交流侧输出有效电压宽度在起始阶段均减小一个死区时间，同样将引起 HB2 的内部环流，并使变压器电流产生耦合；对于图 5.11(c) 所示工作波形，加入死区后 HB1 交流侧输出有效电压宽度将在起始阶段减小一个死区时间，并将同时在 HB1 和 HB2 中引起内部环流。

下面基于图 5.11 所示波形，求取加入死区的变换器交流侧传输平均电流 $\langle i_{dc1\_d} \rangle_{Ts}$。在图 5.11(a) 中，加入死区后变压器电流 i_{p_d} 在开关周期内的变化率为

$$\frac{\mathrm{d}i_{\mathrm{p\_d}}}{\mathrm{d}t} = \frac{u_{\mathrm{p}} - nu_{\mathrm{s}}}{L_{\sigma}} = \begin{cases} 0 & \left(\left[t_0, t_1\right) = D_{\mathrm{d}}\dfrac{T_{\mathrm{s}}}{2}\right) \\[2mm] \dfrac{u_{\mathrm{dc1}}}{L_{\sigma}} & \left(\left[t_1, t_2\right) = (D_{\varphi} - D_{\mathrm{d}})\dfrac{T_{\mathrm{s}}}{2}\right) \\[2mm] \dfrac{u_{\mathrm{dc1}} - nU_{\mathrm{dc2}}}{L_{\sigma}} & \left(\left[t_2, t_4\right) = (1 - D_1 - D_{\varphi})\dfrac{T_{\mathrm{s}}}{2}\right) \\[2mm] \dfrac{-nU_{\mathrm{dc2}}}{L_{\sigma}} & \left(\left[t_4, t_7\right) = D_1\dfrac{T_{\mathrm{s}}}{2}\right) \\[2mm] 0 & \left(\left[t_7, t_8\right) = D_{\mathrm{d}}\dfrac{T_{\mathrm{s}}}{2}\right) \\[2mm] -\dfrac{u_{\mathrm{dc1}}}{L_{\sigma}} & \left(\left[t_8, t_9\right) = (D_{\varphi} - D_{\mathrm{d}})\dfrac{T_{\mathrm{s}}}{2}\right) \\[2mm] -\dfrac{u_{\mathrm{dc1}} - nU_{\mathrm{dc2}}}{L_{\sigma}} & \left(\left[t_9, t_{11}\right) = (1 - D_1 - D_{\varphi})\dfrac{T_{\mathrm{s}}}{2}\right) \\[2mm] \dfrac{nU_{\mathrm{dc2}}}{L_{\sigma}} & \left(\left[t_{11}, t_{13}\right] = D_1\dfrac{T_{\mathrm{s}}}{2}\right) \end{cases}$$

$$(5.24)$$

则 $\langle i_{\mathrm{dc1\_d}}\rangle_{\mathrm{Ts}}$ 的计算式为

$$\langle i_{\mathrm{dc1\_d}}\rangle_{\mathrm{Ts}} = \frac{1}{T_{\mathrm{s}}}\Bigg[\int_0^{(D_{\varphi} - D_{\mathrm{d}})\frac{T_{\mathrm{s}}}{2}}\left(i_{\mathrm{p\_d}}(t_1) + \frac{u_{\mathrm{dc1}}}{L_{\sigma}}t\right)\mathrm{d}t +$$

$$\int_0^{(1 - D_1 - D_{\varphi})\frac{T_{\mathrm{s}}}{2}}\left(i_{\mathrm{p\_d}}(t_2) + \frac{u_{\mathrm{dc1}} - nU_{\mathrm{dc2}}}{L_{\sigma}}t\right)\mathrm{d}t -$$

$$\int_0^{(D_{\varphi} - D_{\mathrm{d}})\frac{T_{\mathrm{s}}}{2}}\left(i_{\mathrm{p\_d}}(t_8) - \frac{u_{\mathrm{dc1}}}{L_{\sigma}}t\right)\mathrm{d}t -$$

$$\int_0^{(1 - D_1 - D_{\varphi})\frac{T_{\mathrm{s}}}{2}}\left(i_{\mathrm{p\_d}}(t_{11}) - \frac{u_{\mathrm{dc1}} - nU_{\mathrm{dc2}}}{L_{\sigma}}t\right)\mathrm{d}t\Bigg] \quad (5.25)$$

由 $i_{\mathrm{p\_d}}(t_1) = 0$ 及式(5.24)可求得 $i_{\mathrm{p\_d}}(t_2)$、$i_{\mathrm{p\_d}}(t_8)$ 和 $i_{\mathrm{p\_d}}(t_{11})$，将其代入式(5.25)中，由于 $D_2 = D_{\varphi} = 1 + (D_1 - 1)/k$，因此 $\langle i_{\mathrm{dc1\_d}}\rangle_{\mathrm{Ts}}$ 可表示为

$$\langle i_{\mathrm{dc1\_d}}\rangle_{\mathrm{Ts}} = \frac{u_{\mathrm{dc1}}T_{\mathrm{s}}}{4L_{\sigma}}\left\{(1 - D_1 - D_{\mathrm{d}})(1 - D_1) - \frac{1}{k}\left[k(1 - D_1) - D_1\right]^2\right\}$$

$$(5.26)$$

由于优化三移相调制策略在 $k < 1$ 且 $\langle i_{\mathrm{dc1}}\rangle_{\mathrm{Ts}}^* > \langle i_{\mathrm{dc1}}\rangle_{\mathrm{Ts\_cri1}}$ 和 $k \geqslant 1$ 且 $\langle i_{\mathrm{dc1}}\rangle_{\mathrm{Ts}}^* > \langle i_{\mathrm{dc1}}\rangle_{\mathrm{Ts\_cri2}}$ 两种情形下的工作原理及死区影响是相同的，式(5.26)对

$k \geqslant 1$ 且 $\langle i_{\mathrm{dc1}} \rangle_{\mathrm{Ts}}^{*} > \langle i_{\mathrm{dc1}} \rangle_{\mathrm{Ts\_cri2}}$ 的情形同样适用。类似地，根据图 5.11(b)、(c) 所示工作波形，通过分析加入死区后变压器电流在开关周期内的变化率，对 $i_{\mathrm{dc1\_d}}$ 在开关周期内积分并取平均，以求取相应的 $\langle i_{\mathrm{dc1\_d}} \rangle_{\mathrm{Ts}}$ 的表达式。图 5.11(b)、(c) 所示工作波形对应 $\langle i_{\mathrm{dc1\_d}} \rangle_{\mathrm{Ts}}$ 的表达式分别如下。

当 $k < 1$，$\langle i_{\mathrm{dc1}} \rangle_{\mathrm{Ts}}^{*} \leqslant \langle i_{\mathrm{dc1}} \rangle_{\mathrm{Ts\_cri1}}$ 时，得

$$\langle i_{\mathrm{dc1\_d}} \rangle_{\mathrm{Ts}} = \frac{u_{\mathrm{dc1}} T_{\mathrm{s}}}{4 L_{\sigma}} \left(1 - \frac{1}{k} \right) \left(1 - D_1 - D_{\mathrm{d}} \right)^2 \tag{5.27}$$

当 $k \geqslant 1$，$\langle i_{\mathrm{dc1}} \rangle_{\mathrm{Ts}}^{*} \leqslant \langle i_{\mathrm{dc1}} \rangle_{\mathrm{Ts\_cri2}}$ 时，得

$$\langle i_{\mathrm{dc1\_d}} \rangle_{\mathrm{Ts}} = \frac{u_{\mathrm{dc1}} T_{\mathrm{s}}}{4 L_{\sigma}} \left[\left(1 - \frac{1}{k} \right) \left(1 - D_1 \right)^2 - 2 D_{\mathrm{d}} \left(1 - D_1 \right) \right] \tag{5.28}$$

根据上一小节中移相角与期望交流侧传输平均电流的关系式，可以求得相应的移相角。将所求得的移相角代入式 (5.26) ~ (5.28) 中，可以求得加入死区后的实际交流侧传输平均电流。设定死区时间为 600 ns，期望交流侧传输平均电流幅值 (3 A 和 6 A) 与依据表 5.1 中参数得到的加入死区后实际交流侧传输平均电流波形如图 5.13 所示。由图 5.13 可知，相比于期望电流波形，加入死区后的实际电流波形发生畸变并产生幅值损失。

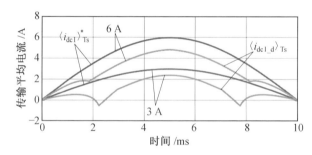

图 5.13 期望交流侧传输平均电流幅值与加入死区后实际交流侧传输平均电流波形

通过上述分析可知，死区将对优化三移相调制策略产生如下影响。

① 在开关周期层面，将重新产生变换器内部环流，同时引起相邻开关周期变压器电流耦合。

② 在工频周期层面，将导致交流侧传输平均电流畸变和幅值损失，进而使交流侧电流产生畸变和幅值损失。

5.3.6　双层死区补偿方法

由前述分析可知,三移相调制策略加入死区后,不仅会使系统产生环流和电流耦合,还将引起交流侧电流畸变和幅值损失。为消除死区的负面影响,需提出相应的死区补偿方法。本小节提出一种双层补偿方法来分层消除死区的影响。第一层,为解决死区引起的内部环流及变压器电流耦合问题,对三移相角的关系进行修正。第二层,重新推导修正后三移相角与开关周期内实际交流侧传输平均电流之间的关系,进而获得考虑死区的移相角关于期望交流侧传输平均电流的表达式,使系统实际交流侧传输平均电流严格跟随其期望值,从而消除交流侧电流畸变及幅值损失。

对于图 5.11(a) 所示工作波形,加入死区后 HB1 交流侧输出有效电压宽度在起始阶段缩减了一个死区时间,从而使变压器电流在开关管 S_5 的控制信号置低时刻之前减小至零,进而引起 HB2 的内部环流。因此,为使加入死区后变压器电流恰在开关管 S_5 的控制信号置低时刻过零,需对三个移相角之间的关系进行修正。一种可行的方法是,保持 D_2 和 D_φ 不变的情况下对 D_1 进行修正,相应的工作波形如图 5.14(a) 所示。由图 5.14(a) 可知,将 HB1 的内移相角修正为 D_1' 后,在正半周变压器电流 i_p' 的变化率可表示为

$$\frac{\mathrm{d}i_p'}{\mathrm{d}t} = \frac{u_p - nu_s}{L_\sigma} = \begin{cases} 0 & \left([t_0, t_1) = D_d \dfrac{T_s}{2}\right) \\[2mm] \dfrac{u_{dc1}}{L_\sigma} & \left([t_1, t_2) = (D_\varphi - D_d) \dfrac{T_s}{2}\right) \\[2mm] \dfrac{u_{dc1} - nU_{dc2}}{L_\sigma} & \left([t_2, t_5) = (1 - D_1' - D_\varphi) \dfrac{T_s}{2}\right) \\[2mm] \dfrac{-nU_{dc2}}{L_\sigma} & \left([t_5, t_7) = D_1' \dfrac{T_s}{2}\right) \end{cases} \tag{5.29}$$

由式(5.29) 可知,t_7 时刻 i_p' 的计算式 $i_p'(t_7)$ 可表示为

$$i_p'(t_7) = i_p'(t_2) + \int_0^{(D_\varphi - D_d)\frac{T_s}{2}} \frac{u_{dc1}}{L_\sigma} \mathrm{d}t +$$

$$\int_0^{(1-D_1-D_\varphi)\frac{T_s}{2}} \frac{u_{dc1} - nU_{dc2}}{L_\sigma} \mathrm{d}t + \int_0^{D_1\frac{T_s}{2}} \frac{-nU_{dc2}}{L_\sigma} \mathrm{d}t \tag{5.30}$$

为消除内部环流,应有 $i_p'(t_7) = i_p'(t_2) = 0$,将 $D_\varphi = D_2$ 代入式(5.30) 化简,有

$$D_1' = 1 - D_d - k(1 - D_2) \qquad (5.31)$$

成立。

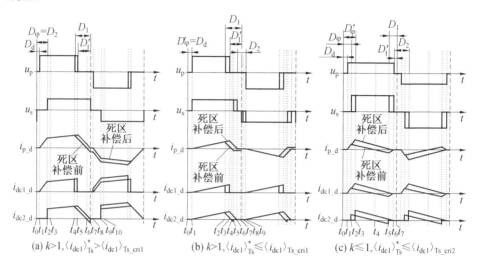

图 5.14   对移相角进行修正后的后级双有源桥变换器工作波形

对于图 5.11(b)所示波形,由于死区使 HB1 输出有效电压宽度在开关周期起始阶段缩减了一个死区时间,因此应使原 D_1 减小一个 D_d 以拓宽 HB1 输出有效电压时间。此外,由于死区迫使 HB1 在开关周期起始阶段输出零电平,使得 HB2 在开关周期起始阶段同样输出零电平,进而使 HB2 输出有效电压宽度在开关周期起始阶段缩减了一个死区时间。在保持 D_2 不变的情况下,可将原 D_φ 增加一个 D_d,以消除死区对 HB2 输出有效电平的影响。根据上述原则,保持 D_2 不变的情况下对 D_1 和 D_φ 进行修正,得到相应的波形如图 5.14(b)所示,修正后的三移相角之间的关系可表示为

$$\begin{cases} D_1' = 1 - D_d - (1 - D_2)k \\ D_\varphi' = D_d \end{cases} \qquad (5.32)$$

对于图 5.11(c)所示波形,由于死区使 HB1 输出有效电压宽度在开关周期起始阶段缩减了一个死区时间,因此同样应使原 D_1 减小一个 D_d 以拓宽 HB1 输出有效电压时间。此外,为消除由死区在 HB2 中产生的环流,应根据修正后的 D_1 进一步调整原 D_φ,以保证 HB1 和 HB2 输出有效电压的下降沿发生在同一时刻。根据上述原则,保持 D_2 不变的情况下对 D_1 和 D_φ 进行修正,得到相应的波形如图5.14(c)所示,修正后三个移相角之间的关系可表示为

$$\begin{cases} D_1' = 1 - D_d - k(1 - D_2) \\ D_\varphi' = \left(1 - \dfrac{1}{k}\right)(1 - D_1') \end{cases} \tag{5.33}$$

进一步,需重新建立修正后三移相角与开关周期内实际交流侧传输平均电流之间的关系。首先推导图 5.14(a) 中 D_2 与开关周期 T_s 内实际交流侧传输平均电流 $\langle i_{dc1}' \rangle_{Ts}$ 之间的关系。由式(5.29)可得 $\langle i_{dc1}' \rangle_{Ts}$ 的计算式为

$$\langle i_{dc1}' \rangle_{Ts} = \frac{2}{T_s}\left[\int_0^{\frac{T_s}{2}(D_\varphi - D_d')} \frac{u_{dc1}}{L_\sigma} t \, dt + \int_0^{\frac{T_s}{2}(1 - D_1' - D_\varphi)} \left(\frac{u_{dc1}}{L_\sigma} \frac{T_s}{2} D_\varphi + \frac{u_{dc1} - nU_{dc2}}{L_\sigma} t \right) dt \right] \tag{5.34}$$

由式(5.31)和式(5.34)可知,$\langle i_{dc1}' \rangle_{Ts}$ 可表示为

$$\langle i_{dc1}' \rangle_{Ts} = \frac{u_{dc1} T_s}{4L_\sigma}\left\{ k^2 (1 - D_2)^2 - k\left[k(1 - D_2) - D_2 + D_d \right]^2 \right\} \tag{5.35}$$

由式(5.35)可得图 5.14(a) 中期望交流侧传输电流 $\langle i_{dc1} \rangle_{Ts}^*$ 下实际的 D_2,即 D_2' 为

$$D_2' = \frac{1 + (1 + k)D_d}{k^2 + k + 1} - \frac{1}{k}\sqrt{\frac{k}{k^2 + k + 1}\left(\frac{k^2 (1 - D_d)^2}{k^2 + k + 1} - \frac{4L_\sigma \langle i_{dc1} \rangle_{Ts}^*}{u_{dc1} T_s} \right)} \tag{5.36}$$

在图 5.14(b) 中,变压器电流 i_p' 在半个开关周期内的变化率为

$$\frac{d i_p'}{dt} = \frac{u_p - n u_s}{L_\sigma} = \begin{cases} 0 & \left([t_0, t_1) = D_d \dfrac{T_s}{2}\right) \\[2mm] \dfrac{u_{dc1} - nU_{dc2}}{L_\sigma} & \left([t_1, t_3) = (1 - D_1' - D_d)\dfrac{T_s}{2}\right) \\[2mm] \dfrac{-nU_{dc2}}{L_\sigma} & \left([t_3, t_6) = (D_1' - D_2 + D_d)\dfrac{T_s}{2}\right) \\[2mm] 0 & \left([t_6, t_7) = (1 + D_d - D_2)\dfrac{T_s}{2}\right) \end{cases} \tag{5.37}$$

由式(5.37)可得 $\langle i_{dc1}' \rangle_{Ts}$ 的计算式为

$$\langle i_{dc1}' \rangle_{Ts} = \frac{2}{T_s}\int_0^{\frac{T_s}{2}(1 - D_1' - D_d)} \frac{u_{dc1} - nU_{dc2}}{L_\sigma} t \, dt \tag{5.38}$$

由式(5.32)和式(5.38)可知,$\langle i_{dc1}' \rangle_{Ts}$ 可表示为

$$\langle i_{dc1}' \rangle_{Ts} = \frac{u_{dc1} T_s}{4L_\sigma}(k^2 - k^3)(1 - D_2)^2 \tag{5.39}$$

由式(5.39)可得图5.14(b)中期望交流侧传输电流$\langle i_{\mathrm{dcl}} \rangle_{\mathrm{Ts}}^{*}$下实际的$D_2$，即$D_2'$为

$$D_2' = 1 - \frac{1}{k}\sqrt{\frac{1}{1-k}\frac{4L_{\sigma}\langle i_{\mathrm{dcl}}\rangle_{\mathrm{Ts}}^{*}}{u_{\mathrm{dcl}}T_{\mathrm{s}}}} \tag{5.40}$$

在图5.14(c)中，变压器电流i_{p}'在半个开关周期内的变化率为

$$\frac{\mathrm{d}i_{\mathrm{p}}'}{\mathrm{d}t} = \frac{u_{\mathrm{p}} - nu_{\mathrm{s}}}{L_{\sigma}} = \begin{cases} 0 & \left([t_0,t_1) = D_{\mathrm{d}}\dfrac{T_{\mathrm{s}}}{2}\right) \\[2mm] \dfrac{u_{\mathrm{dcl}}}{L_{\sigma}} & \left([t_1,t_3) = (D_{\varphi}'-D_{\mathrm{d}})\dfrac{T_{\mathrm{s}}}{2}\right) \\[2mm] \dfrac{u_{\mathrm{dcl}}-nU_{\mathrm{dc2}}}{L_{\sigma}} & \left([t_3,t_6) = (1-D_1'-D_{\varphi}')\dfrac{T_{\mathrm{s}}}{2}\right) \\[2mm] 0 & \left([t_6,t_7) = D_1'\dfrac{T_{\mathrm{s}}}{2}\right) \end{cases} \tag{5.41}$$

由式(5.41)可得$\langle i_{\mathrm{dcl}}'\rangle_{\mathrm{Ts}}$的计算式为

$$\langle i_{\mathrm{dcl}}'\rangle_{\mathrm{Ts}} = \frac{2}{T_{\mathrm{s}}}\left\{\int_0^{\frac{T_{\mathrm{s}}}{2}(D_{\varphi}'-D_{\mathrm{d}}')}\frac{u_{\mathrm{dcl}}}{L_{\sigma}}t\mathrm{d}t + \right.$$

$$\left.\int_0^{\frac{T_{\mathrm{s}}}{2}(1-D_1'-D_{\varphi}')}\left[\frac{u_{\mathrm{dcl}}}{L_{\sigma}}\frac{T_{\mathrm{s}}}{2}(D_{\varphi}'-D_{\mathrm{d}}') + \frac{u_{\mathrm{dcl}}-nU_{\mathrm{dc2}}}{L_{\sigma}}t\right]\mathrm{d}t\right\} \tag{5.42}$$

由式(5.33)和式(5.42)及$k = nU_{\mathrm{dc2}}/u_{\mathrm{dcl}}$可知，$\langle i_{\mathrm{dcl}}'\rangle_{\mathrm{Ts}}$可表示为

$$\langle i_{\mathrm{dcl}}'\rangle_{\mathrm{Ts}} = \frac{u_{\mathrm{dcl}}T_{\mathrm{s}}}{4L_{\sigma}}(k^2-k)(1-D_2)^2 \tag{5.43}$$

由式(5.43)可得图5.14(c)中期望交流侧传输电流$\langle i_{\mathrm{dcl}}\rangle_{\mathrm{Ts}}^{*}$下实际的$D_2$，即$D_2'$为

$$D_2' = 1 - \frac{1}{k}\sqrt{\frac{1}{k-1}\frac{4L_{\sigma}\langle i_{\mathrm{dcl}}\rangle_{\mathrm{Ts}}^{*}}{u_{\mathrm{dcl}}T_{\mathrm{s}}}} \tag{5.44}$$

事实上，在对三移相角的关系进行修正之后，在图5.14(b)、(c)中D_2的取值范围将发生变化。因此，应重新求取在图5.14(b)、(c)中开关周期内变换器交流侧传输平均电流最大值$\langle i_{\mathrm{dcl}}'\rangle_{\mathrm{Ts\_cri1}}$和$\langle i_{\mathrm{dcl}}'\rangle_{\mathrm{Ts\_cri2}}$。

在图5.14(b)中，当u_{p}和u_{s}的有效电压宽度最大，即HB1和HB2的内移相角最小时，所传输的平均电流最大。由于$D_{\varphi}' = D_{\mathrm{d}}$且$D_{\varphi}' \leqslant D_2$，所以$\min\{D_2\} = D_{\mathrm{d}}$。将$D_2 = D_{\mathrm{d}}$代入式(5.39)中，可得在图5.14(b)中开关周期内交流侧传输平均电流最大值$\langle i_{\mathrm{dcl}}'\rangle_{\mathrm{Ts\_cri1}}$为

$$\langle i'_{\text{dc1}} \rangle_{\text{Ts\_cri1}} = \frac{2}{T_s} \int_0^{\frac{T_s}{2}(1-D'_1-D_d)} \frac{u_{\text{dc1}} - nU_{\text{dc2}}}{L_\sigma} t \mathrm{d}t = \frac{u_{\text{dc1}} T_s}{4L_\sigma} (k^2 - k^3)(1 - D_d)^2$$

$$(5.45)$$

在图 5.14(c) 中,同样使 HB1 和 HB2 的内移相角最小时,所传输的平均电流最大。在图 5.14(c) 中,D'_1 最小可取到零。由式(5.33) 可知,此时 $D_2 = 1 - (1 - D_d)/k$。将 D_2 代入式(5.43)中,可得图 5.14(c) 中交流侧传输平均电流最大值$\langle i'_{\text{dc1}} \rangle_{\text{Ts\_cri2}}$ 为

$$\langle i'_{\text{dc1}} \rangle_{\text{Ts\_cri2}} = \frac{u_{\text{dc1}} T_s}{4L_\sigma} \left(1 - \frac{1}{k}\right)(1 - D_d)^2 \tag{5.46}$$

对于期望$\langle i_{\text{dc1}} \rangle^*_{\text{Ts}}$,根据式(5.36)、式(5.40) 和式(5.44) 可以求得 D'_2。将相应的 D'_2 代入式(5.31) ~ (5.33) 可求得相应的 D'_1 和 D'_φ。至此,得到了考虑死区时的三移相角与开关周期内变换器期望交流侧传输平均电流之间的关系式。这保证了在实际系统中交流侧传输平均电流严格跟随其期望值,有效提升了所提出优化三移相调制策略的实用性。

5.4　单级式电流型高频隔离型 AC − DC 变换器

5.4.1　拓扑结构

单级式电流型高频隔离型 AC−DC 变换器拓扑结构如图 5.15 所示。该变换器直流侧采用全桥变换器,交流侧采用矩阵变换器,L 为交流侧电感,L_σ 为变压器的漏感,变压器变比为 n。图中电流正方向如箭头所示,电压正方向由图中正负号定义。由图 5.15 可知,单级式电流型变换器的本质工作原理与非隔离型的 PWM 整流器或并网逆变器并无明显区别,同样需要在任何情况下均为交流侧电感提供电流流通路径。通过控制矩阵变换器的桥臂,能够实现交流侧电流流向直流侧和续流两个状态的切换,以实现 AC−DC 功率变换。所不同的是,由于漏感的存在,因此要求变压器电流不能突变以避免在变换器的端电压产生过压尖峰,造成较大的电磁干扰甚至烧毁功率开关管。

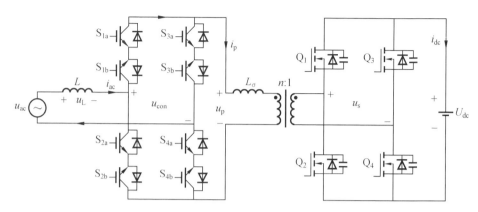

图 5.15　单级式电流型高频隔离型 AC－DC 变换器拓扑结构

5.4.2　AC－DC 功率传输方向下 SPWM＋移相调制

矩阵变换器使用 SPWM 调制策略,并使用单极性思想对各个开关管进行控制。这样能够减小开关次数,并降低交流侧电流纹波,从而减小交流侧滤波电感值。将对正弦波取绝对值后得到的波形作为调制波,与锯齿波相比较构成基本的控制信号。其基本比较逻辑如下:当调制波大于锯齿波时,矩阵变换器的对角开关管导通,电流从交流侧经过变压器流向直流侧;而当调制波小于锯齿波时,矩阵变换器的两个上桥臂或者两个下桥臂导通,为交流侧电流提供续流路径。在该控制方案下,使得在半个交流电压周期内,变换器输出电压只在 $0\sim+U_{dc}$ 或 $0\sim-U_{dc}$ 之间变化。

在开关周期内,由于变压器漏感的存在,因此一方面需要为变压器电流提供续流路径;另一方面,在矩阵变换器由续流状态转变为传输功率状态之前,应该主动将变压器电流提高到交流侧电流值,以避免变压器电流突变,从而消除电压尖峰。同时为确保软开关运行,各个开关管的动作时序需要仔细安排。根据上述思想,本节提出了消除电压尖峰的调制策略,其在交流电压周期内的工作波形如图 5.16 所示。图 5.17 所示为 AC－DC 方向下所提出的调制策略在一个开关周期内的工作波形,以便更好地说明其消除电压尖峰和实现软开关的原理。需要说明的是,为了获得高频交流电流波形,全桥变换器的两个对角开关管的控制信号在相邻的两个锯齿波周期应互换。由图 5.16 和图 5.17 可以看出在所提出调制策略下,矩阵变换器有 1/4 的开关管工作在低频开关状态。在调制波正半周

S_{1a} 和 S_{3b} 的控制信号始终置高,矩阵变换器总是通过上桥臂的开关管进行续流。在调制波的负半周 S_{2a} 和 S_{4b} 的控制信号始终置高,矩阵变换器总是通过下桥臂的开关管进行续流。由此平衡了各开关管的工作强度,提高了系统的可靠性。

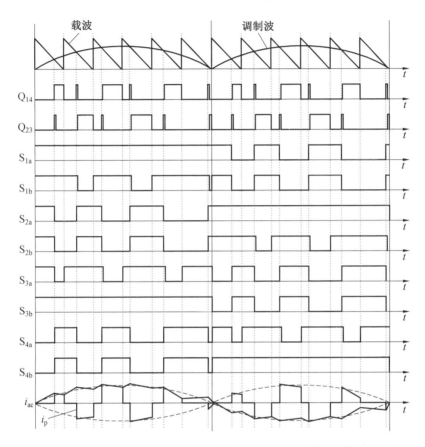

图 5.16　AC－DC 方向下所提出的调制策略在交流电压周期内的工作波形

在图 5.17 中 $t \in [t_0, t_8)$ 时间段内,电路从续流态过渡到功率传输态,而后又从功率传输态过渡到续流态,因此下面以图 5.17 中 $t \in [t_0, t_8)$ 时间段为例详细阐述所提出的调制策略的工作原理。图 5.18 所示为图 5.17 中 $t \in [t_0, t_8)$ 时间段所提出的调制策略在 AC－DC 方向下各个区间对应的电流流通路径。

首先分析电路由续流态过渡到功率传输态的过程。在 $t \in [t_0, t_1)$ 时间段内电路处于续流态,电路状态如图 5.18(a) 所示。在 $t \in [t_5, t_6)$ 时间段,电路处于功率传输态,电路状态如图 5.18(f) 所示。对比图 5.18(a) 和(f)可知,流经 S_{3a} 及

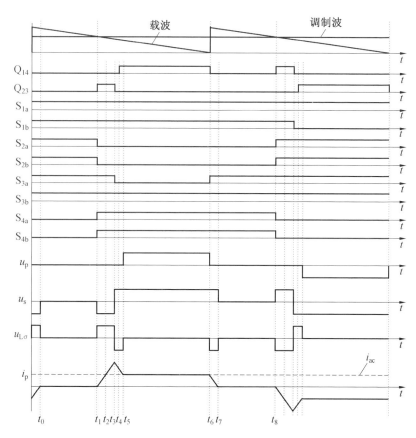

图 5.17　AC－DC 方向下所提出的调制策略在一个开关周期内的工作波形

S_{3b} 反并联二极管的电流路径转移至 S_{4b} 和 S_{4a} 反并联二极管,漏感 L_σ 的电流 i_p 由零正向增大至电流 i_{ac}。为避免漏感电流 i_p 突变引起电压尖峰,应当在电路状态到达图 5.18(f) 所示功率传输态之前,利用直流电源及矩阵变换器的续流通道使漏感电流 i_p 逐渐增大至电流 i_{ac}。因此,在 t_1 时刻,S_{2a} 和 S_{2b} 的控制信号置低,同时 S_{4a} 和 S_{4b} 控制信号置高,使矩阵变换器中形成 S_{3a}、S_{3b}、S_{4a} 及 S_{4b} 构成的续流通道;同时 Q_2 和 Q_3 的控制信号置高,使变压器二次侧输入负向电压。在 $t \in [t_1,$ $t_2)$ 时间段,电路状态如图 5.18(b) 所示。在 S_{4b} 和 S_{4a} 反并联二极管零电流导通后,变压器一次侧输入电压 $u_p = 0$。Q_2 和 Q_3 零电流导通后,变压器二次侧输入电压 $u_s = -U_{dc}$。

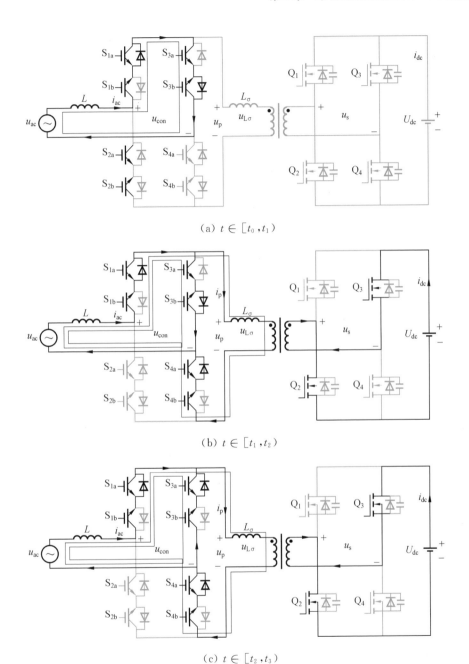

(a) $t \in [t_0, t_1)$

(b) $t \in [t_1, t_2)$

(c) $t \in [t_2, t_3)$

图 5.18　所提出的调制策略在 AC−DC 方向下各个区间对应的电流流通路径

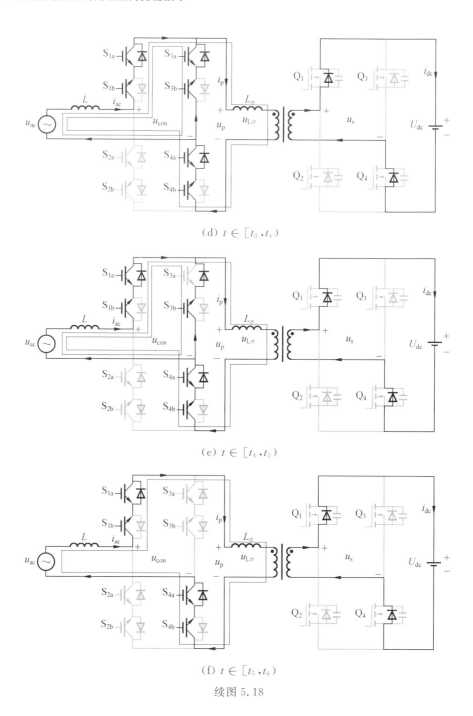

(d) $t \in [t_3, t_4)$

(e) $t \in [t_4, t_5)$

(f) $t \in [t_5, t_6)$

续图 5.18

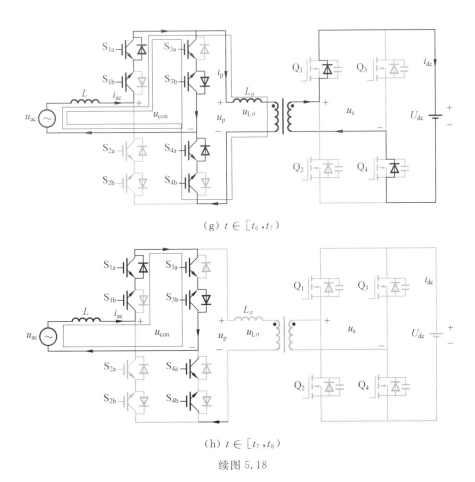

（g）$t \in [t_6, t_7]$

（h）$t \in [t_7, t_8]$

续图 5.18

变压器漏感 L_σ 端电压为

$$u_{L\sigma} = u_p - nu_s = 0 - (-nU_{dc}) = nU_{dc} > 0 \tag{5.47}$$

因而变压器漏感电流，即变压器一次侧输入电流 i_p，将由零线性增大。由图 5.18（b）可知，在开关周期层面交流侧电流 i_{ac} 可视为恒值。根据基尔霍夫电流定律，随着变压器一次侧输入电流 i_p 的逐渐增大，流经 S_{3a} 及 S_{3b} 反向并联二极管的电流将逐渐减小。

在 t_2 时刻，变压器一次侧输入电流 i_p 恰好增大至与交流侧电流 i_{ac} 相等，因此流经开关管 S_{3a} 及 S_{3b} 反向并联二极管的电流减小至零。在理想情况下，应该在 t_2 时刻将开关管 S_{3a}、Q_2 和 Q_3 的控制信号置低并将 Q_1 和 Q_4 的控制信号置高，从而使电路进入图 5.18（f）所示的功率传输态。但是由于交流侧电流 i_{ac} 在工频周期内是交变的,难以逐个开关周期地准确计算开关管 Q_2 和 Q_3 所需的导通时间。因此,一种简单可行的方法是,根据使变压器一次侧输入电流 i_p 上升至交流侧电流的幅值 i_{ac_max} 所需时间来确定开关管 Q_2 和 Q_3 所需的导通时间。所以直至图 5.18(b)中 t_3 时刻才将开关管 S_{3a}、Q_2 和 Q_3 的控制信号置低。因此,这里开关管 Q_2 和 Q_3 所需的导通时间 t_{rev} 为

$$t_{rev} = L_\sigma \frac{i_{ac\_max}}{nU_{dc}} \qquad (5.48)$$

因此,在 $t \in [t_2, t_3)$ 时间段,变压器漏感 L_σ 端电压 $u_{L_\sigma} = nU_{dc} > 0$,变压器一次侧输入电流 i_p 将继续增大,电路状态如图 5.18(c)所示。由基尔霍夫电流定律可知,在交流侧电流 i_{ac} 恒定不变的情况下,流经开关管 S_{3a} 及 S_{3b} 的电流将由零开始反向增大,此时电流流通路径变更为开关管 S_{3b} 及 S_{3a} 的反并联二极管。

在 t_3 时刻,开关管 S_{3a}、Q_2 和 Q_3 的控制信号置低。在 $t \in [t_3, t_4)$ 时间段内,电路状态如图 5.18(d)所示。由于开关管 S_{3a} 并未流过电流,因此将开关管 S_{3a} 置低并不会对电路产生影响。而在开关管 Q_2 和 Q_3 零电压关断后,由于变压器漏感的存在,因此流经变压器的电流不会突变,并将通过 Q_1 和 Q_4 的反向并联二极管续流。在变压器电流经由 Q_1 和 Q_4 的反向并联二极管的续流阶段,变压器二次侧输入电压 $u_s = U_{dc}$,因而变压器漏感 L_σ 端电压为

$$u_{L_\sigma} = u_p - nu_s = 0 - nU_{dc} = -nU_{dc} < 0 \qquad (5.49)$$

因此,在 $t \in [t_3, t_4)$ 时间段内,变压器一次侧输入电流 i_p 将线性减小。由基尔霍夫电流定律可知,在交流侧电流 i_{ac} 恒定不变的情况下,流经开关管 S_{3b} 及 S_{3a} 的反并联二极管的电流同样将线性减小。

在 t_4 时刻,开关管 Q_1 和 Q_4 的控制信号置高而零电压导通。在 $t \in [t_4, t_5)$ 时间段内,电路状态如图 5.18(e)所示。在 $t \in [t_3, t_4)$ 时间段内,变压器漏感 L_σ 端电压 u_{L_σ} 仍然小于零,因此变压器一次侧输入电流 i_p 将继续线性减小,流经开关管 S_{3b} 及 S_{3a} 的反并联二极管的电流同样将线性减小。实际上,$t \in [t_3, t_4)$ 时间段为 Q_2 和 Q_3 关断而 Q_1 和 Q_4 尚未导通的死区时间。

在 t_5 时刻,变压器一次侧输入电流 i_p 恰好减小至与交流侧电流 i_{ac} 大小相等,因而流经开关管 S_{3b} 及 S_{3a} 的反并联二极管的电流同样将自然减小至零而零电流关断。在 $t \in [t_5, t_6)$ 时间段内,电路状态如图 5.18(f)所示。由于在 t_5 时刻之前,开关管 S_{3a} 的控制信号已经置低,因此虽然 S_{3a} 承受正向电压却不能导通。在

$t \in [t_5, t_6)$ 时间段内,变压器一次侧电流 i_p 将近似保持不变且与交流侧电流 i_{ac} 相等,功率由交流侧向直流侧传输,电路进入功率传输态。

接下来介绍电路由功率传输态进入续流态的过程。在 $t \in [t_7, t_8)$ 时间段内,电路处于续流状态,电路状态如图 5.18(h) 所示。对比图 5.18(f) 和(h)可知,流经 S_{4b} 和 S_{4a} 反并联二极管的电流路径转移至 S_{3a} 及 S_{3b} 反并联二极管,变压器一次侧电流 i_p 由交流侧电流值 i_{ac} 减小至零。为避免漏感电流 i_p 突变引起电压尖峰,应当利用直流电源及矩阵变换器的续流通道使漏感电流 i_p 逐渐减小至零,因此需要将负向电压施加到变压器漏感 L_σ 上。

因此在 t_6 时刻,开关管 Q_1 和 Q_4 的控制信号置低而零电压关断,同时开关管 S_{3a} 的控制信号置高而零电流导通。在 $t \in [t_6, t_7)$ 时间段,电路状态如图 5.18(g) 所示。在开关管 S_{3a} 导通后,变压器一次侧输入电压 $u_p = 0$,而变压器二次侧输入电压 $u_s = U_{dc}$,因此变压器漏感 L_σ 端电压为

$$u_{L\sigma} = u_p - nu_s = -nU_{dc} < 0 \tag{5.50}$$

因而,变压器一次侧输入电流 i_p 将线性减小。由基尔霍夫电流定律可知,在交流侧电流 i_{ac} 恒定不变的情况下,变压器一次侧输入电流 i_p 线性减小将使流经开关管 S_{3a} 及 S_{3b} 反并联二极管的电流线性增大。

在 t_7 时刻,变压器一次侧输入电流 i_p 恰好减小至零而使 Q_1 和 Q_4 的反并联二极管零电流关断,相应地,开关管 S_{4a} 和 S_{4b} 实现零电流关断。同时,在 t_7 时刻流经开关管 S_{3a} 和 S_{3b} 反并联二极管的电流恰好增大至与 i_{ac} 相等。在 $t \in [t_7, t_8)$ 时间段,电路状态如图 5.18(h) 所示,交流侧电流 i_{ac} 处于续流状态。由图 5.18(h) 可知,在所提出调制策略下,当变换器处于续流状态时,只有矩阵变换器的 4 个开关管导通。因此,本节所提出的调制策略有效降低了系统的通态损耗。

通过上述分析可知,本节所提出调制的策略实现了不同电路状态之间的柔性切换,从而避免了变压器电流突变,进而消除了电压尖峰。进一步,将各个时刻各开关管的软开关类型列于表 5.2 中,其中 D_x 为相应开关管的反并联二极管,ZV 代表零电压,ZC 代表零电流。由表 5.2 可知,矩阵变换器所有开关管均实现了零电流开关运行,全桥变换器均实现了零电压或零电流开关运行,即所有开关管实现了软开关运行,有效降低了系统的开关损耗。

表 5.2　AC−DC 方向下各个时刻各开关管的开关类型

时刻	t_1	t_2	t_3	t_4	t_5	t_6	t_7
软开关类型	$D_{4a}S_{4b}$ Q_2 Q_3 ZC−on	S_{3b} D_{3a} ZC−on, S_{3a} D_{3b} ZC−off	D_1 D_4 ZV on, Q_2 Q_3 ZV−off	Q_1 Q_4 ZV−on	S_{3a} S_{3b} ZC−off	S_{3a} S_{3b} ZC−on, Q_1 Q_4 ZV−off	S_{4a} S_{4b} D_1 D_4 ZC−off

5.4.3　DC−AC 功率传输方向下的调制策略

DC−AC 功率传输方向下可消除电压尖峰和实现所有开关管软开关运行，其调制策略的工作波形如图 5.19 所示。下面以图 5.19(b) 中 $t \in [t_0, t_5)$ 时间段为例阐述所提出的调制策略的工作原理。图 5.20 所示为图 5.19(b) 中 $[t, t_4)$ 时间段所提出的调制策略在 DC−AC 方向下各个区间对应的电流流通路径。

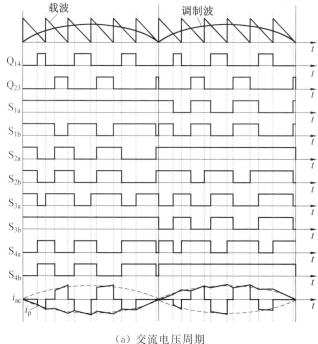

（a）交流电压周期

图 5.19　DC−AC 功率传输方向下所提出的调制策略的工作波形

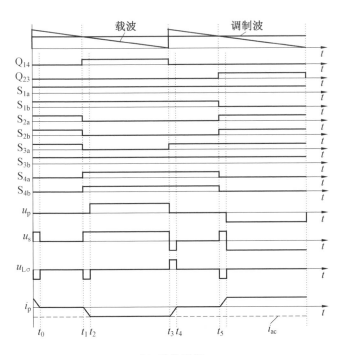

（b）开关周期

续图 5.19

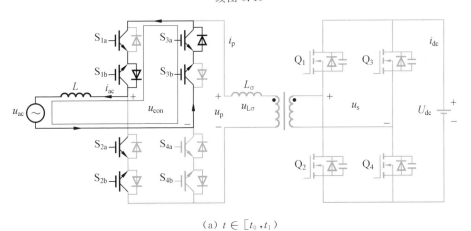

（a）$t \in [t_0, t_1)$

图 5.20　所提出调制策略在 DC—AC 方向下各个区间对应的电流流通路径

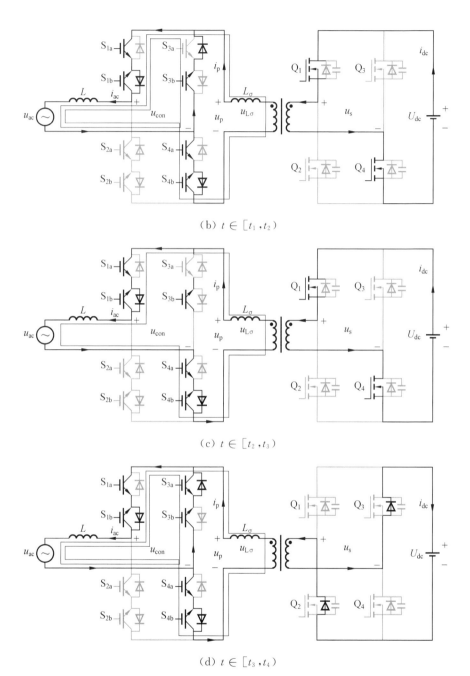

（b）$t \in [t_1, t_2)$

（c）$t \in [t_2, t_3)$

（d）$t \in [t_3, t_4)$

图 5.20　所提出调制策略在 DC－AC 方向下各个区间对应的电流流通路径

首先分析电路由续流态过渡到功率传输态的过程。在 $t \in [t_0, t_1)$ 时间段，电路处于续流态，电路状态如图 5.20(a) 所示。在 $t \in [t_2, t_3)$ 时间段，电路处于功率传输态，电路状态如图 5.20(c) 所示。对比图 5.20(a) 和 (c) 可知，在续流态变压器电流 i_p 为零，而在功率传输态 i_p 等于交流侧电流 i_{ac}。为避免 i_p 突变引起电压尖峰，应在转变为功率态之前将直流电压施加到变压器漏感 L_σ 上，从而使 i_p 快速反向增大至交流侧电流值 i_{ac}。因此，在 t_1 时刻，S_{2a}、S_{2b} 和 S_{3a} 的控制信号置低，同时 S_{4a}、S_{4b} 的控制信号置高，使矩阵变换器中产生由 S_{3a}、S_{3b}、S_{4a} 及 S_{4b} 构成的续流通道；同时 Q_1 和 Q_4 的控制信号置高，变压器二次侧输入正向电压。在 $t \in [t_1, t_2)$ 时间段，电路状态如图 5.20(b) 所示。此时 L_σ 端电压为

$$u_{L\sigma} = u_p - n u_s = 0 - n U_{dc} = -n U_{dc} < 0 \qquad (5.51)$$

因而 i_p 将由零反向线性增大。由图 5.20(b) 可知，在开关周期层面交流侧电流 i_{ac} 可视为恒值，根据基尔霍夫电流定律，随着变压器一次侧输入电流 i_p 的逐渐增大，流经开关管 S_{3b} 及 S_{3a} 反向并联二极管的电流将逐渐减小。在 t_2 时刻，变压器一次侧输入电流 i_p 恰好增大至与交流侧电流 i_{ac} 相等，因此流经开关管 S_{3b} 及 S_{3a} 反向并联二极管的电流减小至零。由于 S_{3a} 的控制信号已经在 t_1 时刻置低，因此虽然 S_{3a} 承受正向电压却不会导通。所以，在 $t \in [t_2, t_3)$ 时间段，电路自然转换到功率传输态，电路状态如图 5.20(c) 所示。

在 t_3 时刻，Q_1 和 Q_4 控制信号置低而零电压关断，同时 S_{3a} 的控制信号置高。在 Q_1 和 Q_4 关断后，变压器二次侧输入电压 $u_s = -U_{dc} < 0$，相应地，开关管 S_{3b} 将承受正向电压而导通。所以，在 $t \in [t_3, t_4)$ 时间段，电路状态如图 5.20(d) 所示。在开关管 S_{3b} 导通后，变压器一次侧输入电压 $u_p = 0$，因此变压器漏感 L_σ 端电压为

$$u_{L\sigma} = u_p - n u_s = U_{dc} > 0 \qquad (5.52)$$

因而 i_p 将线性减小。流经 S_{3b} 及 S_{3a} 反并联二极管的电流相应地线性增大。在 t_4 时刻，i_p 减小至零而使 Q_2 和 Q_3 的反并联二极管零电流关断，相应的开关管 S_{4a} 和 S_{4b} 零电流关断。由于全桥变换器所有开关管均关断，因此 i_p 不会反向增加。同时，流经 S_{3b} 及 S_{3a} 反并联二极管的电流增大至与 i_{ac} 相等。在 $t \in [t_4, t_5)$ 时间段，交流侧电流 i_{ac} 处于续流状态。

将 DC－AC 方向下各个时刻各开关管的软开关类型列于表 5.3 中。矩阵变换器所有开关管均实现了零电流开关运行，全桥变换器均实现了零电压或零电

流开关运行,即所有开关管实现了软开关运行,有效降低了系统的开关损耗。因此,在功率由 DC 向 AC 传输时,所提出的调制策略实现了不同电路状态之间的柔性切换,从而避免了变压器电流突变,进而消除了电压尖峰,而且也实现了所有功率开关管的软开关运行。

表 5.3 DC－AC 方向下各个时刻各开关管的软开关类型

时刻	t_1	t_2	t_3	t_4
软开关类型	S_{4a} D_{4b} Q_1 Q_4 ZC－on	D_{3a} S_{3b} ZC－off	D_{3a} S_{3b} ZC－on, D_2 D_3 ZV－on, Q_1 Q_4 ZV－off	D_2 D_3 S_{1a} D_{4b} ZC－off

5.4.4 功率反转区的问题分析及解决方案

1. 功率反转区存在性的验证

忽略变压器影响下的单级式变换器的电压矢量方程可以表示为

$$\boldsymbol{U}_{L\sigma} = \boldsymbol{U}_{ac} - \boldsymbol{U}_L \tag{5.53}$$

式中,$\boldsymbol{U}_{L\sigma}$、$\boldsymbol{U}_{ac}$ 和 $\boldsymbol{U}_L$ 分别为矩阵变换器输出电压矢量、交流电压矢量和交流侧电感电压矢量。

单位功率因数和非单位功率因数下变换器的矢量图如图 5.21 所示。可以明显看出,在矩阵变换器输出电压和交流侧电流之间存在一个相位差。定义期望的功率因数为 $\cos \varphi_{ui}$,其中 φ_{ui} 为交流侧电压电流相位差。通过对图 5.21 中的 $\triangle OAB$ 运用余弦定理,则矩阵变换器输出电压和交流侧电压的相位差可以表示为

$$\varphi_{uucon} = -\arctan \frac{\omega_1 L I_m \cos \varphi_{ui}}{U_m + \omega_1 L I_m \sin \varphi_{ui}} \tag{5.54}$$

式中,U_m、ω_1 分别为交流侧电压的幅值和角频率;I_m 为交流电流幅值。则矩阵变换器输出电压和交流侧电流之间的相位差可以表示为

$$\varphi_{iucon} = \varphi_{ui} + \arctan \frac{\omega_1 L I_m \cos \varphi_{ui}}{U_m + \omega_1 L I_m \sin \varphi_{ui}} \tag{5.55}$$

交流侧电压、电流及矩阵变换器输出电压的理想基波成分的瞬时波形如图 5.22 所示。图 5.22(a)、(b)所示为期望传输功率方向为 AC－DC 情况下的瞬时

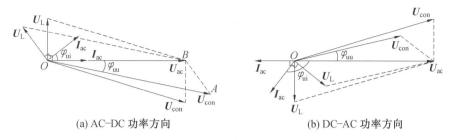

(a) AC-DC 功率方向　　　　　　　　(b) DC-AC 功率方向

图 5.21　单位功率因数和非单位功率因数下变换器的矢量图

波形图,虚线框所示区域矩阵变换器输出电压与交流侧电流的极性相反。这意味着实际的功率方向已经转变为 DC－AC 功率方向,发生功率反转。相似地,在期望传输功率方向为 DC－AC 的情况下,相应的瞬时波形如图 5.22(c)、(d) 所示。在虚线框所示区域,矩阵变换器输出电压的极性已经变为与交流侧电流的极性相一致。这意味着实际功率方向已经转变为 AC－DC 功率方向。既然在两个期望传输方向下,虚线框所示区域的实际功率传输方向均与期望方向相反,那么就将虚线框所示区域定义为功率反转区。

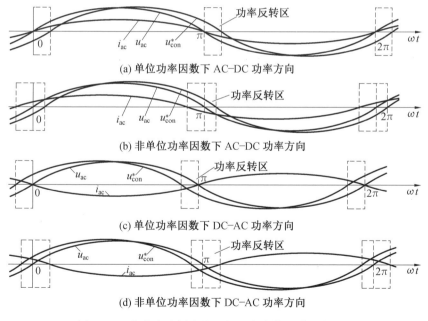

(a) 单位功率因数下 AC-DC 功率方向

(b) 非单位功率因数下 AC-DC 功率方向

(c) 单位功率因数下 DC-AC 功率方向

(d) 非单位功率因数下 DC-AC 功率方向

图 5.22　各个交流侧变量理想基波成分的瞬时波形

另外,功率反转区的相角区间与矩阵变换器输出电压和交流侧电流的相位差相等。功率反转区的相角区间与期望功率因数直接相关。为了进一步分析功率反转区的相角区间随期望功率因数的变化趋势,本节绘制了功率反转区的相角区间的分布曲线如图 5.23 所示。由图可知,功率反转区的相角区间与期望功率因数角之间近似为线性关系,功率反转区的相角区间随着期望功率因数角的增加而逐渐增加。这意味着功率反转区的相角区间随着期望功率因数的降低而逐渐提高。

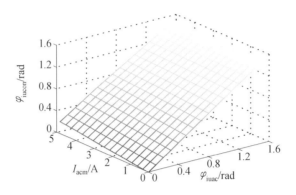

图 5.23　功率反转区的相角区间的分布曲线

2. 功率反转区的工作特性分析

　　下面分析所提出的调制策略在功率反转区的表现以揭示其问题。首先分析期望功率传输方向为 AC—DC 的情况。图 5.24 所示为 AC—DC 方向下功率反转区内的工作波形。由图可知,此时由于实际的功率方向已经变为 DC—AC 方向,因此由前述分析可知,不再需要全桥变换器中开关管的短时对角导通。由于前面所提出的调制策略并未考虑这段功率反转区,因此在功率反转区仍然使用了全桥变换器的短时对角导通,由图 5.24 可知,产生了反向电流过冲。图 5.25 所示为 AC—DC 方向下功率反转区内各区间的电流流通路径,用来揭示 AC—DC 方向的调制策略在实际电流方向与期望电流方向相反时存在的问题。在图 5.25(a) 中变换器处于续流状态,与图 5.17(a) 中交流侧电流的极性为正的情况不同,在图 5.25(a) 中交流侧电流的极性为负。对比图 5.25(a) 所示的续流态和图 5.25(f) 所示的功率传输态可知,变压器电流由零反向增大至 i_{ac}。因此,在图 5.25(a) 所示续流态之后,期望将负向电压施加至变压器漏感。但实际上在图 5.25(b) 中的 t_1 时刻,Q_2、Q_3、S_{4a} 和 S_{4b} 的控制信号置高,导致在 $t \in [t_1, t_2)$ 时间

段内变压器漏感承受正向电压,此时电路原理图如图 5.25(a) 所示。 由图
5.25(a) 可知,在 $t \in [t_1, t_2)$ 时间段内,变压器一次侧输入电流 i_p 正向线性增
大。在交流侧电流 i_{ac} 近似不变的情况下,由基尔霍夫电流定律可知,流经开关管
S_{3b} 和 S_{3a} 反并联二极管的电流将在 i_{ac} 的基础上继续增大。由前述分析可知,$t \in$
$[t_1, t_2)$ 时间段的长度,即 Q_2 和 Q_3 的导通时间由式(5.48)确定。因此在 t_2 时刻,
变压器一次侧电流 $i_p(t_2)$ 为

$$i_p(t_2) = i_p(t_1) + \frac{nU_{dc}}{L}t_{rev} = i_{ac\_max} \tag{5.56}$$

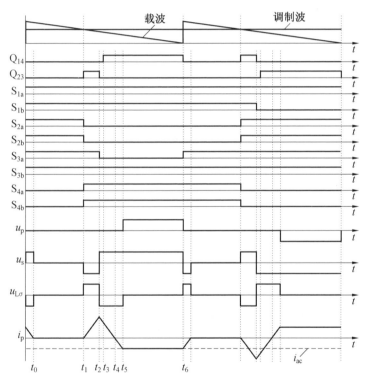

图 5.24　AC－DC 方向下功率反转区内的工作波形

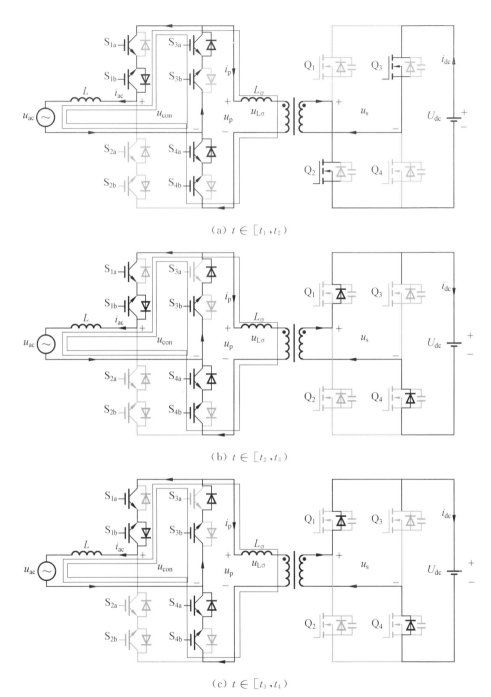

（a）$t \in [t_1, t_2]$

（b）$t \in [t_2, t_3]$

（c）$t \in [t_3, t_4]$

图 5.25　AC－DC 方向下功率反转区内各区间的电流流通路径

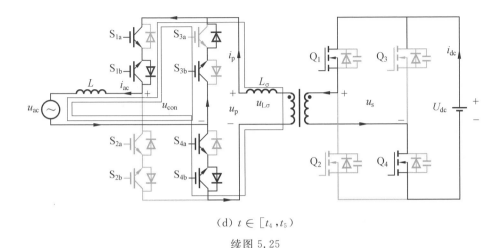

(d) $t \in [t_4, t_5]$

续图 5.25

　　因此在 t_2 时刻,流经开关管 S_{3b} 和 S_{3a} 反并联二极管的电流为 $i_{ac} + i_{ac\_max}$,这意味着开关管 S_{3b} 和 S_{3a} 反并联二极管的电流应力将大于交流侧电流峰值。在 t_2 时刻,开关管 Q_2 和 Q_3 关断,变压器二次侧电流被迫通过开关管 Q_1 和 Q_4 的反并联二极管续流,同时全桥变换器对变压器二次侧输入正向电压,这意味着变压器漏感承受负向电压。因此在 t_2 时刻后,变压器一次侧电流线性减小,并在 t_4 时刻减小至零,并进一步反向增大,最终在 t_5 时刻反向增大至交流侧电流 i_{ac}。

　　通过上述分析可知,在 AC－DC 方向下的功率反转区,所提出的调制策略产生了反向电流过冲,增大了矩阵变换器中部分开关管的电流应力。

　　当期望功率传输方向为 DC－AC 时,所提出的调制策略在功率反转区的实际表现简要分析如下。此时的功率传输方向已经变为 AC－DC 方向。根据所提出调制策略的原理可知,此时需要在由续流态转变为功率传输态之前,由全桥变换器输出反向电压使变压器电流主动增大至交流侧电流。但 DC－AC 方向的调制策略并没有提供这一功能,造成变压器电流突变,从而产生电压尖峰。由于这一过程和传统调制策略在 AC－DC 方向产生电压尖峰的原理是相同的,因此本节不再对其进行更多阐述。DC－AC 方向下功率反转区内的开关周期工作波形如图 5.26 所示,图中标识了产生电压尖峰的时刻和位置。

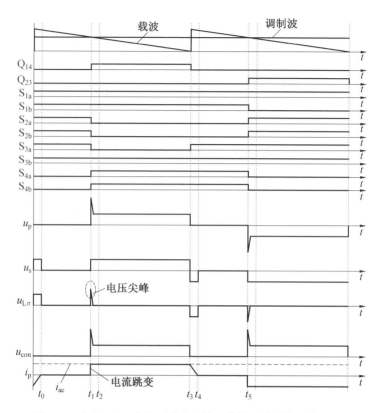

图 5.26　DC－AC 方向下功率反转区内的开关周期工作波形

由上述分析可知,在此情况下,功率反转区产生了电压尖峰。因此两个功率传输方向下的调制策略均产生了问题。事实上,目前传统调制策略中均存在这一问题,且尚未有相应的解决方案出现。而由前述分析可知,当变换器工作在非单位功率因数时,功率反转区的区间会扩大,由此造成不正常工作区间相应扩大,进一步恶化了调制策略的实际工作性能。因此必须提出相应的改进方案来解决这一在此类变换器的调制策略中普遍存在的问题。

3. 功率反转区的工作特性优化

由前述分析可知,所提出的调制策略在功率反转区产生反向电流过冲或电压尖峰的本质原因,在于实际的功率传输方向和所采用的调制策略不匹配。因此一种简单的方案是,在功率反转区将调制策略切换为与实际功率传输方向相匹配的调制策略。例如,当期望功率传输方向为 AC－DC 方向时,在功率反转区将调制策略切换为 DC－AC 方向的调制策略;而当期望功率传输方向为 DC－

AC 方向时,在功率反转区应将调制策略切换为 AC－DC 方向的调制策略。

由单极性调制策略的原理和所提出的用于解决功率反转区问题的在线调制策略切换方案可知,需要知道变换器电压与交流侧电流的相位差。为避免使用调制波的瞬时值来对 PWM 信号进行切换,这里使用式(5.55)对变换器电压与交流侧电压的相位差进行计算。式(5.55)中交流侧电感值可以视为已知量,交流侧电压的幅值和相位可以通过锁相环实时获得,交流电流幅值可以使用其参考值,其相位可以通过期望的功率因数和交流侧电压的相角做差获得。进而可以通过所预测出的变换器电压的相位来判断变换器是否进入功率反转区,若进入功率反转区,则将调制策略切换为相应功率传输方向的调制策略,从而消除上述问题。根据上述思想,获得包含变换器输出电压相位预测和调制策略在线切换方案的算法原理如图 5.27 所示。其中交流侧电流使用闭环控制,其输出经过绝对值运算后获得实际的调制波。另外,对变换器电压的相位进行在线预测,进而获得确切的与当前实际功率传输方向相匹配的 PWM 控制信号。

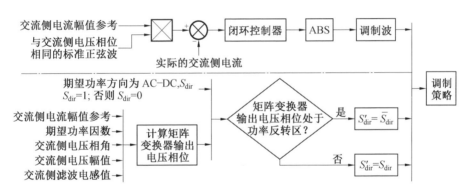

图 5.27　加入调制策略在线切换的算法原理

加入调制策略在线切换后变换器的工作波形如图 5.28 所示。由图可知,在期望的两个功率传输方向下,均实现了交流侧电流的正弦波形控制,同时消除了反向电流过冲和电压尖峰。

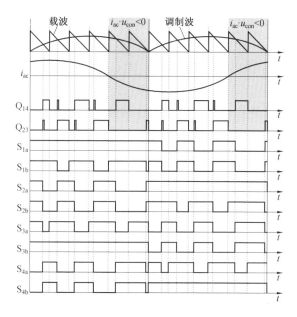

（a）AC－DC 方向

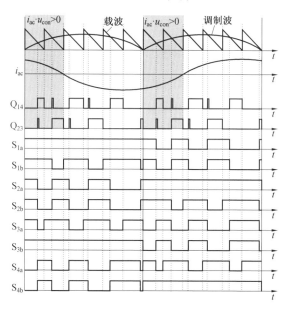

（b）DC－AC 方向

图 5.28　加入调制策略在线切换后变换器的工作波形

5.5　本 章 小 结

本章分析了两级式高频隔离型 AC－DC－DC 变换器的统一结构和技术特点,详细阐述了单相准单级式双有源桥高频隔离型 AC－DC 变换器和单相单级式电流型高频隔离型 AC－DC 变换器的工作原理和调制策略。

两级式高频隔离型 AC－DC－DC 变换器可以实现双向升降压 AC－DC 变换器,但是其采用分立式结构,控制较为复杂。同时受限于所使用的直流侧大容值电容,功率密度和使用寿命尚存在一定问题。

单相准单级式双有源桥高频隔离型 AC－DC 变换器的本质原理与双有源桥 DC－DC 变换器相同,其区别在于需保证交流侧电流的正弦波形。所分析的优化三移相调制策略保证了相邻开关周期变压器电流始终由零开始、由零结束,从而在实现交流侧电流精确控制的同时消除了双侧环流。此类变换器的高集成度、宽电压转换范围、易于实现软开关等特性具有广阔的应用前景。

单相单级式电流型高频隔离型 AC－DC 变换器具有理论上最低的开关管电流应力,同样具有高集成度、易于实现软开关等优点。所分析的可消除电压尖峰的调制策略保证了变换器的安全可靠运行,而且算法实现较为简单,提高了此类变换器的实用价值。

第 6 章

三相单级式高频隔离型 AC−DC 变换器

本章主要阐述三相单级式高频隔离型 AC—DC 变换器及其调制策略。首先分析单向单级式电流型 AC—DC 变换器的拓扑结构及其调制策略;然后分析单向单级式有源桥 AC—DC 变换器的拓扑结构及其电流空间矢量作用时间的精确计算方法,以保证三相电流的正弦波形;最后分析单级式双有源桥 AC—DC 变换器的拓扑结构和工作原理,并提出一种电流解耦型电流矢量移相调制策略,以提高三相电流的波形质量,进一步提出变开关周期的最大传输功率提升策略,并对这两种调制策略进行对比。

6.1　概　　述

　　三相单级式高频隔离型 AC−DC 变换器可看作是单相结构的扩展,其与单相结构的区别在于,需要同时实现三相电流的正弦波形,以保证变换器的电能变换质量。该变换器根据功率传输方向的不同,分为单向功率传输型和双向功率传输型;根据工作原理的不同,又分为基于大感值储能电感的电流型结构和有源桥式结构。其中电流型结构沿用非隔离型 AC−DC 变换器的原理,在直流侧设置大感值电感,采用标准电流空间矢量调制策略即可实现三相电流的正弦波形。而有源桥式结构取消了大感值电感,相比于电流型结构其功率密度得以显著提高,然而相邻电流空间矢量之间存在耦合,标准电流空间矢量调制策略中的矢量作用时间计算公式无法保证三相电流的正弦波形,增加了这一类变换器的控制难度。

　　本章主要分析几种典型的三相单级式高频隔离型 AC−DC 变换器。首先分析单向单级式电流型 AC−DC 变换器的拓扑结构及其调制策略;然后分析单向单级式有源桥 AC−DC 变换器的拓扑结构和可实现电流空间矢量作用时间精确计算的调制策略;最后分析单级式双有源桥 AC−DC 变换器的拓扑结构、电流解耦型电流矢量移相调制策略及变开关周期的最大传输功率提升策略,并对这两种调制策略进行对比。

6.2　单向单级式电流型 AC − DC 变换器

　　图 6.1 所示为单向单级式电流型高频隔离型 AC−DC 变换器拓扑结构。该

变换器由交流侧 LC 滤波器、交流侧矩阵变换器、高频变压器、直流侧全桥整流器以及直流侧储能电感和输出滤波电容构成。高频变压器可由归算到一次侧的漏感 L_σ 和变比为 $n:1$ 的理想变压器的组合模型进行等效。交流侧 LC 滤波器负责滤除矩阵变换器交流侧输出电流的高频谐波。与非隔离电流型整流器相同,该变换器通过直流侧储能电感 L 获得近似恒定的直流侧电流。同时由于变压器漏感很小,若忽略变压器漏感,这种隔离型变换器与非隔离型变换器的工作原理是相同的,仍然可以使用电流空间矢量调制策略(Current Space Vector Pulse Width Modulation,CSVPWM)对其进行控制。

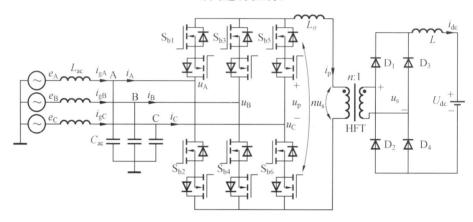

图 6.1　单向单级式电流型高频隔离型 AC－DC 变换器拓扑结构

　　下面结合 CSVPWM 对这种变换器的工作原理进行分析。若忽略交流侧 LC 滤波器,即认为三相交流电源侧电流和变换器交流侧在开关周期内的平均电流完全相同,则在三相系统中,交流侧三相电流与其合成电流空间矢量 $\boldsymbol{I}_{\mathrm{syn}}$ 之间的关系式为

$$\boldsymbol{I}_{\mathrm{syn}} = \frac{2}{3}(i_{\mathrm{gA}} + i_{\mathrm{gB}}\mathrm{e}^{\mathrm{j}\frac{2\pi}{3}} + i_{\mathrm{gC}}\mathrm{e}^{-\mathrm{j}\frac{2\pi}{3}}) = \frac{2}{3}(\langle i_{\mathrm{A}}\rangle_{\mathrm{Ts}} + \langle i_{\mathrm{B}}\rangle_{\mathrm{Ts}}\mathrm{e}^{\mathrm{j}\frac{2\pi}{3}} + \langle i_{\mathrm{C}}\rangle_{\mathrm{Ts}}\mathrm{e}^{-\mathrm{j}\frac{2\pi}{3}}) = I_{\mathrm{m}}\mathrm{e}^{\mathrm{j}\theta}\boldsymbol{I}_1$$

$$(6.1)$$

式中,$\langle i_{\mathrm{A}}\rangle_{\mathrm{Ts}}$、$\langle i_{\mathrm{B}}\rangle_{\mathrm{Ts}}$ 和 $\langle i_{\mathrm{C}}\rangle_{\mathrm{Ts}}$ 分别为变换器交流侧三相电流在开关周期 T_{s} 内的平均值;i_{gA}、i_{gB} 和 i_{gC} 分别为电源侧三相电流;I_{m} 为电源侧三相电流幅值;θ 为三相电流合成矢量相角。

　　在 CSVPWM 调制策略中,由于交流侧采用 LC 滤波器,为避免滤波电容短路,同时为了给变压器电流提供续流路径,因此在任意时刻交流侧矩阵变换器上下桥臂各仅有一个双向开关导通。由此共有 6 个有效电流矢量和 3 个零矢量,各电流矢量对应的开关状态见表 6.1,其中 1 代表导通,0 代表关断。表 6.1 同时列出了各电流矢量对应的矩阵变换器高频输出电压。由表 6.1 可知,每个有效电流矢量作用时,矩阵变换器高频输出电压为相应的交流电源线电压,而零矢量通过同一桥臂的两个双向开关中的同向开关同时导通来实现,此时变压器一次侧绕组短路,交流电源不为变换器提供功率。

表 6.1　各电流矢量对应的开关状态

电流矢量	S_{b1}	S_{b2}	S_{b3}	S_{b4}	S_{b5}	S_{b6}	u_p
I_1	1	0	0	1	0	0	u_{AB}
I_2	1	0	0	0	0	1	u_{AC}
I_3	0	0	1	0	0	1	u_{BC}
I_4	0	1	1	0	0	0	u_{BA}
I_5	0	1	0	0	1	0	u_{CA}
I_6	0	0	0	1	1	0	u_{CB}
I_7	1	1	0	0	0	0	0
I_8	0	0	1	1	0	0	0
I_9	0	0	0	0	1	1	0

　　期望三相电流合成矢量 $\boldsymbol{I}_{\text{syn}}^{*}$ 由相邻的两个有效电流空间矢量合成。电流空间矢量分布及矢量合成图如图 6.2 所示,图中给出了各有效电流空间矢量在复平面中的空间分布,并以第一扇区为例给出了三相电流合成矢量的合成原则。根据 CSVPWM 原理可知,第一扇区内,在给定合成矢量 $\boldsymbol{I}_{\text{syn}}^{*}$ 下,相应的电流空间矢量作用时间的计算公式为

$$\begin{cases} T_1 = T_s m \sin\left(\dfrac{\pi}{6} - \theta\right) \\[2mm] T_2 = T_s m \sin\left(\dfrac{\pi}{6} + \theta\right) \\[2mm] T_0 = T_s - T_1 - T_2 \\[2mm] m = \left| \boldsymbol{I}_{\text{syn}}^{*} \right| / I_{\text{dc}} \leqslant 1 \end{cases} \tag{6.2}$$

式中,T_1、T_2 和 T_0 分别为有效电流矢量 $\boldsymbol{I}_1$、$\boldsymbol{I}_2$ 及零矢量的作用时间;m 为调制比。

　　在标准 CSVPWM 中,m 为期望三相电流合成矢量的模长 $\left| \boldsymbol{I}_{\text{syn}}^{*} \right|$ 与直流侧直

流电流 I_{dc} 的比值。

与非隔离型变换器的不同之处在于,为了实现功率通过变压器传输到直流侧,需要将变压器电流控制为高频方波。因此,在一个开关周期内,变换器高频输出电压应该为高频方波。在变换器高频输出电压的正半周,按照标准 CSVPWM 选取相应的电流矢量,而在变换器高频输出电压的负半周,应该将幅值相同但极性相反的电流矢量作用到变换器,以将变压器电

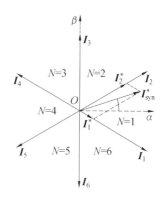

图 6.2 电流空间矢量分布及矢量合成图

流的极性反转。图 6.3 所示为第一扇区一个开关周期内的变换器工作波形,由图可知,在变换器高频输出电压的正半周,分别作用 I_1^+、I_2^+ 和零矢量,而在变换器高频输出电压的负半周,分别作用 I_1^-、I_2^- 和零矢量。带有"—"的各个电流矢量的作用时间与"+"对应的电流矢量作用时间相同,但是变换器高频输出电压的极性发生反转,从而一方面仍然能够获得三相正弦交流电流波形,另一方面实现高频方波变压器电流,从而实现功率由交流侧向直流侧传输。表 6.2 所示为各个扇区有效电流矢量作用下不同变压器电流极性对应的变换器输入输出电压。

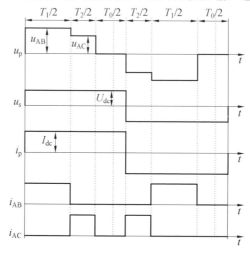

图 6.3 第一扇区一个开关周期内的变换器工作波形

表 6.2　各个扇区有效电流矢量作用下不同变压器电流极性对应的变换器输入输出电压

扇区	i_{p} 极性	有效电流矢量	输入电压	u_{p}
1	$i_{\mathrm{p}} > 0$	$\boldsymbol{I}_1^+$	$u_{\mathrm{AB}} > 0$	$u_{\mathrm{AB}} > 0$
		$\boldsymbol{I}_2^+$	$u_{\mathrm{AC}} > 0$	$u_{\mathrm{AC}} > 0$
	$i_{\mathrm{p}} < 0$	$\boldsymbol{I}_1^-$	$u_{\mathrm{AB}} > 0$	$-u_{\mathrm{AB}} < 0$
		$\boldsymbol{I}_2^-$	$u_{\mathrm{AC}} > 0$	$-u_{\mathrm{AC}} < 0$
2	$i_{\mathrm{p}} > 0$	$\boldsymbol{I}_2^+$	$u_{\mathrm{AC}} > 0$	$u_{\mathrm{AC}} > 0$
		$\boldsymbol{I}_3^+$	$u_{\mathrm{BC}} > 0$	$u_{\mathrm{BC}} > 0$
	$i_{\mathrm{p}} < 0$	$\boldsymbol{I}_2^-$	$u_{\mathrm{AC}} > 0$	$-u_{\mathrm{AC}} < 0$
		$\boldsymbol{I}_3^-$	$u_{\mathrm{BC}} > 0$	$-u_{\mathrm{BC}} < 0$
3	$i_{\mathrm{p}} > 0$	$\boldsymbol{I}_3^+$	$u_{\mathrm{BC}} > 0$	$u_{\mathrm{BC}} > 0$
		$\boldsymbol{I}_4^+$	$u_{\mathrm{BA}} > 0$	$u_{\mathrm{BA}} > 0$
	$i_{\mathrm{p}} < 0$	$\boldsymbol{I}_3^-$	$u_{\mathrm{BC}} > 0$	$-u_{\mathrm{BC}} < 0$
		$\boldsymbol{I}_4^-$	$u_{\mathrm{BA}} > 0$	$-u_{\mathrm{BA}} < 0$
4	$i_{\mathrm{p}} > 0$	$\boldsymbol{I}_4^+$	$u_{\mathrm{BA}} > 0$	$u_{\mathrm{BA}} > 0$
		$\boldsymbol{I}_5^+$	$u_{\mathrm{CA}} > 0$	$u_{\mathrm{CA}} > 0$
	$i_{\mathrm{p}} < 0$	$\boldsymbol{I}_4^-$	$u_{\mathrm{BA}} > 0$	$-u_{\mathrm{BA}} < 0$
		$\boldsymbol{I}_5^-$	$u_{\mathrm{CA}} > 0$	$-u_{\mathrm{CA}} < 0$
5	$i_{\mathrm{p}} > 0$	$\boldsymbol{I}_5^+$	$u_{\mathrm{CA}} > 0$	$u_{\mathrm{CA}} > 0$
		$\boldsymbol{I}_6^+$	$u_{\mathrm{CB}} > 0$	$u_{\mathrm{CB}} > 0$
	$i_{\mathrm{p}} < 0$	$\boldsymbol{I}_5^-$	$u_{\mathrm{CA}} > 0$	$-u_{\mathrm{CA}} < 0$
		$\boldsymbol{I}_6^-$	$u_{\mathrm{CB}} > 0$	$-u_{\mathrm{CB}} < 0$
6	$i_{\mathrm{p}} > 0$	$\boldsymbol{I}_6^+$	$u_{\mathrm{CB}} > 0$	$u_{\mathrm{CB}} > 0$
		$\boldsymbol{I}_1^+$	$u_{\mathrm{AB}} > 0$	$u_{\mathrm{AB}} > 0$
	$i_{\mathrm{p}} < 0$	$\boldsymbol{I}_6^-$	$u_{\mathrm{CB}} > 0$	$-u_{\mathrm{CB}} < 0$
		$\boldsymbol{I}_1^-$	$u_{\mathrm{AB}} > 0$	$-u_{\mathrm{AB}} < 0$

6.3　单向单级式有源桥 AC – DC 变换器

6.3.1　拓扑结构

图 6.4 所示为单向单级式有源桥高频隔离型 AC−DC 变换器拓扑结构,由图可知,变换器交流侧结构与图 6.1 所示的单向电流型变换器的结构相近,因此理论上可以采用传统 CSVPWM 调制对其进行控制。二者的区别在于这一变换器的直流侧没有用于维持直流电流恒定的大感值电感,而将变压器漏感作为功率变换过程中的能量暂时存储环节,由此导致二者的工作特性存在本质区别,这一变换器已经变为电压型变换器。

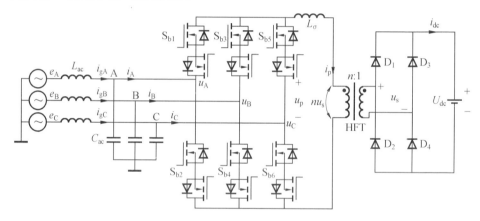

图 6.4　单向单级式有源桥高频隔离型 AC − DC 变换器拓扑结构

6.3.2　标准电流空间矢量调制策略的问题分析

理论上,标准 CSVPWM 仍然可以应用于该变换器,然而其区别是直流侧电流不再保持恒定。如前所述,为了在变压器中获得高频交变电流波形,需要在每个开关周期,将同一有效电流矢量对应桥臂的对角开关管的控制信号在开关周期的正负半周进行对调。同时,为降低交流侧电流谐波,采用正负半周对称的方式安排电流矢量的作用顺序。基于上述调制思想,第一扇区一个开关周期内的工作波形如图 6.5 所示。

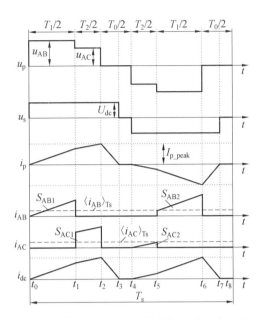

图 6.5 第一扇区一个开关周期内的工作波形

由图 6.5 可知,由于取消了直流侧大感值电感,因此变压器电流不再是幅值恒定的方波。由此造成实际前述用于计算各电流矢量作用时间的电流幅值比 m 已经不能真实反映三相电流合成矢量模长与直流侧电流之间的比例关系,而仅是一个表征有效电流矢量作用时间长度的比例系数。如果仍然认为 m 仅由 $|\boldsymbol{I}_{\mathrm{syn}}^*|$ 决定,而忽略了 m 与矢量作用时间的耦合,无疑会造成标准 CSVPWM 用于这一变换器时无法获得和具有大电感的变换器相同的性能。下面根据图 6.5 所示工作波形,定量分析标准 CSVPWM 作用于这一变换器时的交流侧电流特性。

首先根据图 6.4 推导两个有效电流矢量作用下变换器交流侧在开关周期内的传输平均电流。根据前述 CSVPWM 的工作原理,在第一扇区内,各有效电流矢量作用时,对应的交流侧矩阵变换器输入侧电压为

$$\begin{cases} u_{\mathrm{AB}} = \sqrt{3}\,U_{\mathrm{m}}\cos\left(\theta + \dfrac{\pi}{6}\right) \\[2mm] u_{\mathrm{AC}} = \sqrt{3}\,U_{\mathrm{m}}\cos\left(\theta - \dfrac{\pi}{6}\right) \end{cases} \tag{6.3}$$

式中,U_{m} 为交流电源的相电压幅值。

由图 6.4 可知,变压器一次侧电流 i_{p} 在一个开关周期内的变化率为

$$
\begin{cases}
\dfrac{\mathrm{d}i_{\mathrm{p}}}{\mathrm{d}t} = \dfrac{u_{\mathrm{AB}} - nU_{\mathrm{dc}}}{L_{\sigma}} & \left(t \in [t_0, t_1) = \dfrac{T_1}{2}\right) \\[2mm]
\dfrac{\mathrm{d}i_{\mathrm{p}}}{\mathrm{d}t} = \dfrac{u_{\mathrm{AC}} - nU_{\mathrm{dc}}}{L_{\sigma}} & \left(t \in [t_1, t_2) = \dfrac{T_2}{2}\right) \\[2mm]
\dfrac{\mathrm{d}i_{\mathrm{p}}}{\mathrm{d}t} = \dfrac{-nU_{\mathrm{dc}}}{L_{\sigma}} & \left(t \in [t_2, t_3) \leqslant \dfrac{T_0}{2}\right) \\[2mm]
\dfrac{\mathrm{d}i_{\mathrm{p}}}{\mathrm{d}t} = \dfrac{-u_{\mathrm{AC}} + nU_{\mathrm{dc}}}{L_{\sigma}} & \left(t \in [t_4, t_5) = \dfrac{T_2}{2}\right) \\[2mm]
\dfrac{\mathrm{d}i_{\mathrm{p}}}{\mathrm{d}t} = \dfrac{-u_{\mathrm{AB}} + nU_{\mathrm{dc}}}{L_{\sigma}} & \left(t \in [t_5, t_6) = \dfrac{T_1}{2}\right) \\[2mm]
\dfrac{\mathrm{d}i_{\mathrm{p}}}{\mathrm{d}t} = \dfrac{nU_{\mathrm{dc}}}{L_{\sigma}} & \left(t \in [t_6, t_7) \leqslant \dfrac{T_0}{2}\right) \\[2mm]
\dfrac{\mathrm{d}i_{\mathrm{p}}}{\mathrm{d}t} = 0 & (t \in (t_3, t_4) \bigcup (t_7, t_8))
\end{cases}
\tag{6.4}
$$

由式(6.4)可知，在 T_{s} 内 i_{AB} 的平均值 $\langle i_{\mathrm{AB}} \rangle_{\mathrm{Ts}}$ 的计算式为

$$
\langle i_{\mathrm{AB}} \rangle_{\mathrm{Ts}} = \frac{1}{T_{\mathrm{s}}}(S_{\mathrm{AB1}} + S_{\mathrm{AB2}}) = \frac{1}{T_{\mathrm{s}}}\left[\int_0^{\frac{T_1}{2}} \frac{u_{\mathrm{AB}} - nU_{\mathrm{dc}}}{L_{\sigma}} t \,\mathrm{d}t - \right.
$$
$$
\left. \int_0^{\frac{T_1}{2}} \left(\frac{-u_{\mathrm{AC}} + nU_{\mathrm{dc}}}{L_{\sigma}} \frac{T_2}{2} + \frac{-u_{\mathrm{AB}} + nU_{\mathrm{dc}}}{L_{\sigma}} t\right) \mathrm{d}t\right]
\tag{6.5}
$$

定义电压转换比 $k = \dfrac{nU_{\mathrm{dc}}}{U_{\mathrm{m}}}$，根据式(6.4)和矢量作用时间的表达式可得

$$
\langle i_{\mathrm{AB}} \rangle_{\mathrm{Ts}} = \frac{T_{\mathrm{s}} m^2 U_{\mathrm{m}}}{4L_{\sigma}}\left(\frac{3}{2} - k\cos\theta\right)\sin\left(\frac{\pi}{6} - \theta\right)
\tag{6.6}
$$

同理，可求得在 T_{s} 内 i_{AC} 的平均值 $\langle i_{\mathrm{AC}} \rangle_{\mathrm{T_s}}$ 的计算式为

$$
\langle i_{\mathrm{AC}} \rangle_{\mathrm{Ts}} = \frac{T_{\mathrm{s}} m^2 U_{\mathrm{m}}}{4L_{\sigma}}\left(\frac{3}{2} - k\cos\theta\right)\sin\left(\frac{\pi}{6} + \theta\right)
\tag{6.7}
$$

考虑到 $\langle i_{\mathrm{B}} \rangle_{\mathrm{Ts}} = -\langle i_{\mathrm{AB}} \rangle_{\mathrm{Ts}}$、$\langle i_{\mathrm{C}} \rangle_{\mathrm{Ts}} = -\langle i_{\mathrm{AC}} \rangle_{\mathrm{Ts}}$ 及 $\langle i_{\mathrm{A}} \rangle_{\mathrm{Ts}} + \langle i_{\mathrm{B}} \rangle_{\mathrm{Ts}} + \langle i_{\mathrm{C}} \rangle_{\mathrm{Ts}} = 0$，并将式(6.6)、式(6.7)代入式(6.1)可得实际三相合成电流矢量 $\boldsymbol{I}_{\mathrm{syn\_act}}$ 的表达式为

$$
\boldsymbol{I}_{\mathrm{syn\_act}} = \frac{T_{\mathrm{s}} m^2 U_{\mathrm{m}}}{4L_{\sigma}}\left(\frac{3}{2} - k\cos\theta\right)\mathrm{e}^{\mathrm{j}\theta}
\tag{6.8}
$$

由式(6.8)可知，$\boldsymbol{I}_{\mathrm{syn\_act}}$ 的幅值系数中含有旋转因子 θ，因此 $\boldsymbol{I}_{\mathrm{syn\_act}}$ 的模长将随着 θ 的变化而变化。根据 CSVPWM 调制各扇区的对称性，可以推导出实际三相合成电流矢量在各个扇区的表达式 $\boldsymbol{I}_{\mathrm{syn\_act}}(N)$ 为

$$\boldsymbol{I}_{\text{syn\_act}}(N) = \frac{T_s m^2 U_m}{4L_\sigma} \left\{ \frac{3}{2} - k\cos\left[\theta - \frac{\pi}{3}(N-1)\right] \right\} e^{j\theta} \qquad (N=1,2,\cdots,6)$$

$$(6.9)$$

绘制 $\boldsymbol{I}_{\text{syn\_act}}(N)$ 的顶点在复平面中的轨迹,其平面图如图 6.6 所示。由图 6.6 可知,在传统 CSVPWM 调制下,三相合成电流矢量的顶点在复平面的轨迹并非为圆形,会造成实际的三相交流电流的幅值发生变化,从而在三相交流电流中产生低次谐波。

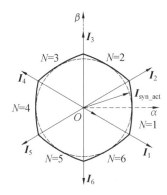

图 6.6　电流空间矢量合成轨迹平面图

下面以 A 相电流为例,对其相电流谐波成分进行定量分析。在三相系统中,三相合成电流空间矢量在 A 轴正方向上,即实数轴正方向的投影即是 A 相电流的瞬时值。因此,$\boldsymbol{I}_{\text{syn\_act}}(N)$ 的实部即为 A 相电流瞬时值的表达式。由欧拉公式及式(6.9)可得

$$\langle i_A\rangle_{Ts}(\theta) = \begin{cases} C_1\cos\theta - kC_1(1+\cos 2\theta)/3 & (N=1) \\ C_1\cos\theta - kC_1[1/2+\cos(2\theta-\pi/3)]/3 & (N=2) \\ C_1\cos\theta - kC_1[-1/2-\cos(2\theta+\pi/3)]/3 & (N=3) \\ C_1\cos\theta - kC_1(-1-\cos 2\theta)/3 & (N=4) \\ C_1\cos\theta - kC_1[-1/2-\cos(2\theta-\pi/3)]/3 & (N=5) \\ C_1\cos\theta - kC_1[1/2+\cos(2\theta+\pi/3)]/3 & (N=6) \end{cases}$$

$$(6.10)$$

式中,$C_1 = \dfrac{3T_s m^2 U_m}{8L_\sigma}$。

对式(6.10)进行傅里叶分析,可得 A 相电流傅里叶分解表达式为

$$
\begin{cases}
\langle i_A \rangle_{T_s}(\theta) = \sum_{n=1}^{\infty} a_n \cos n\theta \quad (n = 1, 2, 3, \cdots) \\[2mm]
a_n = \begin{cases}
\left(1 - \dfrac{2k}{\pi}\right) C_1 & (n = 1) \\[3mm]
0 & (n = 2) \\[3mm]
\dfrac{2kC_1}{3\pi}\left\{ \dfrac{4}{n(n^2-4)}\sin\dfrac{n\pi}{2} + \dfrac{2}{n(n^2-4)}\left(\sin\dfrac{n\pi}{6} + \sin\dfrac{5n\pi}{6}\right) + \right. \\[3mm]
\left. \dfrac{\sqrt{3}}{n^2-4}\left(\cos\dfrac{5n\pi}{6} - \cos\dfrac{n\pi}{6}\right) \right\} & (n = 3, \\ & 4, 5, \cdots)
\end{cases}
\end{cases}
$$

$$(6.11)$$

由式(6.11)可知,A 相电流的各次谐波幅值相对于基波幅值的比值 A_n 的表达式为

$$
A_n = \frac{a_n}{a_1} = \frac{2k}{3\pi(1 - 2k/\pi)}\left[\frac{4}{n(n^2-4)}\sin\frac{n\pi}{2} + \right.
$$
$$
\left. \frac{2}{n(n^2-4)}\left(\sin\frac{n\pi}{6} + \sin\frac{5n\pi}{6}\right) + \frac{\sqrt{3}}{n^2-4}\left(\cos\frac{5n\pi}{6} - \cos\frac{n\pi}{6}\right) \right] \quad (6.12)
$$

式中,$n = 3, 4, 5, \cdots$。

由式(6.12)可知,A_n 仅与其谐波次数 n 及电压转换比 k 有关,而与调制比 m 无关。依据式(6.12)绘制 20 次以内各次谐波的 A_n 值分布与其谐波次数 n 及系统电压转换比 k 的三维曲线如图 6.7 所示。由图可知,交流电源侧相电流仅含有除 3 的倍数以外的奇次谐波;对于确定的电压转换比 k,随着谐波次数的增加,谐波含量将逐渐降低;对于确定的谐波次数 n,随着电压转换比的减小,谐波含量将逐渐降低。以电压转换比 $k = 0.8$ 为例,其 5、7 次谐波含量高达 3%,另含有可观的 11、13 次谐波。

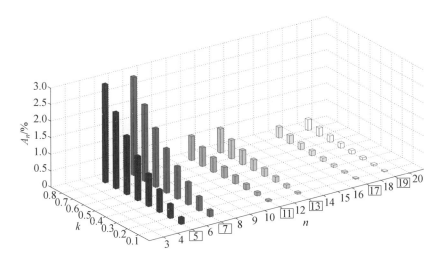

图 6.7　交流侧电流各次谐波幅值随电压转换比变化的三维曲线

6.3.3　空间矢量作用时间的精确计算方法

通过上述分析可知,传统 CSVPWM 直接用于这一变换器时难以获得令人满意的交流侧电流控制效果。考虑到交流侧电流低次谐波是由调制策略本身产生的,这里对传统的 CSVPWM 调制策略进行改进,重新建立期望三相电流合成矢量与各有效矢量作用时间之间的关系,获得各空间矢量作用时间的精确计算方法,实现对实际三相电流合成矢量的精确控制,从而消除交流侧电流谐波。

下面对各有效电流矢量作用时间精确计算方法的工作原理进行详细阐述。在三相系统中,一个电周期内,若三相电流合成矢量的模长保持不变,则交流侧电流将无低次谐波。因此本节以三相电流合成矢量的模长为常值作为约束,重新推导三相电流合成矢量与电流矢量作用时间的新的表达式,以消除电流低次谐波。

由式(6.9)所表征的三相电流合成矢量表达式可知,对于确定的系统参数,仅调制比 m 是可变量。实际上,由于变换器的直流侧电流不是恒定的,m 已经不能真实反映三相电流合成矢量模长与直流侧电流之间的比例关系,在本系统中 m 仅是一个表征有效电流矢量作用时间长度的比例系数。而且从式(6.9)可以看出,当调制比 m 为常值时,三相电流合成矢量的模长反而是关于相角 θ 的变量。因此,对于任意期望三相电流合成矢量,应该使调制比 m 随着相角 θ 的变化而变化。

为求取对于任意 θ 使得实际三相电流矢量等于期望三相电流合成矢量约束条件下的调制比 m^* 的确切表达式，首先需要求取给定系统参数下系统所能输出的最大三相电流合成矢量。以第一扇区为例，依据图 6.5 所示工作波形及式 (6.9) 所表征的实际输出三相电流合成矢量表达式来确定变换器所能输出的最大三相电流合成矢量。为防止有效电流矢量作用时间丢失，在有效电流矢量作用时一定要在变压器中产生电流，因此要求有效电流矢量作用时变压器一次侧的输入电压瞬时值要大于变压器二次侧归算电压。以 u_{AB} 为例，当 $\theta = \dfrac{\pi}{6}$ 时，u_{AB} 取得最小值 $\dfrac{\sqrt{3}}{2}U_m$。因此，应有约束条件：

$$nU_{dc} \leqslant \frac{\sqrt{3}}{2}U_m \tag{6.13}$$

将最大电压转换比 $k_m = \dfrac{nU_{dc}}{U_m}$ 代入式 (6.13) 可得

$$k_m \leqslant \frac{\sqrt{3}}{2} \tag{6.14}$$

此外，为实现对开关周期内传输平均电流的精确描述，应使变压器电流保持断续以使相邻开关周期内的电流解耦。因此，应当有约束条件 $t_3 \leqslant \dfrac{T_s}{2}$ 和 $t_7 \leqslant T_s$。考虑到正负半周内，有效电流矢量作用时间是相等的，因此上述两个解耦约束条件实际上是等价的。

下面以正半周为例，推导电流解耦约束下 k 与调制比 m 之间的约束条件。由式 (6.4) 可知

$$i_p(t_3) = i_p(t_0) + \frac{u_{AB} - nU_{dc}}{L_\sigma}\frac{T_1}{2} + \frac{u_{AC} - nU_{dc}}{L_\sigma}\frac{T_2}{2} - \frac{-nU_{dc}}{L_\sigma}\left(t_3 - \frac{T_1}{2} - \frac{T_2}{2}\right) \tag{6.15}$$

考虑到 $i_p(t_3) = i_p(t_0) = 0$，可得

$$\frac{3}{4}U_m T_s m/(nU_{dc}) = t_3 \leqslant \frac{T_s}{2} \tag{6.16}$$

进一步推导得

$$\frac{3}{2}m \leqslant k_m \tag{6.17}$$

因此，由式 (6.17) 可知，为防止有效电流矢量作用时间丢失同时保证相邻开关周期变压器电流解耦，k 及空间矢量作用时间系数 m 需满足约束条件：

$$\frac{3}{2}m \leqslant k \leqslant \frac{\sqrt{3}}{2} \tag{6.18}$$

下面依据式(6.18)表征在 k 与调制比 m 的整个变化范围内,系统所能输出的最大期望三相电流合成矢量模长。由式(6.8)可知,系统实际三相电流合成矢量的模长的表达式为

$$|\boldsymbol{I}_{\text{syn\_act}}| = \frac{T_s m^2 U_m}{4 L_\sigma}\left(\frac{3}{2} - k\cos\theta\right) \tag{6.19}$$

由式(6.17)可知,对于给定的电压转换比,m 的上限为 $\frac{2}{3}k_m$。则将 $m = \frac{2}{3}k_m$ 代入式(6.8),可求得对于给定的 k_m,$|\boldsymbol{I}_{\text{syn\_act}}|$ 的最大值 $|\boldsymbol{I}_{\text{syn\_act}}|_{\_\text{max}}$ 为

$$|\boldsymbol{I}_{\text{syn\_act}}|_{\_\text{max}} = \frac{T_s U_m}{9 L_\sigma}k_m^2\left(\frac{3}{2} - k_m\cos\theta\right) \tag{6.20}$$

为消除交流侧相电流谐波,三相电流合成矢量的模长应是与相角 θ 无关的常值。因此,由式(6.20)可知,为保证三相电流正弦波形约束下的最大三相电流合成矢量模长应是 $|\boldsymbol{I}_{\text{syn\_act}}|_{\_\text{max}}$ 在 $\theta \in \left[-\dfrac{\pi}{6}, \dfrac{\pi}{6}\right]$ 范围内的最小值。当 $\theta = 0$ 时,$|\boldsymbol{I}_{\text{syn\_act}}|_{\_\text{max}}$ 取得最小值。因此最大三相电流合成矢量模长 $|\boldsymbol{I}_{\text{syn\_act}}|_{\_\text{max}}^*$ 为

$$|\boldsymbol{I}_{\text{syn\_act}}|_{\_\text{max}}^* = \frac{T_s U_m}{9 L_\sigma}k_m^2\left(\frac{3}{2} - k_m\right) \tag{6.21}$$

因此,系统所能输出的三相电流合成矢量模长的取值范围为 $|\boldsymbol{I}_{\text{syn\_act}}^*| \in (0, |\boldsymbol{I}_{\text{syn\_act}}|_{\_\text{max}}^*]$。进一步定义其标幺值 a 为

$$a = \frac{|\boldsymbol{I}_{\text{syn\_act}}^*|}{|\boldsymbol{I}_{\text{syn\_act}}|_{\_\text{max}}^*} \tag{6.22}$$

由式(6.19)可知,$|\boldsymbol{I}_{\text{syn\_act}}^*|$ 可以进一步写为

$$|\boldsymbol{I}_{\text{syn\_act}}^*| = a\frac{T_s U_m}{9 L_\sigma}k_m^2\left(\frac{3}{2} - k_m\right) \tag{6.23}$$

可以解出新的调制比 m^* 为

$$m^* = \frac{2k_m}{3}\sqrt{a\frac{1.5 - k_m}{1.5 - k_m\cos\theta}} \tag{6.24}$$

类似地,可以得到对于任意扇区 $m^*(N)$ 的表达式为

$$m^*(N) = \frac{2k_m}{3}\sqrt{a\frac{1.5 - k_m}{1.5 - k_m\cos\left[\theta - \dfrac{\pi}{3}(N-1)\right]}} \quad (N = 1, 2, \cdots, 6) \tag{6.25}$$

依据式(6.25)可以绘制 m^* 在完整的六个扇区内,随电流矢量标幺值 a、电

压转换比 k 以及三相合成电流矢量的相角 θ 变化的三维曲线如图 6.8(a) 所示。由图可知,对于任意确定的 a,m^* 随着 k 的增大而增大;对于任意确定的电压转换比 k,m^* 随着 a 的增大而增大;而且对于任意确定的 k_m 和 a,m^* 随着 θ 的变化也是在变化的。图 6.8 (b) 以 $a=0.8$ 为例,给出了在完整的六个扇区内,m^* 随着 k_m 的变化而变化的情况;而图 6.8 (c) 以 $k_m=0.8$ 为例,给出了 m^* 随着电压转换比 k 的变化而变化的情况,以更加清晰地反映前述变化规律。通过上述分析可知,m^* 不仅是关于 a 的函数,而且和电压转换比 k 以及三相合成电流矢量的相角 θ 均有关。而在传统包含直流大电感的电流型变换器中,调制比 m 只与期望合成电流矢量模长有关。这说明在这一变换器中,由于直流侧电流工作在断续状态,因此其控制特性与传统电流型变换器已经具有本质区别。

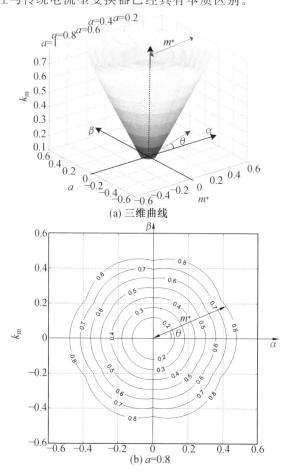

(a) 三维曲线

(b) $a=0.8$

图 6.8 电流空间矢量调制比的变化曲线

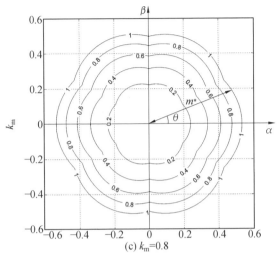

(c) k_m=0.8

续图 6.8

　　下面以第一扇区为例,给出在确定的电压转换比 k 和期望电流合成矢量标幺值 a 下,有效电流矢量作用时间新的计算公式。将式(6.25)代入式(6.2)中可得新的空间矢量作用时间计算式为

$$\begin{cases} T_1^* = T_s \dfrac{2k_m}{3}\sqrt{a\,\dfrac{1.5-k_m}{1.5-k_m\cos\theta}}\sin\left(\dfrac{\pi}{6}-\theta\right) \\[3mm] T_2^* = T_s \dfrac{2k_m}{3}\sqrt{a\,\dfrac{1.5-k_m}{1.5-k\cos\theta}}\sin\left(\dfrac{\pi}{6}+\theta\right) \\[3mm] T_0^* = T_s - T_1^* - T_2^* \\[2mm] a \leqslant 1 \end{cases} \tag{6.26}$$

　　对于其他扇区下的有效电流矢量作用时间新的计算公式,只需将传统 CSVPWM 计算公式中的调制比 m 替换为所给出的新的由式(6.26)所示的方程即可。

　　至此,得到了完整的可消除交流侧电流低次谐波的改进 CSVPWM 调制策略。以期望三相电流合成矢量位于第一扇区为例,简述改进 CSVPWM 的实现过程。对于任意期望三相电流合成矢量,首先根据式(6.22)计算相应的标幺值 a,然后根据式(6.26)计算相应的电流空间矢量作用时间。因此,改进 CSVPWM 调制策略仅需要电压转换比等系统参数信息,并不依赖于交流侧相电流等实时信息,具有实现简单的优点,并且有利于降低系统成本。

6.4　单级式双有源桥 AC – DC 变换器

6.4.1　拓扑结构

单级式双有源桥高频隔离型 AC－DC 变换器拓扑结构如图 6.9 所示。该单级式拓扑由交流侧 LC 滤波器、交流侧矩阵变换器、高频变压器、直流侧全桥变换器及直流侧滤波元器件构成。交流侧采用 LC 滤波器,使交流侧矩阵变换器表现出电压源特性;直流侧采用电容滤波器,使其对直流侧全桥变换器同样表现出电压源特性。交流侧矩阵变换器采用双向开关 $S_{bi}(i=1,2,\cdots,6)$,使其具有双向电压脉宽调节能力。高频变压器可由归算到一次侧的漏感 L_{σ} 和变比为 $n:1$ 的理想变压器的组合模型进行等效。变压器漏感作为功率变换过程的能量暂存环节。而电流型 PWM 整流器交流侧表现为电压源特性,直流侧表现为电流源特性。因此,三相单级式拓扑的双电压源特性,使其与电流型 PWM 整流器的原理有着本质不同,而与双有源桥变换器有诸多相似之处。

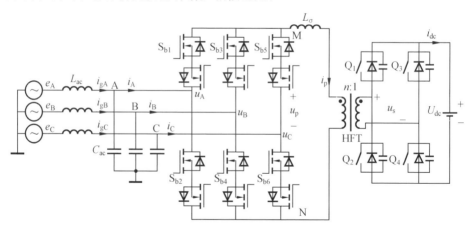

图 6.9　单级式双有源桥高频隔离型 AC－DC 变换器拓扑结构

6.4.2　电流空间矢量结合单移相调制策略及其电流特性分析

对于三相单级式双有源桥变换器,目前一种较为简单的方案是采用标准电流空间矢量调制策略结合单移相的复合调制策略(CSVPWM＋SPS)。下面对这种调制策略的工作原理及交流侧电流特性进行分析。

当功率以单位功率因数由交流侧向直流侧传输时,以第一扇区为例,图 6.10 所示为 CSVPWM＋SPS 调制策略在开关周期 T_s 内的工作波形。CSVPWM＋SPS 调制策略对交流侧矩阵变换器采用 CSVPWM 调制,在每个开关周期的正负半周,两个有效电流矢量连续作用,其作用时间比分别为 D_{AB} 和 D_{AC}。

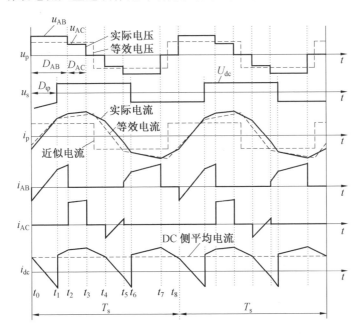

图 6.10　CSVPWM＋SPS 调制策略在开关周期 T_s 内的工作波形

直流侧全桥变换器采用 180° 对角导通的控制方式,以获得对称的高频方波输出电压。同时控制交流侧矩阵变换器和直流侧全桥变换器高频输出电压之间的移相角 D_φ,以控制传输电流的大小和方向。

首先,依据图 6.10 对开关周期内变换器交流侧平均线电流 $\langle i_{AB} \rangle_{Ts}$ 和 $\langle i_{AC} \rangle_{Ts}$ 的表达式进行推导。由图 6.10 可知,变压器电流 i_p 在开关周期内可表示为

$$
i_{\mathrm{p}} = \begin{cases}
i_{\mathrm{p}}(t_0) + (u_{\mathrm{AB}} + nU_{\mathrm{dc}})/L_\sigma \cdot t & (t \in [t_0, t_1] = D_\varphi T_{\mathrm{s}}/2) \\
i_{\mathrm{p}}(t_1) + (u_{\mathrm{AB}} - nU_{\mathrm{dc}})/L_\sigma \cdot t & (t \in [t_1, t_2] = (D_{\mathrm{AB}} - D_\varphi) T_{\mathrm{s}}/2) \\
i_{\mathrm{p}}(t_2) + (u_{\mathrm{AC}} - nU_{\mathrm{dc}})/L_\sigma \cdot t & (t \in [t_2, t_3] = D_{\mathrm{AC}} T_{\mathrm{s}}/2) \\
i_{\mathrm{p}}(t_3) - nU_{\mathrm{dc}}/L_\sigma \cdot t & (t \in [t_3, t_4] = (1 - D_{\mathrm{AB}} - D_{\mathrm{AC}}) T_{\mathrm{s}}/2) \\
i_{\mathrm{p}}(t_4) - (u_{\mathrm{AC}} + nU_{\mathrm{dc}})/L_\sigma \cdot t & (t \in [t_4, t_5] = D_{\mathrm{AC}} T_{\mathrm{s}}/2) \\
i_{\mathrm{p}}(t_5) - (u_{\mathrm{AB}} + nU_{\mathrm{dc}})/L_\sigma \cdot t & (t \in [t_5, t_6] = (D_\varphi - D_{\mathrm{AC}}) T_{\mathrm{s}}/2) \\
i_{\mathrm{p}}(t_6) - (u_{\mathrm{AB}} - nU_{\mathrm{dc}})/L_\sigma \cdot t & (t \in [t_6, t_7] = (D_{\mathrm{AB}} + D_{\mathrm{AC}} - D_\varphi) T_{\mathrm{s}}/2) \\
i_{\mathrm{p}}(t_7) + nU_{\mathrm{dc}}/L_\sigma \cdot t & (t \in [t_7, t_8] = (1 - D_{\mathrm{AB}} - D_{\mathrm{AC}}) T_{\mathrm{s}}/2)
\end{cases}
$$

$$(6.27)$$

由图 6.10 可知，$\langle i_{\mathrm{AB}} \rangle_{\mathrm{Ts}}$ 的计算式为

$$
\langle i_{\mathrm{AB}} \rangle_{\mathrm{Ts}} = \frac{1}{T_{\mathrm{s}}} \left(\int_{t_0}^{t_2} i_{\mathrm{p}} \mathrm{d}t + \int_{t_5}^{t_7} - i_{\mathrm{p}} \mathrm{d}t \right)
$$

$$(6.28)$$

由式(6.26)、式(6.27) 及 $i_{\mathrm{p}}(t_0) = -i_{\mathrm{p}}(t_4)$ 可知，$\langle i_{\mathrm{AB}} \rangle_{\mathrm{Ts}}$ 可表示为

$$
\langle i_{\mathrm{AB}} \rangle_{\mathrm{Ts}} = \frac{T_{\mathrm{s}}}{4} \left[-\frac{u_{\mathrm{AB}} + 2nU_{\mathrm{dc}}}{2L_\sigma} D_{\mathrm{AB}}^2 + \frac{u_{\mathrm{AC}} - 2nU_{\mathrm{dc}}}{2L_\sigma} D_{\mathrm{AC}}^2 + \frac{u_{\mathrm{AB}} - u_{\mathrm{AC}} - 2nU_{\mathrm{dc}}}{2L_\sigma} D_{\mathrm{AB}} D_{\mathrm{AC}} + \right.
$$

$$
\left. \frac{nU_{\mathrm{dc}}}{2L_\sigma} (D_{\mathrm{AB}} + D_{\mathrm{AC}}) + \frac{3u_{\mathrm{AC}}}{L_\sigma} D_\varphi D_{\mathrm{AB}} - \frac{nU_{\mathrm{dc}}}{L_\sigma} D_\varphi^2 \right]
$$

$$(6.29)$$

同理，可求得 $\langle i_{\mathrm{AC}} \rangle_{\mathrm{Ts}}$ 的表达式为

$$
\langle i_{\mathrm{AC}} \rangle_{\mathrm{Ts}} = \frac{T_{\mathrm{s}}}{4} \left(\frac{u_{\mathrm{AC}}}{L_\sigma} D_{\mathrm{AC}}^2 + \frac{u_{\mathrm{AB}} - u_{\mathrm{AC}}}{L_\sigma} D_{\mathrm{AB}} D_{\mathrm{AC}} + \frac{2nU_{\mathrm{dc}}}{L_\sigma} D_\varphi D_{\mathrm{AC}} \right)
$$

$$(6.30)$$

由式(6.28) 和式(6.29) 可知，每个开关周期内的变换器交流侧平均线电流均由两个电流空间矢量作用时间比以及两个变换器高频输出电压之间的外移相角共同决定。无法根据式(6.28) 和式(6.29) 所构成的三元二次方程组直接反解出上述三个控制变量与两个平均线电流给定值的解析关系，因而无法对变换器进行有效控制。

为解决上述问题，现有调制策略将直流侧传输平均电流近似为直流电流，从而将变压器电流近似为幅值不变的交变方波电流。然后沿用 CSVPWM 调制策略原理确定电压脉冲作用时间，将其调制比设为 1，同时依据伏秒平衡原则将两线电压脉冲等效为一个恒定幅值的电压脉冲。进而采用双有源桥 DC−DC 变换器中 SPS 调制策略对交流侧平均相电流幅值 I_{m} 进行控制。I_{m} 的表达式为

$$
I_{\mathrm{m}} = \frac{nU_{\mathrm{dc}} T_{\mathrm{s}}}{2L_\sigma} D_\varphi (1 - D_\varphi)
$$

$$(6.31)$$

在电流型 PWM 整流器中,由于直流侧大电感的滤波作用,在开关周期层面直流侧电流脉动量可以忽略。 由于三相单级式拓扑直流侧没有大感值的电感,随着交流电源电压的不断变化,每个开关周期的变压器电流的形状和幅值均发生较大变化,因此并不能将变压器电流近似看作幅值不变的交变方波。 由于变压器电流由作用在变压器漏感上的瞬时电压决定,由图 6.10 可知,两连续线电压脉冲作用下的变压器电流轨迹与单个等效方波电压作用下的变压器电流轨迹存在显著差异,因此采用伏秒平衡的电压等效方法虽然可以简化分析,但会引入分析误差。 三相单级式拓扑仿真参数见表 6.3。

表 6.3　三相单级式拓扑仿真参数

参数	值	参数	值
交流电源电压幅值 U_m	311 V	变压器变比 n	1 : 1
交流电源电压交变频率 f_g	50 Hz	变压器漏感 L_σ	80 μH
直流侧电压 U_{dc}	440 V	交流侧滤波电感 L_{ac}	250 μH
开关频率 f_s	20 kHz	交流侧滤波电容 C_{ac}	7.2 μF
额定功率	2.5 kW	—	—

根据表 6.3 所示参数,图 6.11 所示为给定交流侧相电流幅值为 5 A 时 CSVPWM + SPS 调制策略仿真波形。 由图 6.11(a) 和(b) 可知,CSVPWM + SPS 调制策略下交流侧相电流存在明显畸变,其总谐波畸变率高达 12.24%。 由图 6.11(c) 和(d) 可知,变换器交流侧相电流、直流侧电流以及变压器电流瞬时波形均随变压器输入电压的变化而急剧变化,该特性与电流型 PWM 整流器存在显著差异。

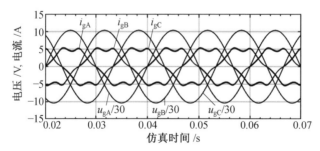

（a）交流电源电压和电流波形

图 6.11　给定交流侧相电流幅值为 5 A 时 CSVPWM + SPS 调制策略仿真波形

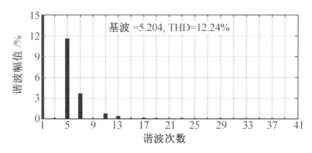

（b）交流侧电流傅里叶分析结果

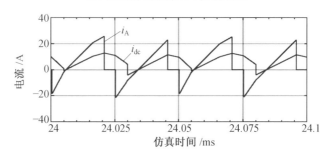

（c）变换器交流侧及直流侧电流波形

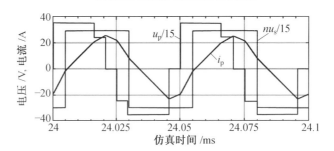

（d）变压器开关周期波形

续图 6.11

通过上述分析可知，由于 CSVPWM＋SPS 调制策略每个开关周期内的变换器交流侧平均线电流均由两个电流空间矢量作用时间比以及两个变换器高频输出电压之间的外移相角共同决定，难以准确控制系统交流侧传输电流；其采用的一系列近似分析手段导致系统实际交流侧传输电流与给定传输电流存在偏差，从而导致交流侧电流畸变。因此，为保证交流侧电流的正弦性，应设法使两相邻的电流空间矢量解耦，并且避免采用近似方法对变换器交流侧的传输电流进行分析。

6.4.3　双开关周期解耦空间矢量移相调制策略

为实现两相邻电流空间矢量的解耦控制,本节将分析三相单级式拓扑与双有源桥 DC－DC 变换器之间的等效关系,并为控制周期内两等效双有源桥变换器分别设置独立的开关周期,进而提出一种可实现电流空间矢量解耦控制的调制策略,以保证系统交流侧传输电流的准确控制,从而解决交流侧电流的畸变问题。

1. 变换器等效关系分析

首先分析矩阵变换器的输入输出电压特性。图 6.12 所示为三相单级式拓扑在工频周期内交流侧输入三相线电压波形。由图 6.12 可知,虽然三相输入线电压是交流的,但是若根据具体扇区选择特定开关状态组合,可保证在任一扇区内矩阵变换器交流侧有效输入线电压极性均为正。

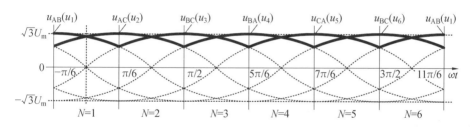

图 6.12　三相单级式拓扑在工频周期内交流侧输入三相线电压波形

因此,对于特定的有效输入线电压,当三相单级式拓扑运行在特定开关状态组合时,可对其电路进行简化。例如,当 $u_{AB} > 0$ 且作为交流侧矩阵变换器的输入电压时,双向开关 S_{b5} 和 S_{b6} 总是处于关断状态。此时图 6.9 所示电路可简化为图 6.13 所示电路,定义图 6.13 所示简化电路为双有源桥$_1$。对于图 6.13 所示电路,在开关周期层面交流侧输入电压可视作极性为正的直流电压,该简化电路可进一步等效为图 6.14 所示双有源桥 DC－DC 变换器。类似地,可以得到其余扇区内开关状态组合对应的等效双有源桥变换器。其交流侧输入电压电流及开关管标号与图 6.14 所示等效双有源桥变换器的对应关系见表 6.4。

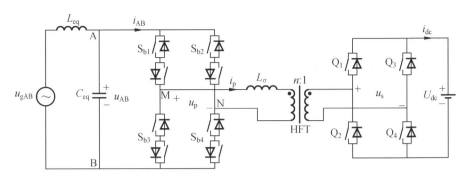

图 6.13   以 u_{AB} 为输入电压的 AC－DC 变换器简化结构

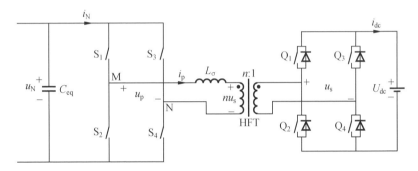

图 6.14   双有源桥 DC－DC 变换器拓扑结构

表 6.4   各种开关状态组合下变换器简化电路与双有源桥变换器的对应关系

双有源桥_N	生效扇区	u_N	i_N	S_1	S_2	S_3	S_4	恒关断
双有源桥_1	1,6	$u_{AB}(u_1)$	$i_{AB}(i_1)$	S_{b1}	S_{b3}	S_{b2}	S_{b4}	S_{b5}、S_{b6}
双有源桥_2	1,2	$u_{AC}(u_2)$	$i_{AC}(i_2)$	S_{b1}	S_{b5}	S_{b2}	S_{b6}	S_{b3}、S_{b4}
双有源桥_3	2,3	$u_{BC}(u_3)$	$i_{BC}(i_3)$	S_{b3}	S_{b5}	S_{b4}	S_{b6}	S_{b1}、S_{b2}
双有源桥_4	3,4	$u_{BA}(u_4)$	$i_{BA}(i_4)$	S_{b3}	S_{b1}	S_{b4}	S_{b2}	S_{b5}、S_{b6}
双有源桥_5	4,5	$u_{CA}(u_5)$	$i_{CA}(i_5)$	S_{b5}	S_{b1}	S_{b6}	S_{b2}	S_{b3}、S_{b4}
双有源桥_6	5,6	$u_{CB}(u_6)$	$i_{CB}(i_6)$	S_{b5}	S_{b3}	S_{b6}	S_{b4}	S_{b1}、S_{b2}

2. 电流空间矢量解耦方法

上述分析表明三相单级式拓扑根据输入电压的不同可等效为一系列双有源桥 DC－DC 变换器,因此可以采用移相调制对其进行控制。在移相调制策略下,每个等效双有源桥变换器在控制周期 T_C 内交流侧的平均线电流

$\langle i_N\rangle_{TC}(N=1,2,\cdots,6)$ 可在复平面构成电流空间矢量 $\boldsymbol{I}_{av\_N}(N=1,2,\cdots,6)$，矢量图如图 6.15 所示。由双有源桥变换器工作原理可知，变压器电流波形并非理想方波。变压器电流波形不仅由交流侧矩阵变换器开关管的导通时间决定，还与直流侧全桥变换器开关管导通时间以及二者对变压器输出高频电压脉冲之间的移相角有关。因此，各个电流空间矢量的有效长度由交流侧输入线电流在控制周期内的平均值决定。为了与传统电流空间矢量相区分，将各个有效电流矢量称为平均电流空间矢量。由图 6.15 所示等效双有源桥变换器输入平均电流与其构成平均电流空间矢量之间的投影关系，可得 $\boldsymbol{I}_{av\_N}$ 的极坐标表示形式为

$$\boldsymbol{I}_{av\_N}=\frac{2}{\sqrt{3}}\langle i_N\rangle_{TC}\,\mathrm{e}^{\mathrm{j}\left(-\frac{\pi}{2}+\frac{N\pi}{3}\right)}\qquad(N=1,2,\cdots,6)\qquad(6.32)$$

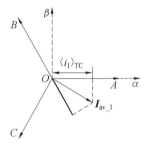

(a) 双有源桥 $_1$ 构成空间矢量

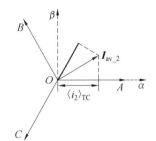

(b) 双有源桥 $_2$ 构成空间矢量

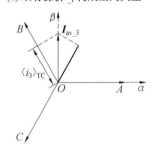

(c) 双有源桥 $_3$ 构成空间矢量

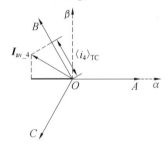

(d) 双有源桥 $_4$ 构成空间矢量

图 6.15　各等效双有源桥变换器输入平均线电流在复平面构成的电流空间矢量图

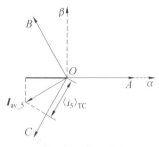

(e) 双有源桥$_5$构成空间矢量

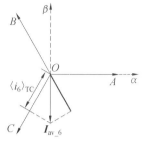

(f) 双有源桥$_6$构成空间矢量

续图 6.15

对于三相系统,其三相电流合成矢量可由两个有效空间电流矢量合成。由于每个等效双有源桥变换器的输入平均电流均对应一个平均电流空间矢量,因此可以利用该平均电流空间矢量合成交流侧三相电流合成矢量,以实现交流侧电流的正弦波形控制。根据空间矢量调制的原理,各等效电路双有源桥$_N$构成的平均电流空间矢量$I_{av\_N}(N=1,2,\cdots,6)$与给定的合成电流矢量I^*_{syn}之间的关系如图6.16所示。由图6.16可知,当给定合成电流矢量I^*_{syn}处于第N扇区时,可由其所在扇区的两个给定平均电流空间矢量$I^*_{av\_N}$和$I^*_{av\_N+1}$合成。因此,三相单级式拓扑在控制周期内需等效为两个交替工作的双有源桥变换器。

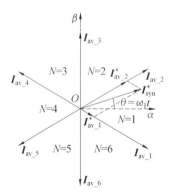

图 6.16   平均电流合成空间矢量与给定合成电流矢量的关系

由图6.16可知,合成电流矢量与两个平均电流空间矢量之间的关系式为

$$I^*_{syn}=I^*_{av\_N}+I^*_{av\_N+1} \tag{6.33}$$

当功率以单位功率因数由交流侧向直流侧传输时,给定交流侧三相电流合成矢量I^*_{syn}与给定交流侧三相平均传输相电流的关系可表示为

$$\boldsymbol{I}_{\text{syn}}^* = \frac{2}{3}(\langle i_A\rangle_{\text{TC}}^* + \langle i_B\rangle_{\text{TC}}^* e^{j\frac{2\pi}{3}} + \langle i_C\rangle_{\text{TC}}^* e^{-j\frac{2\pi}{3}}) = I_m^* e^{j\omega_1 t} = I_m^* e^{j\theta} \qquad (6.34)$$

将式(6.32)和式(6.34)代入式(6.33),并化简,可得两个等效双有源桥变换器给定输入平均电流$\langle i_N\rangle_{\text{TC}}^*$和$\langle i_{N+1}\rangle_{\text{TC}}^*$与给定合成矢量$\boldsymbol{I}_{\text{syn}}^*$的关系为

$$\begin{cases} \langle i_N\rangle_{\text{TC}}^* = I_m^* \cos[\theta - (N-2)\pi/3] \\ \langle i_{N+1}\rangle_{\text{TC}}^* = I_m^* \cos(\theta - N\pi/3) \end{cases} \qquad (6.35)$$

通过上述分析可知,对三相单级式拓扑交流侧传输电流的控制已经转换为对控制周期内两个等效双有源桥变换器输入平均电流的控制。由于每个控制周期内需要设置两个等效双有源桥变换器,同时为避免两等效双有源桥变换器所对应电流空间矢量发生耦合,因此在控制周期内设置两个相等的开关周期分别作为双有源桥$_N$和双有源桥$_{N+1}$的开关周期,即

$$T_{s\_N} = T_{s\_N+1} = T_s = T_C/2$$

式中,T_{s_N}用于产生给定平均电流空间矢量$\boldsymbol{I}_{\text{av\_N}}^*$;$T_{s\_N+1}$用于产生给定平均空间电流矢量$\boldsymbol{I}_{\text{av\_N+1}}^*$。

在开关周期层面,应用前述优化三移相调制策略对等效双有源桥变换器进行控制,从而保证开关周期内传输平均电流的精确控制。

上述方法被命名为双开关周期解耦空间矢量移相调制策略(Dual Switching Period Decoupled Space Vector Phase Shift Modulation,DPD-SVPSM),其在第一扇区一个控制周期内的工作波形如图 6.17 所示。在实际系统中,根据传输电流等级及瞬时电压转换比的不同,DPD-SVPSM 调制策略在单个开关周期内的工作波形可能是前述各种可能工作波形的任意一种。由图 6.17 可知,DPD-SVPSM 调制策略实现了两等效双有源桥变换器的解耦控制,进而保证了其对应的两个平均电流空间矢量的解耦,从而保证了系统交流侧传输电流的精确控制。图 6.17 还给出了各开关管的控制信号,以证明表 6.4 所定义等效双有源桥变换器的正确性。

DPD-SVPSM 调制策略的完整实现流程如图 6.18 所示。首先,根据给定交流侧三相电流合成矢量$\boldsymbol{I}_{\text{syn}}$,得到其所在扇区 N。由图 6.17 可知,等效双有源桥变换器开关周期内输入平均电流与控制周期内输入平均电流存在如下等量关系,即

$$\begin{cases} \langle i_N \rangle_{Ts} = \dfrac{\langle i_N \rangle_{TC} \cdot T_C}{T_s} = 2\langle i_N \rangle_{TC} \\[4mm] \langle i_{N+1} \rangle_{Ts} = \dfrac{\langle i_{N+1} \rangle_{TC} \cdot T_C}{T_s} = 2\langle i_{N+1} \rangle_{TC} \end{cases} \quad (6.36)$$

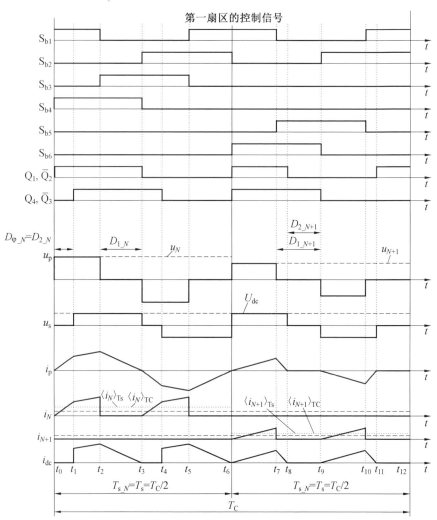

图 6.17　DPD－SVPSM 调制策略在第一扇区一个控制周期内的工作波形

因此,为求取控制周期内等效双有源桥 $_N$ 输入平均电流 $\langle i_N \rangle_{TC}$,应首先求取开关周期内等效双有源桥 $_N$ 输入平均电流 $\langle i_N \rangle_{Ts}$。根据式(6.34)和式(6.35)得到控制周期 T_C 内两开关周期对应给定输入平均电流 $\langle i_N \rangle_{Ts}^*$ 和 $\langle i_{N+1} \rangle_{Ts}^*$。接下来,

根据三相输入相电压及直流侧电压,计算扇区 N 内两开关周期对应的输入线电压 u_N 和 u_{N+1} 以及瞬时电压转换比 k_N 和 k_{N+1}。最后,根据 $k_N(k_{N+1})$ 和期望输入平均电流 $\langle i_N \rangle_{\mathrm{Ts}}^* (\langle i_{N+1} \rangle_{\mathrm{Ts}}^*)$,由优化三移相调制策略计算 $D_{1\_N}(D_{1\_N+1})$、$D_{2\_N}(D_{2\_N+1})$ 及 $D_{\varphi\_N}(D_{\varphi\_N+1})$,并根据表 6.4 中所定义的开关管对应关系得到开关周期 $T_{2\_N}(T_{2\_N+1})$ 中开关管的动作逻辑,最终实现 DPD－SVPSM 调制策略。

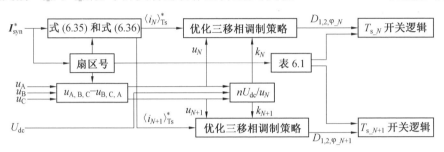

图 6.18　DPD－SVPSM 调制策略的完整实现流程

3. 最大传输功率分析

在实际系统中,变换器的最大传输功率是衡量系统额定容量利用率的重要指标。在交流系统中,在单位功率因数下其传输功率与相电流幅值成正比,因此本节分析 DPD－SVPSM 调制策略在保证三相电流正弦波形前提下的最大传输功率,即最大传输相电流。

由于各扇区的工作原理是相同的,因此本节以第一扇区为例对 DPD－SVPSM 调制策略的最大传输相电流进行分析。由图 6.16 可知,当给定合成电流矢量 $\boldsymbol{I}_{\mathrm{syn}}^*$ 处于第一扇区时,可由给定平均电流空间矢量 $\boldsymbol{I}_{\mathrm{av}\_1}^*$ 和 $\boldsymbol{I}_{\mathrm{av}\_2}^*$ 合成。由图 6.16 可知,第一扇区内合成矢量模长与各子矢量模长之间的关系为

$$\begin{cases} |\boldsymbol{I}_{\mathrm{av}\_1}^*| = \dfrac{2}{\sqrt{3}} |\boldsymbol{I}_{\mathrm{syn}}^*| \sin\left(\dfrac{\pi}{6} - \theta\right) \\ |\boldsymbol{I}_{\mathrm{av}\_2}^*| = \dfrac{2}{\sqrt{3}} |\boldsymbol{I}_{\mathrm{syn}}^*| \sin\left(\dfrac{\pi}{6} + \theta\right) \end{cases} \left(\theta \in \left[-\dfrac{\pi}{6}, \dfrac{\pi}{6}\right]\right) \qquad (6.37)$$

由式(6.31)可知,在第一扇区内两等效双有源桥变换器在控制周期内的输入平均线电流与其所构成的平均电流空间矢量之间的关系为

$$\begin{cases} |\boldsymbol{I}_{\mathrm{av\_1}}| = \dfrac{2}{\sqrt{3}} \langle i_1 \rangle_{\mathrm{TC}} \\[3mm] |\boldsymbol{I}_{\mathrm{av\_2}}| = \dfrac{2}{\sqrt{3}} \langle i_2 \rangle_{\mathrm{TC}} \end{cases} \tag{6.38}$$

由图 6.16 可知,两等效双有源桥变换器在开关周期内输入平均电流与控制周期内输入平均电流的关系为

$$\begin{cases} \langle i_1 \rangle_{\mathrm{TC}} = \langle i_1 \rangle_{\mathrm{Ts\_eq}} \dfrac{T_{\mathrm{Ts\_eq}}}{T_{\mathrm{C}}} = \dfrac{\langle i_1 \rangle_{\mathrm{Ts\_eq}}}{2} \\[3mm] \langle i_2 \rangle_{\mathrm{TC}} = \langle i_2 \rangle_{\mathrm{Ts\_eq}} \dfrac{T_{\mathrm{Ts\_eq}}}{T_{\mathrm{C}}} = \dfrac{\langle i_2 \rangle_{\mathrm{Ts\_eq}}}{2} \end{cases} \tag{6.39}$$

由式 $(6.37) \sim (6.39)$ 可知,为求取 $|\boldsymbol{I}_{\mathrm{syn}}^{*}|$ 的最大值,需求取 $\langle i_1 \rangle_{\mathrm{Ts\_eq}}$ 和 $\langle i_2 \rangle_{\mathrm{Ts\_eq}}$ 的最大值。在开关周期层面,DPD – SVPSM 调制策略与优化三移相调制策略的工作原理相同。因此,两等效双有源桥变换器在开关周期内的输入平均电流最大值为

$$\begin{cases} \langle i_1 \rangle_{\mathrm{Ts\_eq\_max}} = \dfrac{u_1 T_{\mathrm{s\_eq}}}{4L_{\sigma}} \dfrac{k_1^2}{k_1^2 + k_1 + 1} \\[3mm] \langle i_2 \rangle_{\mathrm{Ts\_eq\_max}} = \dfrac{u_2 T_{\mathrm{s\_eq}}}{4L_{\sigma}} \dfrac{k_2^2}{k_2^2 + k_2 + 1} \end{cases} \tag{6.40}$$

式中,k_1 为双有源桥$_1$ 的瞬时电压转换比,$k_1 = nU_{\mathrm{dc}}/u_1$;$k_2$ 为双有源桥$_2$ 的瞬时电压转换比,$k_2 = nU_{\mathrm{dc}}/u_2$;$u_1$ 和 u_2 分别为期望交流侧三相电流合成矢量两等效双有源桥变换器的原边输入线电压,其表达式为

$$\begin{cases} u_1 = u_{\mathrm{AB}} = \sqrt{3} U_{\mathrm{m}} \cos(\theta + \pi/6) \\[2mm] u_2 = u_{\mathrm{AC}} = \sqrt{3} U_{\mathrm{m}} \cos(\theta - \pi/6) \end{cases} \tag{6.41}$$

由式 $(6.37) \sim$ 式 (6.41) 可求得两等效双有源桥变换器所构成的最大平均电流空间矢量模长为

$$\begin{cases} |\boldsymbol{I}_{\mathrm{av\_eq\_max1}}| = \dfrac{U_{\mathrm{m}} T_{\mathrm{s\_eq}}}{4L_{\sigma}} \dfrac{1}{m^2 \cos(\theta + \pi/6) + 1/\cos(\theta + \pi/6) + m} \\[3mm] |\boldsymbol{I}_{\mathrm{av\_eq\_max2}}| = \dfrac{U_{\mathrm{m}} T_{\mathrm{s\_eq}}}{4L_{\sigma}} \dfrac{1}{m^2 \cos(\theta - \pi/6) + 1/\cos(\theta - \pi/6) + m} \end{cases} \tag{6.42}$$

式中,m 为线电压峰值与直流电压之比,$m = \sqrt{3} U_{\mathrm{m}}/nU_{\mathrm{dc}}$。

对于任意 $\theta \in [-\pi/6, \pi/6]$,假设以平均电流空间矢量 $\boldsymbol{I}_{\mathrm{av\_eq\_max1}}$ 为子矢量在

θ 角方向所合成矢量为 $\boldsymbol{I}_{\text{syn\_eq\_max1}}$，以平均电流空间矢量 $\boldsymbol{I}_{\text{av\_eq\_max2}}$ 为子矢量在 θ 角方向所合成矢量为 $\boldsymbol{I}_{\text{syn\_eq\_max2}}$，由合成矢量与空间子矢量之间关系可知，$|\boldsymbol{I}_{\text{syn\_eq\_max1}}|$ 和 $|\boldsymbol{I}_{\text{syn\_eq\_max2}}|$ 可表示为

$$\begin{cases} |\boldsymbol{I}_{\text{syn\_eq\_max1}}| = \dfrac{\sqrt{3}\,|\boldsymbol{I}_{\text{av\_eq\_max1}}|}{2\sin\left(\dfrac{\pi}{6}-\theta\right)} \\[4mm] |\boldsymbol{I}_{\text{syn\_eq\_max2}}| = \dfrac{\sqrt{3}\,|\boldsymbol{I}_{\text{av\_eq\_max2}}|}{2\sin\left(\dfrac{\pi}{6}+\theta\right)} \end{cases} \tag{6.43}$$

因而，合成矢量 $\boldsymbol{I}_{\text{syn\_eq\_max1}}$ 在 $\boldsymbol{I}_{\text{av\_2}}$ 方向上期望的子矢量 $\boldsymbol{I}_{\text{av\_eq\_max2}}^{*}$ 的模长，以及 $\boldsymbol{I}_{\text{syn\_eq\_max2}}$ 在 $\boldsymbol{I}_{\text{av\_1}}$ 方向上期望的子矢量 $\boldsymbol{I}_{\text{av\_eq\_max1}}^{*}$ 的模长可表示为

$$\begin{cases} |\boldsymbol{I}_{\text{av\_eq\_max2}}^{*}| = \dfrac{2}{\sqrt{3}}\,|\boldsymbol{I}_{\text{syn\_eq\_max1}}|\sin\left(\dfrac{\pi}{6}+\theta\right) \\[4mm] |\boldsymbol{I}_{\text{av\_eq\_max1}}^{*}| = \dfrac{2}{\sqrt{3}}\,|\boldsymbol{I}_{\text{syn\_eq\_max2}}|\sin\left(\dfrac{\pi}{6}-\theta\right) \end{cases} \tag{6.44}$$

由式（6.42）～（6.44）可以得到，任意 $\theta\in[-\pi/6,\pi/6]$ 方向上 $\boldsymbol{I}_{\text{av\_eq\_max1}}$ 与 $\boldsymbol{I}_{\text{syn\_eq\_max1}}$ 和 $\boldsymbol{I}_{\text{av\_eq\_max2}}^{*}$ 的关系，即 DPD－SVPSM 调制策略的最大合成电流空间矢量分析如图 6.19 所示。图 6.19 同时给出了 $\boldsymbol{I}_{\text{av\_eq\_max2}}$ 与 $\boldsymbol{I}_{\text{syn\_eq\_max2}}$ 和 $\boldsymbol{I}_{\text{av\_eq\_max1}}^{*}$ 的关系。由图 6.19 可知，$\boldsymbol{I}_{\text{syn\_eq\_max1}}$ 和 $\boldsymbol{I}_{\text{syn\_eq\_max2}}$ 中的模长较大者，即 $\boldsymbol{I}_{\text{syn\_eq\_max1}}$ 在 $\boldsymbol{I}_{\text{av\_2}}$ 方向上期望的子矢量 $\boldsymbol{I}_{\text{av\_eq\_max2}}^{*}$ 的模长将超过 $\boldsymbol{I}_{\text{av\_eq\_max2}}$ 的模长。因此，$\boldsymbol{I}_{\text{syn\_eq\_max1}}$ 在实际情形中不可能达到。因此，在 θ 角处 DPD－SVPSM 调制策略的最大合成电流矢量 $\boldsymbol{I}_{\text{syn\_eq\_max}}$ 应为上述所获得的 $\boldsymbol{I}_{\text{syn\_eq\_max1}}$ 和 $\boldsymbol{I}_{\text{syn\_eq\_max2}}$ 中的模长较小者，即

$$|\boldsymbol{I}_{\text{syn\_eq\_max}}| = \min\{|\boldsymbol{I}_{\text{syn\_eq\_max1}}|,|\boldsymbol{I}_{\text{syn\_eq\_max2}}|\} \tag{6.45}$$

接下来，比较 $|\boldsymbol{I}_{\text{syn\_eq\_max1}}|$ 和 $|\boldsymbol{I}_{\text{syn\_eq\_max2}}|$ 的大小以求取 $|\boldsymbol{I}_{\text{syn\_eq\_max}}|$。由式（6.42）～（6.44）可知，$|\boldsymbol{I}_{\text{syn\_eq\_max1}}|$ 与 $|\boldsymbol{I}_{\text{syn\_eq\_max2}}|$ 的差可表示为

$$|\boldsymbol{I}_{\text{syn\_eq\_max1}}| - |\boldsymbol{I}_{\text{syn\_eq\_max2}}|$$

$$= \frac{\sqrt{3}\,U_{\text{m}}T_{\text{s\_eq}}}{8L_{\sigma}}\left(\left\{m^{2}+1\Big/\left[\cos\left(\theta+\frac{\pi}{6}\right)\cos\left(\theta-\frac{\pi}{6}\right)\right]\right\}\sin 2\theta + \sqrt{3}\,m\sin\theta\right)\Big/$$

$$\left\{\left[m^{2}\cos\left(\theta+\frac{\pi}{6}\right)+1\Big/\cos\left(\theta+\frac{\pi}{6}\right)+m\right]\sin\left(\frac{\pi}{6}-\theta\right)\times\right.$$

$$\left.\left[m^{2}\cos\left(\theta-\frac{\pi}{6}\right)+1\Big/\cos\left(\theta-\frac{\pi}{6}\right)+m\right]\sin\left(\frac{\pi}{6}+\theta\right)\right\} \tag{6.46}$$

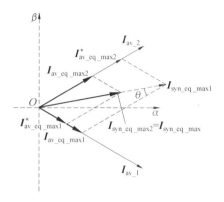

图 6.19　DPD－SVPSM 调制策略的最大合成电流空间矢量分析

由式(6.46)可知,当 $\theta = 0$ 时,有 $|\boldsymbol{I}_{\text{syn\_eq\_max1}}| = |\boldsymbol{I}_{\text{syn\_eq\_max2}}|$ 成立;当 $\theta \in [-\pi/6,0)$ 时,有 $|\boldsymbol{I}_{\text{syn\_eq\_max1}}| < |\boldsymbol{I}_{\text{syn\_eq\_max2}}|$ 成立;当 $\theta \in (0,\pi/6]$ 时,有 $|\boldsymbol{I}_{\text{syn\_eq\_max1}}| > |\boldsymbol{I}_{\text{syn\_eq\_max2}}|$ 成立。因此,根据式(6.42)、式(6.44)和式(6.45),DPD－SVPSM 调制策略的最大三相电流合成矢量的模长 $|\boldsymbol{I}_{\text{syn\_eq\_max}}|$ 可表示为

$$|\boldsymbol{I}_{\text{syn\_eq\_max}}| = \begin{cases} \dfrac{\sqrt{3}U_{\text{m}}T_{\text{s\_eq}}}{8L_{\sigma}} \Big/ \Big\{ \Big[m^2\cos\Big(\theta+\dfrac{\pi}{6}\Big) + \\ \qquad 1/\cos\Big(\theta+\dfrac{\pi}{6}\Big) + m \Big] \sin\Big(\dfrac{\pi}{6}-\theta\Big) \Big\} \quad \Big(\theta \in \Big[-\dfrac{\pi}{6},0\Big]\Big) \\[2mm] \dfrac{\sqrt{3}U_{\text{m}}T_{\text{s\_eq}}}{8L_{\sigma}} \Big/ \Big\{ \Big[m^2\cos\Big(\theta-\dfrac{\pi}{6}\Big) + \\ \qquad 1/\cos\Big(\theta-\dfrac{\pi}{6}\Big) + m \Big] \sin\Big(\dfrac{\pi}{6}+\theta\Big) \Big\} \quad \Big(\theta \in \Big(0,\dfrac{\pi}{6}\Big]\Big) \end{cases} \tag{6.47}$$

下面分析 $|\boldsymbol{I}_{\text{syn\_eq\_max}}|$ 的单调区间,以求取 $|\boldsymbol{I}_{\text{syn\_eq\_max}}|$ 的变化范围。由式(6.46)可验证 $|\boldsymbol{I}_{\text{syn\_eq\_max}}|_{\_\theta} = |\boldsymbol{I}_{\text{syn\_eq\_max}}|_{\_-\theta}$,因此 $|\boldsymbol{I}_{\text{syn\_eq\_max}}|$ 是关于 $\theta = 0$ 对称的。因此,只需分析 $\theta \in [-\pi/6,0]$ 时 $|\boldsymbol{I}_{\text{syn\_eq\_max}}|$ 的变化范围即可。根据式(6.46),求取 $|\boldsymbol{I}_{\text{syn\_eq\_max}}|$ 在 $\theta \in [-\pi/6,0]$ 区间内关于 θ 的导数为

$$\frac{\partial |\boldsymbol{I}_{\text{syn\_eq\_max}}|}{\partial \theta} = \frac{\sqrt{3}U_{\text{m}}T_{\text{s\_eq}}}{8L_{\sigma}} \Big\{ m^2\cos 2\theta + m\cos\Big(\frac{\pi}{6}-\theta\Big) + 1 \Big/ \Big[2\cos^2\Big(\theta+\frac{\pi}{6}\Big) \Big] \Big\} \Big/$$

$$\Big\{ \Big[m^2\cos\Big(\theta+\frac{\pi}{6}\Big) + 1/\cos\Big(\theta+\frac{\pi}{6}\Big) + m \Big]^2 \sin^2\Big(\frac{\pi}{6}-\theta\Big) \Big\} \geqslant 0 \tag{6.48}$$

由式(6.46)可知,$\theta \in [-\pi/6,0]$ 时 $|\boldsymbol{I}_{\text{syn\_eq\_max}}|$ 随着 θ 的增大而增大。因此,

$\left|\boldsymbol{I}_{\text{syn\_eq\_max}}\right|$ 的最小值在 $\theta=-\pi/6$ 处取得,其最大值在 $\theta=0$ 处取得。由式(6.47)可知

$$
\begin{cases}
\min\left\{\left|\boldsymbol{I}_{\text{syn\_eq\_max}}\right|\right\}=\left.\boldsymbol{I}_{\text{syn\_eq\_max}}\right|_{\theta=-\frac{\pi}{6}} \\
=\dfrac{U_{\text{m}}T_{\text{s\_eq}}}{4L_{\sigma}}\dfrac{1}{m^{2}+m+1}=\dfrac{U_{\text{m}}T_{\text{C}}}{8L_{\sigma}}\dfrac{1}{m^{2}+m+1} \\
\min\left\{\left|\boldsymbol{I}_{\text{syn\_eq\_max}}\right|\right\}=\left.\boldsymbol{I}_{\text{syn\_eq\_max}}\right|_{\theta=0} \\
=\dfrac{3U_{\text{m}}T_{\text{s\_eq}}}{8L_{\sigma}}\dfrac{1}{3/4\cdot m^{2}+\sqrt{3}/2\cdot m+1}=\dfrac{3U_{\text{m}}T_{\text{C}}}{16L_{\sigma}}\dfrac{1}{3/4\cdot m^{2}+\sqrt{3}/2\cdot m+1}
\end{cases}
$$

$$(6.49)$$

通过上述分析,由式(6.47)可绘制 DPD－SVPSM 调制策略在 $\theta\in[-\pi/6,\pi/6]$ 内所能合成的最大电流矢量 $\boldsymbol{I}_{\text{syn\_eq\_max}}$ 顶点的包络线。由于在完整工频周期内六个扇区的工作原理是相同的,进而可以绘制六个扇区内最大电流矢量 $\boldsymbol{I}_{\text{syn\_eq\_max}}$ 顶点包络线,如图 6.20 中实线所示。根据 CSVPWM 的原理,为保证在整个工频周期内交流侧相电流的正弦性,所能给定的最大合成电流矢量 $\boldsymbol{I}_{\text{syn\_eq\_max}}^{*}$ 的顶点包络线应是图 6.20 中的内切圆。因而,所能达到的最大合成电流矢量的模长为 $\left|\boldsymbol{I}_{\text{syn\_eq\_max}}^{*}\right|$,即系统输出的最大相电流幅值 $I_{\text{m\_eq\_max}}^{*}$ 可表示为

$$I_{\text{m\_eq\_max}}^{*}=\left|\boldsymbol{I}_{\text{syn\_eq\_max}}^{*}\right|=\min\left\{\left|\boldsymbol{I}_{\text{syn\_eq\_max}}\right|\right\}=\dfrac{U_{\text{m}}T_{\text{C}}}{8L_{\sigma}}\dfrac{1}{m^{2}+m+1} \quad (6.50)$$

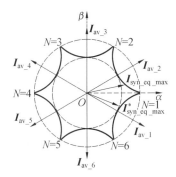

图 6.20　DPD－SVPSM 最大合成电流矢量及所能获得的最大合成电流矢量图

由图 6.20 可知,所能达到的最大合成电流矢量模长 $\left|\boldsymbol{I}_{\text{syn\_eq\_max}}^{*}\right|$ 远小于系统实际可输出的最大合成电流矢量的模长 $\left|\boldsymbol{I}_{\text{syn\_eq\_max}}\right|$。因此,DPD－SVPSM 调制策略没有实现系统额定容量的最大化利用,其最大传输相电流尚有较大提升空间。

6.4.4 基于开关周期动态分配的最大传输功率提升方法

对于 DPD－SVPSM 调制策略，I_{syn}^* 与 I_{av_1} 在 $\theta = -\pi/6$ 处的方向一致。此时在 I_{av_2} 方向上无须产生有效电流矢量，其对应的工作波形如图 6.21 所示。由图 6.21 可知，在 $\theta = -\pi/6$ 处，开关周期 T_{s_2} 内不产生有效电流，但开关周期 T_{s_2} 仍占据了控制周期 T_C 的一半，从而降低了控制周期 T_C 的利用率，限制了系统的最大输出相电流。因此，一种理想的开关周期分配方式是随着 θ 的变化动态分配开关周期，以提升控制周期 T_C 的利用率，进而提高系统的最大输出相电流。

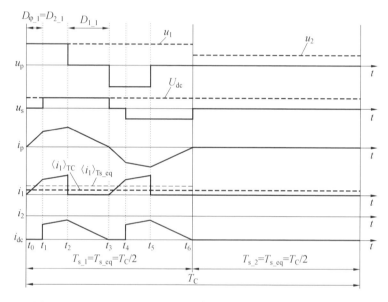

图 6.21　DPD－SVPSM 调制策略在 $\theta = -\pi/6$ 处的工作波形

图 6.22 所示为 DPD－SVPSM 调制策略在 $\theta = 0$ 处的工作波形，此时 $T_{s\_1} = T_{s\_2} = T_C/2$，控制周期得到最大化利用，并且两等效双有源桥变换器均可工作在输出最大平均电流状态。由前述分析可知，DPD－SVPSM 调制策略在 $\theta = 0$ 处可合成的最大电流矢量模长为 $\max\{|I_{syn\_eq\_max}|\}$。因此，在随着 θ 的变化动态分配开关周期后，系统所能给定的最大合成电流矢量模长也将不会超过 $\max\{|I_{syn\_eq\_max}|\}$。假定随着 θ 的变化动态分配开关周期后，系统所能给定的最大合成电流矢量模长恰好为 $\max\{|I_{syn\_eq\_max}|\}$，同时假定对于任意 θ，等效双有源桥变换器均工作在其输出最大平均电流状态。若按照上述假设求得的 T_{s_1} 和

T_{s_2} 之和不超过 T_C，即说明系统所能给定的最大合成电流矢量模长可以提升至 $\max\{|\boldsymbol{I}_{\text{syn\_max\_eq}}|\}$。将这种基于变开关周期分配方法的 DPD－SVPSM 调制策略称为变开关周期 DPD－SVPSM(Variable Switching Period DPD－SVPSM，VDPD－SVPSM) 调制策略。

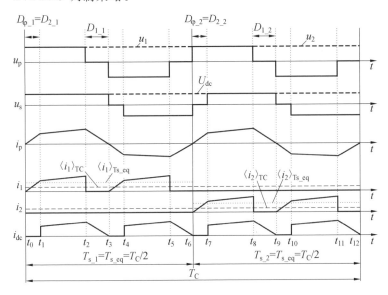

图 6.22　DPD－SVPSM 调制策略在 $\theta = 0$ 处的工作波形

　　下面求取开关周期的动态分配原则，并验证 $T_{s\_1} + T_{s\_2} \leqslant T_C$。按照前述假设，设 VDPD－SVPSM 调制策略所能给定的最大合成电流矢量为 $\boldsymbol{I}^*_{\text{syn\_vari\_max}}$。其模长，即系统的最大输出相电流幅值 $I^*_{\text{m\_vari\_max}}$ 为

$$I^*_{\text{m\_vari\_max}} = |\boldsymbol{I}^*_{\text{syn\_vari\_max}}| = \max\{|\boldsymbol{I}_{\text{syn\_eq\_max}}|\} = \frac{3U_m T_C}{16L_\sigma} \frac{1}{3/4 \cdot m^2 + \sqrt{3}/2 \cdot m + 1} \tag{6.51}$$

　　由式(6.36) 和式(6.37)，可求得给定合成电流矢量与两等效双有源桥变换器在控制周期 T_C 内给定输入平均电流 $\langle i_1 \rangle_{TC}$ 和 $\langle i_2 \rangle_{TC}$ 的关系为

$$\begin{cases} \langle i_1 \rangle^*_{TC} = |\boldsymbol{I}^*_{\text{syn}}| \sin(\pi/6 - \theta) \\ \langle i_2 \rangle^*_{TC} = |\boldsymbol{I}^*_{\text{syn}}| \sin(\pi/6 + \theta) \end{cases} \tag{6.52}$$

　　按照前述假设，VDPD－SVPSM 调制策略在一个控制周期内的工作波形如图 6.23 所示。在图 6.23 中，定义两等效双有源桥变换器对应的开关周期分别为 $T_{s\_1} = d_1 T_C$，$T_{s\_2} = d_2 T_C$。则在图 6.23 中，两等效双有源桥变换器在开关周期内

输入平均电流与控制周期内输入平均电流满足如下关系式：

$$\begin{cases} \langle i_1 \rangle_{Ts\_1} = \langle i_1 \rangle_{TC} \dfrac{T_C}{T_{s\_1}} = \dfrac{\langle i_1 \rangle_{TC}}{d_1} \\ \langle i_2 \rangle_{Ts\_2} = \langle i_2 \rangle_{TC} \dfrac{T_C}{T_{s\_2}} = \dfrac{\langle i_2 \rangle_{TC}}{d_2} \end{cases} \qquad (6.53)$$

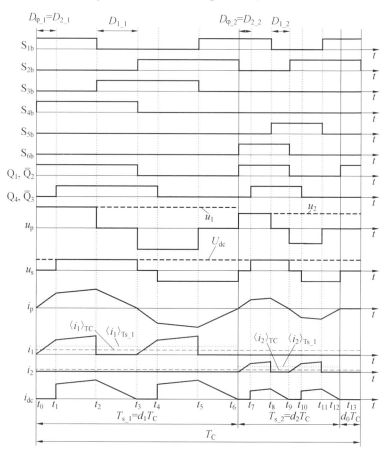

图 6.23　VDPD－SVPSM 调制策略在一个控制周期内的工作波形

由式(6.51)～(6.53)可知,当系统给定合成电流矢量为 $\boldsymbol{I}^*_{\text{syn\_vari\_max}}$ 时,两等效双有源桥在各自开关周期内给定的输入平均电流 $\langle i_1 \rangle^*_{\text{Ts\_1\_max}}$ 和 $\langle i_2 \rangle^*_{\text{Ts\_2\_max}}$ 可表示为

$$\begin{cases} \langle i_1 \rangle^*_{\mathrm{Ts\_1\_max}} = \dfrac{3U_{\mathrm{m}}T_{\mathrm{C}}}{16d_1 L_\sigma} \dfrac{1}{3/4 \cdot m^2 + \sqrt{3}/2 \cdot m + 1} \sin\left(\dfrac{\pi}{6} - \theta\right) \\[3mm] \langle i_2 \rangle^*_{\mathrm{Ts\_2\_max}} = \dfrac{3U_{\mathrm{m}}T_{\mathrm{C}}}{16d_2 L_\sigma} \dfrac{1}{3/4 \cdot m^2 + \sqrt{3}/2 \cdot m + 1} \sin\left(\dfrac{\pi}{6} + \theta\right) \end{cases} \tag{6.54}$$

根据前述假设,当系统给定合成电流矢量为 $\boldsymbol{I}^*_{\mathrm{syn\_vari\_max}}$ 时,两等效双有源桥变换器均工作在其输出最大平均电流状态。因此,根据优化三移相调制策略最大输出电流的表达式,$\langle i_1 \rangle^*_{\mathrm{Ts\_1\_max}}$ 和 $\langle i_2 \rangle^*_{\mathrm{Ts\_2\_max}}$ 又可表示为

$$\begin{cases} \langle i_1 \rangle^*_{\mathrm{Ts\_1\_max}} = \dfrac{u_1 T_{s\_1}}{4L_\sigma} \dfrac{k_1^2}{k_1^2 + k_1 + 1} \\[3mm] \langle i_2 \rangle^*_{\mathrm{Ts\_2\_max}} = \dfrac{u_2 T_{s\_2}}{4L_\sigma} \dfrac{k_2^2}{k_2^2 + k_2 + 1} \end{cases} \tag{6.55}$$

将 $T_{s\_1} = d_1 T_{\mathrm{C}}$、$T_{s\_2} = d_2 T_{\mathrm{C}}$ 及 $m = \sqrt{3}U_{\mathrm{m}}/nU_{\mathrm{dc}}$ 代入式(6.55)并整理,可得

$$\begin{cases} \langle i_1 \rangle^*_{\mathrm{Ts\_1\_max}} = \dfrac{\sqrt{3}U_{\mathrm{m}}T_{\mathrm{C}}}{4L_\sigma} \dfrac{d_1}{m^2\cos(\theta + \pi/6) + 1/\cos(\theta + \pi/6) + m} \\[3mm] \langle i_2 \rangle^*_{\mathrm{Ts\_2\_max}} = \dfrac{\sqrt{3}U_{\mathrm{m}}T_{\mathrm{C}}}{4L_\sigma} \dfrac{d_2}{m^2\cos(\theta - \pi/6) + 1/\cos(\theta - \pi/6) + m} \end{cases} \tag{6.56}$$

由式(6.54)和式(6.56)可知,d_1 和 d_2 可表示为

$$\begin{cases} d_1 = \dfrac{\sqrt[4]{3}}{2} \sqrt{\dfrac{[m^2\cos(\theta + \pi/6) + 1/\cos(\theta + \pi/6) + m]\sin(\pi/6 - \theta)}{3/4 \cdot m^2 + \sqrt{3}/2 \cdot m + 1}} \\[5mm] d_2 = \dfrac{\sqrt[4]{3}}{2} \sqrt{\dfrac{[m^2\cos(\theta - \pi/6) + 1/\cos(\theta - \pi/6) + m]\sin(\pi/6 + \theta)}{3/4 \cdot m^2 + \sqrt{3}/2 \cdot m + 1}} \end{cases}$$
$$\tag{6.57}$$

下面验证 $T_{s\_1} + T_{s\_2} \leqslant T_{\mathrm{C}}$,即 $d_1 + d_2 \leqslant 1$。定义函数 $r(\theta)$ 为

$$r(\theta) = d_1^2 + d_2^2 \tag{6.58}$$

将式(6.57)代入式(6.58),可得

$$r(\theta) = \dfrac{\sqrt{3}}{3m^2 + 2\sqrt{3}m + 4} \left\{ \dfrac{\sqrt{3}}{2}m^2 + m[\sin(\pi/6 - \theta) + \sin(\pi/6 + \theta)] + \right.$$
$$\left. \dfrac{\sin(\pi/6 - \theta)}{\cos(\theta + \pi/6)} + \dfrac{\sin(\pi/6 + \theta)}{\cos(\theta - \pi/6)} \right\} \tag{6.59}$$

由式(6.59)可得

$$\dfrac{\partial r(\theta)}{\partial \theta} = \dfrac{\sqrt{3}}{3m^2 + 2\sqrt{3}m + 4} \left\{ m[\cos(\pi/6 + \theta) - \cos(\theta - \pi/6)] + \right.$$

$$\left.[1/\cos^2(\theta-\pi/6)-1/\cos^2(\theta+\pi/6)\,]/2\right\} \tag{6.60}$$

分析式(6.60),可知

$$\begin{cases} \dfrac{\partial r(\theta)}{\partial \theta} > 0 & \left(\theta \in \left[-\dfrac{\pi}{6},0\right)\right) \\[3mm] \dfrac{\partial r(\theta)}{\partial \theta} < 0 & \left(\theta \in \left(0,\dfrac{\pi}{6}\right]\right) \end{cases} \tag{6.61}$$

因此,$r(\theta)$ 的最大值在 $\theta=0$ 处取得,因而有

$$r(\theta) = d_1{}^2 + d_2{}^2 \leqslant r(0) = 1/2 \tag{6.62}$$

进而有

$$d_1 + d_2 \leqslant \sqrt{2(d_1{}^2 + d_2{}^2)} \leqslant 1 \tag{6.63}$$

由上述分析可知,$T_{s\_1} + T_{s\_2} \leqslant T_C$ 总是成立的。考虑到可能出现 $T_{s\_1} + T_{s\_2} < T_C$ 的情形,定义

$$d_0 = 1 - d_1 - d_2 \tag{6.64}$$

在图 6.23 所示 $d_0 T_C$ 时间段内,通过控制变压器一、二次侧输入电压为零使流经变压器的电流保持为零,则在 $d_0 T_C$ 时间段内既不会传输功率也不会产生额外损耗。

通过上述分析可知,按照式(6.57)所确定的系数对开关周期进行动态分配可将系统的最大传输相电流幅值提高至式(6.51)。

6.4.5 电流应力分析与最大电流对比

对于电力电子系统,在不增大器件电流应力的前提下,提升系统所能输出的最大相电流才具有实际价值。因此,有必要对 DPD－SVPSM 和 VDPD－SVPSM 输出最大相电流时的变压器一次侧输入电流峰值进行对比分析。DPD－SVPSM 和 VDPD－SVPSM 原理上的区别仅在于控制周期 T_C 内两开关周期的分配方式不同,二者在单个开关周期内的工作原理是相同的。本节首先推导在单个开关周期内期望输入平均电流与变压器一次侧输入电流峰值的表达式,进而分别推导 DPD－SVPSM 和 VDPD－SVPSM 的器件电流应力。最后,通过对两种调制策略的器件电流应力进行对比分析,指出通过合理设计变压器漏感,所提出的 VDPD－SVPSM 可在不增加器件电流应力的情况下提升系统输出的最大相电流。

1. 一个开关周期内平均电流与峰值电流的关系

根据瞬时交、直流侧电压转换比 k 及瞬时期望输入平均线电流的不同,在单个开关周期内可能出现的工作波形如图 6.24 所示。这里 T_s 为等效双有源桥变换器开关周期,D_1 为等效双有源桥变换器一次侧内移相角,D_2 为等效双有源桥变换器的二次侧内移相角,D_φ 为等效双有源桥变换器的外移相角,u_{line} 为等效双有源桥变换器的一次侧输入电压,i_{line} 为等效双有源桥变换器的一次侧输入电流。以 $k<1$ 且 $\langle i_{\text{line}}\rangle_{\text{Ts}} \leqslant \langle i_{\text{line}}\rangle_{\text{Ts\_cril}}$ 为例,求取变压器一次侧输入电流 i_p 的峰值电流。由图6.24(a) 可知,i_p 峰值电流 $i_{\text{p\_peak}}$ 在 t_1 处取得,易知 $i_{\text{p\_peak}}$ 的表达式为

$$i_{\text{p\_peak}} = i_p(t_1) = \int_0^{\frac{(1-D_1)T_s}{2}} \frac{u_{\text{line}} - nU_{\text{dc}}}{L_\sigma} \mathrm{d}t$$

$$= \frac{(u_{\text{line}} - nU_{\text{dc}})(1-D_1)T_s}{2L_\sigma} \tag{6.65}$$

当 $k<1$ 且 $\langle i_{\text{line}}\rangle_{\text{Ts}} \leqslant \langle i_{\text{line}}\rangle_{\text{Ts\_cril}}$ 时,D_1 与开关周期 T_s 内一次侧输入平均电流值 $\langle i_{\text{line}}\rangle_{\text{Ts}}$ 的关系式为

$$D_1 = 1 - \sqrt{\frac{4L_\sigma \langle i_{\text{line}}\rangle_{\text{Ts}}}{(1-1/k)u_{\text{line}}T_s}} \tag{6.66}$$

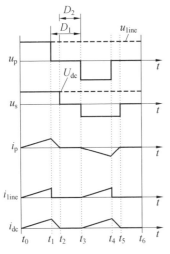 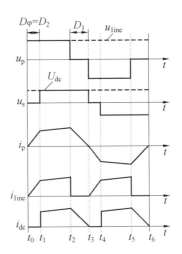

(a) $k<1, \langle i_{\text{line}}\rangle_{\text{Ts}} \leqslant \langle i_{\text{line}}\rangle_{\text{Ts\_cril}}$　　(b) $k<1, \langle i_{\text{line}}\rangle_{\text{Ts}} > \langle i_{\text{line}}\rangle_{\text{Ts\_cril}}$

图 6.24　各种瞬时交直流侧电压转换比及期望传输平均电流下单个开关周期内可能出现的工作波形

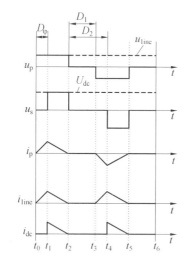

(c) $k > 1, \langle i_{\text{line}} \rangle_{\text{Ts}} \leqslant \langle i_{\text{line}} \rangle_{\text{Ts\_cril}}$

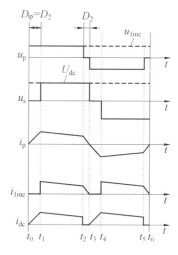

(d) $k > 1, \langle i_{\text{line}} \rangle_{\text{Ts}} > \langle i_{\text{line}} \rangle_{\text{Ts\_cril}}$

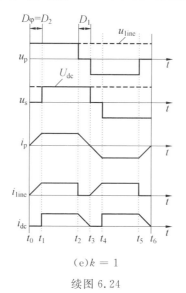

(e) $k = 1$

续图 6.24

当 $k < 1, \langle i_{\text{line}} \rangle_{\text{Ts}} \leqslant \langle i_{\text{line}} \rangle_{\text{Ts\_cril}}$ 时,变压器一次侧输入电流 i_{p} 的峰值与开关周期 T_{s} 内一次侧输入平均电流 $\langle i_{\text{line}} \rangle_{\text{Ts}}$ 的关系式为

$$I_{\text{p\_peak}} = \frac{u_{\text{line}} T_{\text{s}}}{2 L_{\sigma}} (1 - k) \sqrt{\frac{4 L_{\sigma} \langle i_{\text{line}} \rangle_{\text{Ts}}}{(1 - k) u_{\text{line}} T_{\text{s}}}} \tag{6.67}$$

类似地,根据图 6.24 所示各种工况下的工作波形可求得其余工况下变压器

一次侧输入电流 i_{p} 的峰值与 $\langle i_{\mathrm{line}}\rangle_{\mathrm{Ts}}$ 的关系式如下。

当 $k<1$，$\langle i_{\mathrm{line}}\rangle_{\mathrm{Ts}}>\langle i_{\mathrm{line}}\rangle_{\mathrm{Ts\_cri1}}$ 时，得

$$I_{\mathrm{p\_peak}}=\frac{u_{\mathrm{line}}T_{\mathrm{s}}}{2L_{\sigma}}\left[\frac{k}{k^2+k+1}-k\sqrt{\frac{k}{k^2+k+1}\left(\frac{k^2}{k^2+k+1}-\frac{4L_{\sigma}\langle i_{\mathrm{line}}\rangle_{\mathrm{Ts}}}{u_{\mathrm{line}}T_{\mathrm{s}}}\right)}\right]$$

$$(6.68)$$

当 $k>1$，$\langle i_{\mathrm{line}}\rangle_{\mathrm{Ts}}\leqslant\langle i_{\mathrm{line}}\rangle_{\mathrm{Ts\_cri2}}$ 时，得

$$I_{\mathrm{p\_peak}}=\frac{u_{\mathrm{line}}T_{\mathrm{s}}}{2L_{\sigma}}\left(1-\frac{1}{k}\right)\sqrt{\frac{4kL_{\sigma}\langle i_{\mathrm{line}}\rangle_{\mathrm{Ts}}}{(k-1)u_{\mathrm{line}}T_{\mathrm{s}}}}\qquad(6.69)$$

当 $k>1$，$\langle i_{\mathrm{line}}\rangle_{\mathrm{Ts}}>\langle i_{\mathrm{line}}\rangle_{\mathrm{Ts\_cri2}}$ 时，得

$$I_{\mathrm{p\_peak}}=\frac{u_{\mathrm{line}}T_{\mathrm{s}}}{2L_{\sigma}}\left[\frac{k^2}{k^2+k+1}-\frac{1}{k}\sqrt{\frac{k}{k^2+k+1}\left(\frac{k^2}{k^2+k+1}-\frac{4L_{\sigma}\langle i_{\mathrm{line}}\rangle_{\mathrm{Ts}}}{u_{\mathrm{line}}T_{\mathrm{s}}}\right)}\right]$$

$$(6.70)$$

当 $k=1$ 时，得

$$I_{\mathrm{p\_peak}}=\frac{u_{\mathrm{line}}T_{\mathrm{s}}}{2L_{\sigma}}\left[\frac{1}{3}-\sqrt{\frac{1}{3}\left(\frac{1}{3}-\frac{4L_{\sigma}\langle i_{\mathrm{line}}\rangle_{\mathrm{Ts}}}{u_{\mathrm{line}}T_{\mathrm{s}}}\right)}\right]\qquad(6.71)$$

式中，$\langle i_{\mathrm{line}}\rangle_{\mathrm{Ts\_cri1}}=\dfrac{u_{\mathrm{line}}T_{\mathrm{s}}}{4L_{\sigma}}(k^2-k^3)$，$\langle i_{\mathrm{line}}\rangle_{\mathrm{Ts\_cri2}}=\dfrac{u_{\mathrm{line}}T_{\mathrm{s}}}{4L_{\sigma}}\left(1-\dfrac{1}{k}\right)$。

2. DPD-SVPWM 的电流应力

在 DPD-SVPSM 调制策略下，一个扇区内两个等效双有源桥变换器的工作原理是相同的，因此二者的变压器一次侧输入电流峰值情况也是相同的。因而，以第一扇区中 u_1 为一次侧输入线电压的等效双有源桥变换器为例，对其在系统输出最大相电流时在一个完整扇区内变压器一次侧的输入电流峰值进行分析。在一个完整扇区内峰值电流的最大值即为 DPD-SVPSM 调制策略下系统的器件电流应力。由前述分析可知，在 DPD-SVPSM 调制策略下，当系统传输最大相电流时，三相合成电流矢量模长为 $|\boldsymbol{I}^*_{\mathrm{syn\_eq\_max}}|$。结合 $T_{\mathrm{s\_eq}}=T_{\mathrm{C}}/2$，可求得在系统输出最大相电流时，以 u_1 为一次侧输入线电压的等效双有源桥变换器在开关周期 $T_{\mathrm{s\_eq}}$ 内一次侧望输入平均电流 $\langle i_1\rangle^*_{\mathrm{Ts\_eq\_max}}$ 的表达式为

$$\langle i_1\rangle^*_{\mathrm{Ts\_eq\_max}}=\frac{U_{\mathrm{m}}T_{\mathrm{s\_eq}}}{2L_{\sigma}}\frac{1}{m^2+m+1}\sin\left(\frac{\pi}{6}-\theta\right)\qquad(6.72)$$

当等效双有源桥变换器在开关周期 $T_{\mathrm{s\_eq}}$ 内一次侧期望输入平均电流为 $\langle i_1\rangle^*_{\mathrm{Ts\_eq\_max}}$ 时，在开关周期内电路的工作波形可能是图 6.24 中任意一种。因此，

难以采用解析的方法对一个完整扇区内变压器一次侧输入峰值电流进行分析。

这里,采用数值方法对一个完整扇区内变压器一次侧输入峰值电流进行分析。

绘制在不同 m 取值的 DPD－SVPSM 调制策略下变压器一次侧输入峰值电流 $I_{\mathrm{p\_peak\_eq}}$ 在区间 $\theta\in\left[-\dfrac{\pi}{6},\dfrac{\pi}{6}\right]\left(\dfrac{\pi}{6}\approx0.6\right)$ 内的变化曲线如图 6.25 所示。由图 6.25 可知,峰值电流 $I_{\mathrm{p\_peak\_eq}}$ 的最大值 $\max\{I_{\mathrm{p\_peak\_eq}}\}$ 总是在 $\theta=-\dfrac{\pi}{6}$ 处取得。在 $\theta=-\dfrac{\pi}{6}$ 处,将 $u_1=\sqrt{3}\,U_{\mathrm{m}}$,$\langle i_1\rangle^*_{\mathrm{Ts\_eq\_max}}=\dfrac{\sqrt{3}\,U_{\mathrm{m}}T_{\mathrm{s\_eq}}}{4L_\sigma}\dfrac{1}{m^2+m+1}$ 及 $T_{\mathrm{s\_eq}}=T_{\mathrm{C}}/2$ 代入式(6.73)可得 $\max\{I_{\mathrm{p\_peak\_eq}}\}$,即 DPD－SVPSM 调制策略下的器件电流应力 $I_{\mathrm{str\_eq}}$ 的表达式为

$$I_{\mathrm{str\_eq}}=\max\{I_{\mathrm{p\_peak\_eq}}\}=\begin{cases}\dfrac{\sqrt{3}\,U_{\mathrm{m}}T_{\mathrm{C}}}{4L_\sigma}\dfrac{m}{m^2+m+1} & (m>1)\\[4mm]\dfrac{\sqrt{3}\,U_{\mathrm{m}}T_{\mathrm{C}}}{4L_\sigma}\dfrac{1}{m^2+m+1} & (m\leqslant1)\end{cases} \tag{6.73}$$

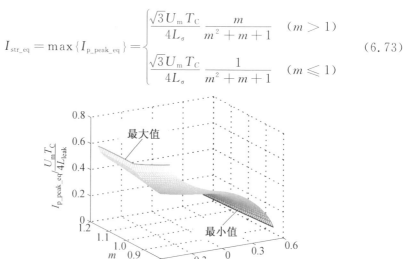

图 6.25　DPD－SVPSM 调制策略下输出最大相电流时变压器电流峰值随 m 和 θ 的变化曲线

3. VDPD－SVPWM 的电流应力

在 VDPD－SVPSM 调制策略下,一个扇区内两个等效双有源桥变换器的工作原理同样是相同的,因此本节同样以第一扇区中 u_1 为一次侧输入线电压的等效双有源桥变换器为例,对其系统输出最大相电流时在一个完整扇区内变压器一次侧的输入电流峰值进行分析。由前述分析可知,在 VDPD－SVPSM 调制策略下,当系统输出最大相电流时,对于任意的 $\theta\in\left[-\dfrac{\pi}{6},\dfrac{\pi}{6}\right]$,在开关周期 $T_{\mathrm{s\_1}}$ 内

等效双有源桥变换器均工作在其输出最大平均电流状态。因此,将 $\langle i_1 \rangle^*_{\text{Ts\_1\_max}}$、$u_{\text{line}} = u_1$,$k = k_1$ 以及 $T_s = T_{s\_eq}$ 代入式(6.68)和式(6.71),可得 VDPD－SVPSM 调制策略下变压器一次侧输入峰值电流的表达式为

$$I_{\text{p\_peak\_vari}} = \begin{cases} \dfrac{u_1 T_{s\_1}}{2 L_\sigma} \dfrac{k_1}{k_1^2 + k_1 + 1} & (k_1 < 1) \\[4mm] \dfrac{u_1 T_{s\_1}}{2 L_\sigma} \dfrac{k_1^2}{k_1^2 + k_1 + 1} & (k_1 \geqslant 1) \end{cases} \tag{6.74}$$

同样,采用数值方法对一个完整扇区内变压器一次侧的输入峰值电流进行分析。考虑到 $u_1 = \sqrt{3} U_{\text{m}} \cos\left(\theta + \dfrac{\pi}{6}\right)$ 及 $k_1 = m \cos\left(\theta + \dfrac{\pi}{6}\right)$,并且根据 T_{s_1} 的表达式及式(6.75),在 MATLAB 中进行曲线绘制,在不同 m 取值的 VDPD－SVPSM 调制策略下变压器一次侧峰值电流 $I_{\text{p\_peak\_vari}}$ 在区间 $\theta \in \left[-\dfrac{\pi}{6}, \dfrac{\pi}{6}\right]$ 内的变化曲线如图 6.26 所示。

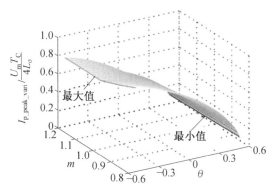

图 6.26　VDPD－SVPSM 调制策略下输出最大相电流时变压器电流峰值随 m 和 θ 的变化曲线

由图 6.26 可知,峰值电流 $I_{\text{p\_peak\_vari}}$ 的最大值 $\max\{I_{\text{p\_peak\_vari}}\}$ 总是在 $\theta = -\dfrac{\pi}{6}$ 处取得,在 $\theta = -\dfrac{\pi}{6}$ 处,T_{s_1} 的表达式为

$$T_{s\_1} = \frac{\sqrt{6}}{4} T_{\text{C}} \sqrt{\frac{m^2 + m + 1}{\dfrac{3}{4} m^2 + \dfrac{\sqrt{3}}{2} m + 1}} \tag{6.75}$$

在 $\theta = -\dfrac{\pi}{6}$ 处,将 $u_1 = \sqrt{3} U_{\text{m}}$ 代入式(6.76)中,可得 VDPD－SVPSM 调制策

略下开关管的电流应力 $I_{\text{str\_vari}}$ 的表达式为

$$
I_{\text{str\_vari}} = \max\{I_{\text{p\_peak\_vari}}\}
$$

$$
= \begin{cases}
\dfrac{3\sqrt{2}\,mU_{\text{m}}T_{\text{C}}}{8L_\sigma}\sqrt{\dfrac{1}{(m^2+m+1)\left(\dfrac{3}{4}m^2+\dfrac{\sqrt{3}}{2}m+1\right)}} & (m>1) \\[3em]
\dfrac{3\sqrt{2}\,U_{\text{m}}T_{\text{C}}}{8L_\sigma}\sqrt{\dfrac{1}{(m^2+m+1)\left(\dfrac{3}{4}m^2+\dfrac{\sqrt{3}}{2}m+1\right)}} & (m\leqslant 1)
\end{cases}
$$

$$(6.76)$$

4. 相同电流应力下最大相电流的比较

由上述分析可知,VDPD－SVPSM 与 DPD－SVPSM 调制策略输出的期望最大相电流比值 a 为

$$
a = \frac{I^*_{\text{m\_vari\_max}}}{I^*_{\text{m\_eq\_max}}} = \frac{3}{2}\,\frac{m^2+m+1}{\dfrac{3}{4}m^2+\dfrac{\sqrt{3}}{2}m+1} > \frac{3}{2} \tag{6.77}
$$

VDPD－SVPSM 与 DPD－SVPSM 调制策略输出期望最大相电流时的器件电流应力比值为

$$
\frac{I_{\text{str\_vari}}}{I_{\text{str\_eq}}} = \sqrt{\frac{3}{2}\,\frac{m^2+m+1}{\dfrac{3}{4}m^2+\dfrac{\sqrt{3}}{2}m+1}} = \sqrt{a} \tag{6.78}
$$

则在相同电路参数下 VDPD－SVPSM 相对于 DPD－SVPSM 在最大输出相电流提升 a 倍的同时,器件电流应力提升了 $\sqrt{a}$ 倍。若在 DPD－SVPSM 调制策略下保持高频变压器漏感值不变,而在 VDPD－SVPSM 调制策略下将高频变压器漏感值提高 $\sqrt{a}$ 倍,即 $L'_\sigma = \sqrt{a}L_\sigma$,则此时在 VDPD－SVPSM 调制策略下系统的器件电流应力 $I'_{\text{str\_vari}}$ 及系统输出的最大相电流幅值 $I'^*_{\text{m\_vari\_max}}$ 分别为

$$
I'_{\text{str\_vari}} = \begin{cases}
\dfrac{3\sqrt{2}\,mU_{\text{m}}T_{\text{C}}}{8\sqrt{a}L_\sigma}\sqrt{\dfrac{1}{(m^2+m+1)\left(\dfrac{3}{4}m^2+\dfrac{\sqrt{3}}{2}m+1\right)}} & (m>1) \\[3em]
\dfrac{3\sqrt{2}\,U_{\text{m}}T_{\text{C}}}{8\sqrt{a}L_\sigma}\sqrt{\dfrac{1}{(m^2+m+1)\left(\dfrac{3}{4}m^2+\dfrac{\sqrt{3}}{2}m+1\right)}} & (m\leqslant 1)
\end{cases}
$$

$$(6.79)$$

$$I'^{*}_{\mathrm{m\_vari\_max}} = \frac{3U_{\mathrm{m}}T_{\mathrm{C}}}{16\sqrt{a}L_{\sigma}}\frac{1}{\dfrac{3}{4}m^{2}+\dfrac{\sqrt{3}}{2}m+1} \tag{6.80}$$

将 $\sqrt{a}$ 的表达式代入式(6.80)、式(6.81)可证明 $I'_{\mathrm{str\_vari}}=I_{\mathrm{str\_eq}}$，且 $I'^{*}_{\mathrm{m\_vari\_max}}=\sqrt{a}I^{*}_{\mathrm{m\_eq\_max}}$。因此，将高频变压器漏感值提高 $\sqrt{a}$ 倍，同时采用 VDPD－SVPSM 调制策略，可在不增加器件电流应力的前提下将系统所能输出的最大相电流幅值提高 $\sqrt{a}$ 倍。

6.5　本 章 小 结

本章重点分析了三相单向单级式电流型 AC－DC 变换器、单向单级式有源桥 AC－DC 变换器的拓扑结构和可实现电流空间矢量作用时间精确计算的调制策略，以及单级式双有源桥 AC－DC 变换器的拓扑结构和开关周期解耦调制策略及其最大传输功率提升方法。三相单向单级式电流型 AC－DC 变换器和单向单级式有源桥 AC－DC 变换器只能实现功率由交流侧向直流侧传输。电流型变换器的变压器电流为近似方波，可以采用标准电流空间矢量进行控制，但是由于直流侧大电感的存在，因此系统体积较大。有源桥式变换器取消了直流侧大感值电感，系统体积得以显著降低，但是由于变压器电流同时与各个矢量作用时间相关，因此标准电流矢量调制策略应用于该变换器时在交流侧电流中存在较大的低次谐波。应用于该变换器的电流空间矢量作用时间精确计算方法充分考虑了变换器的特性，实现了电流合成矢量的精确控制，从而有效降低了交流侧的电流谐波。

单级式双有源桥 AC－DC 变换器可以实现双向功率传输，但是标准 CSVPWM＋SPS 调制策略由于相邻电流空间矢量存在耦合，因此交流侧电流存在畸变。采取开关周期解耦调制策略实现了电流空间矢量的精确解耦控制，保证了交流侧电流的正弦性。相应的基于开关周期动态分配的改进方法在不增加器件电流应力的前提下也有效提升了最大传输功率，进而有效提高了系统功率器件的额定容量利用率。

第7章

高频隔离型 AC－AC 变换器

本章首先介绍三级式高频隔离型 AC－DC－AC 变换器的结构及其技术特点；其次分析一种单相单级式高频隔离型全桥 AC－AC 变换器及其可消除电流过零点电压尖峰的调制策略；然后分析一种单相单级式高频隔离型全波 AC－AC 变换器及相应的调制策略；最后提出一种单相单级式三电平高频隔离型 AC－AC 变换器的拓扑结构，并给出详细的调制策略。

7.1　概　　述

隔离型 AC－AC 变换器将具有恒压、恒频特性的交流电源电压变换为与输入电网相隔离的交流电压。按照隔离形式主要分为工频隔离型和高频隔离型两种类型。其中高频隔离型 AC－AC 变换器采用高频隔离变压器实现一、二次侧电源和负载的电气隔离,相比于工频隔离型 AC－AC 变换器,其体积和质量显著降低,在功率密度方面具有明显优势。

本章首先介绍三级式高频隔离型 AC－DC－AC 变换器的结构及其技术特点;其次分析一种单相单级式高频隔离型全桥 AC－AC 变换器及其可消除电流过零点电压尖峰的调制策略;然后分析一种单相单级式高频隔离型全波 AC－AC 变换器及相应的调制策略;最后分析一种单相单级式三电平高频隔离型 AC－AC 变换器及其调制策略。

7.2　三级式高频隔离型 AC－DC－AC 变换器

三级式高频隔离型 AC－DC－AC 变换器结构原理如图 7.1 所示。该变换器主要包括输入侧的 AC－DC 变换器,中间环节的高频隔离型 DC－DC 变换器以及输出侧的 DC－AC 变换器。其中,AC－DC 变换器负责将输入侧的交流电压转换为稳定的直流电压;高频隔离型 DC－DC 变换器负责将直流电压转换为与之隔离的直流电压,并可以根据具体指标要求实现升降压变换;输出侧的 DC－AC 变换器将与输入侧实现电气隔离的直流电压转换为需要的变压、变频的交流电压。

通过在输入侧采用基于全控型器件的双向 AC－DC 变换器,可以实现输入电流的正弦波形控制、对交流输入侧的无功和谐波补偿等功能,并可有效抑制输入侧电压谐波和不平衡对交流侧输入电流波形质量和直流电压的影响,以保证在非理想输入条件下仍然能够获得输出侧的高质量电压波形。

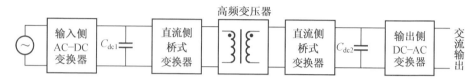

图 7.1　三级式高频隔离型 AC－DC－AC 变换器结构原理

三级式高频隔离型 AC－DC－AC 变换器的技术特点总结如下。

(1) 输入、输出侧实现了完全电气隔离,隔离变压器处于高频工作状态,可以显著降低系统的体积和质量,系统功率密度有效提高。

(2) 由于中间直流储能环节的存在,因此输入、输出侧的有功、无功功率解耦,易于实现输入侧电流的正弦波形控制和无功补偿等功能,同时可以有效抑制输入侧电压谐波、不平衡、闪络等非理想条件对输出侧的影响,有效提高输出侧的电压波形质量。

(3) 输入侧的 AC－DC 变换器和输出侧的 DC－AC 变换器难以实现软开关运行,会产生较大的开关损耗。

(4) 由于采用三级结构,因此需要在直流母线环节设置大容值电容,一方面导致系统体积较大,不利于系统集成;另一方面,如果采用电解电容,其较短的使用寿命制约了整个系统的使用寿命。

7.3　单相单级式高频隔离型全桥 AC－AC 变换器

7.3.1　拓扑结构及基本原理

单相单级式高频隔离型全桥 AC－AC 变换器的拓扑结构如图 7.2 所示。该变换器包括输入侧 LC 滤波器、由双向开关 $S_1 \sim S_4$ 组成的矩阵变换器、高频变压器、由双向开关 $S_5 \sim S_8$ 组成的输出侧矩阵变换器以及输出侧的储能电感和输出电容,其中各个双向开关均由两个反串联的全控型开关管组成,L_σ 为变压器漏感。

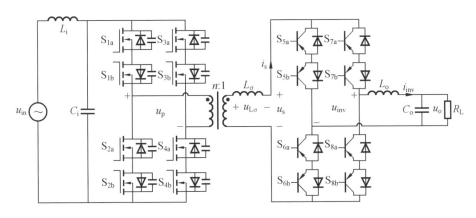

图 7.2　单相单级式高频隔离型全桥 AC－AC 变换器拓扑结构

变换器的基本工作原理简述如下。

输入侧的 LC 滤波器用于滤除输入侧电流的高频谐波,通过协调控制输入侧矩阵变换器的各个功率开关管,一方面将工频交流电压变换为高频交流电压;另一方面通过采用移相调制策略实现输出功率的调节,并结合输出电压的闭环控制策略实现输出电压的调节。高频变压器用于实现电气隔离和功率传输,将输入侧矩阵变换器的高频输出电压传输到二次侧。输出侧矩阵变换器将高频变压器二次侧的输出电压整流为单极性高频脉动电压。输出侧的储能电感一方面用于功率变换过程中的能量暂时存储环节;另一方面和输出电容形成滤波器,滤除输出侧矩阵变换器输出电压中的高频谐波,形成幅值可调的工频输出电压。由于储能电感在输出侧,因此与非隔离的 Buck 电路类似,只能实现降压运行。

在对该变换器进行控制时,需注意如下问题。

(1) 两个矩阵变换器的软开关运行问题。

(2) 由于变压器漏感的存在,因此需要通过协调控制各个功率开关管,消除电压尖峰,避免烧毁功率开关管。

(3) 由于共包含 16 个功率开关管,因此需要研究更优化的调制策略,降低开关损耗,提高效率。

7.3.2　单极性移相调制策略

1. 调制原理

单极性移相调制策略是指保持输出侧矩阵变换器的高频输出电压为单极性

PWM 波形。由于变压器漏感的存在，为避免产生电压尖峰，需要避免变压器电流 i_s 发生突变，因此在调制过程中，可以设置传输过渡态，利用输入侧电压迫使变压器电流 i_s 线性变化。变换器在一个完整工频周期的工作波形如图 7.3 所示，由图 7.3 可知，在每个开关周期，输入电压均被调制为双极性高频交流电压，相应地产生高频方波变压器电流，其幅值与输出侧电感电流相同。在输入电压的正半周，输出侧矩阵变换器的高频输入电压均在 0 和 $+U_o$ 之间变化，而在输入电压

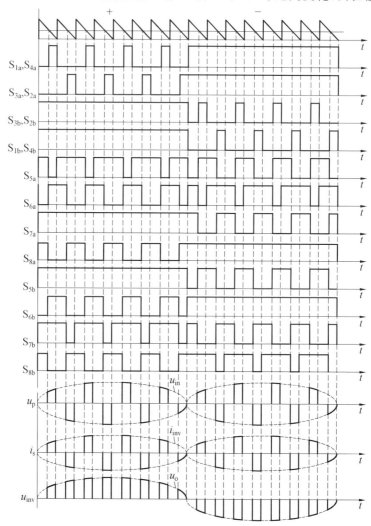

图 7.3　变换器在一个完整工频周期的工作波形

的负半周,输出侧矩阵变换器的高频输入电压均在 0 和 $-U_o$ 之间变化。图 7.4 所示为变换器在一个开关周期的工作波形,由图可知,在每个开关周期,输入侧和输出侧的矩阵变换器并非同步变化,主要原因在于可以主动控制变压器电流波形在输出侧电感电流和零之间变化,以避免产生电压尖峰。

下面以图 7.4 所示工作波形为例阐述输入电压正半周、变压器电流为正时调制策略的工作原理,此时开关管 S_{1b}、S_{2a}、S_{3b}、S_{4b} 保持导通。

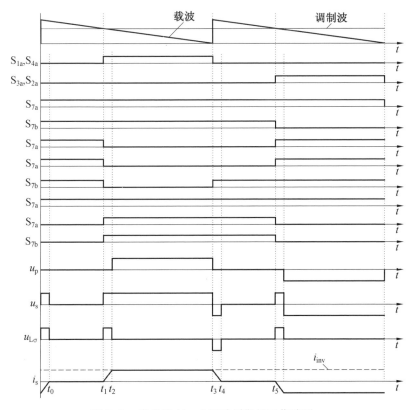

图 7.4　变换器在一个开关周期的工作波形

在 $[t_0, t_1)$ 时间段内,调制波小于载波,变换器处于续流态。输入侧 S_{1a}、S_{2a}、S_{3a}、S_{4a} 全部关断,变压器电流 i_s 为零。输出侧电感中的电流 i_{inv} 经过 S_{5b}、S_{5a} 的反并联二极管和 S_{7a}、S_{7b} 的反并联二极管进行续流,相应的电流流通路径如图 7.5(a) 所示。

在 $[t_1, t_2)$ 时间段内,调制波大于载波,处于传输过渡态。为避免产生电压尖峰,变压器电流 i_s 不能发生突变,理想情况下,希望电流 i_s 从零逐渐增加到输出电流 i_{inv} 的大小。输入侧在导通 S_{1a} 和 S_{4a} 后,变压器电流开始正向传输,输出侧关断 S_{5a}、S_{8a} 和 S_{8b},同时导通 S_{6a}、S_{6b} 形成传输回路,相应的电流流通路径如图 7.5(b) 所示。变压器漏感电压为

$$u_{L\sigma} = \frac{u_p}{n} - u_s = \frac{u_{in}}{n} > 0 \qquad (7.1)$$

因此变压器电流 i_s 将由零线性增长,直至达到输出电感电流 i_{inv} 的大小,电流增长的斜率大小为

$$\frac{\mathrm{d}i_s}{\mathrm{d}t} = \frac{u_{L\sigma}}{L_\sigma} = \frac{u_{in}}{nL_\sigma} > 0 \qquad (u_{in} > 0) \qquad (7.2)$$

在 $[t_2, t_3)$ 时间段内,变换器由过渡态进入能量传输态。在开关周期层面,可以认为输出电流 i_{inv} 的大小在一个周期内是固定不变的。在输入侧电压的作用下,变压器电流 i_s 最终达到输出电流 i_{inv} 的大小,根据基尔霍夫电流定律,电感 L_o 的续流回路消失,此时输入侧能量全部传输到负载侧,相应的电流流通路径如图 7.5(c) 所示。

在 t_3 时刻到达载波周期,从此时刻开始进入变压器电流的负半周。在 $[t_3, t_4)$ 时间段内,调制波小于载波,变换器由能量传输态再次进入传输过渡态。关断 S_{1a}、S_{2a}、S_{3a}、S_{4a} 使变压器一次侧电流换流到对侧桥臂,通过反并联二极管向输入电源续流,相应的电流流通路径如图 7.5(d) 所示。此时漏感电压为

$$u_{L\sigma} = \frac{u_p}{n} - u_s = -\frac{u_{in}}{n} < 0 \qquad (7.3)$$

变压器电流线性减小直至为零,同时电感 L_o 的续流通路被重新恢复,并导通 S_{5a}。这一过程中,电流 i_p 减小的斜率表达式为

$$\frac{\mathrm{d}i_p}{\mathrm{d}t} = \frac{u_{L\sigma}}{L_\sigma} = -\frac{u_{in}}{nL_\sigma} < 0 \qquad (u_{in} > 0) \qquad (7.4)$$

上述调制策略除了实现变换器电流的柔性换流,同时还实现了所有开关管的软开关运行。各个时刻开关管的状态见表 7.1,表中列出了 $[t_0, t_4)$ 时间段内各个时刻每个开关管的导通和关断方式,其中 D_x 表示开关管 S_x 的反并联二极管。不难看出,输入侧矩阵变换器实现了零电压和零电流开关,输出侧矩阵变换器实现了零电流开关。

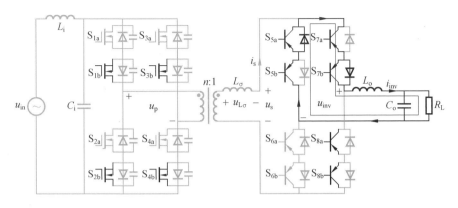

（a）$[t_0,t_1)$ 时间段内变换器的电流流通路径

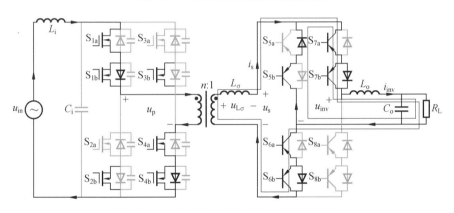

（b）$[t_1,t_2)$ 时间段内变换器的电流流通路径

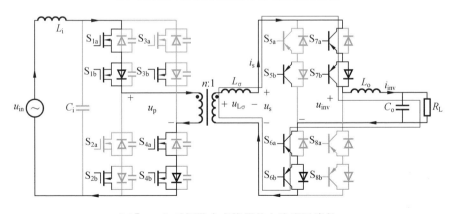

（c）$[t_2,t_3)$ 时间段内变换器的电流流通路径

图 7.5　各个时间区间的电流流通路径

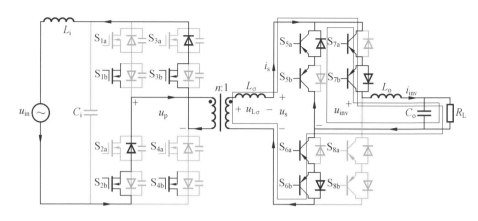

（d）$[t_3,t_4)$ 时间段内变换器的电流流通路径

续图 7.5

表 7.1　各个时刻开关管的状态

时刻	t_1	t_2	t_3	t_4
开关管 状态	S_{1a} S_{4a} D_{1b} D_{4b} D_{6b} ZC－on	D_{5a} ZC－off	D_{3a} D_{2a} S_{5a} D_{5a} ZC－on S_{1a} S_{4a} ZV－off	D_{2a} D_{3a} S_{6a} D_{6b} ZC－off

7.3.3　稳态输出特性分析

如果从开关周期层面分析，由于实际系统中变压器漏感很小，因此忽略传输过渡态后，可以根据上节的调制策略将变换器拓扑化简，其中图 7.6（a）所示为能量传输态的电路模型，图 7.6（b）所示为续流态的电路模型。

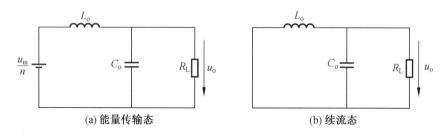

（a）能量传输态　　　　　　　　　　（b）续流态

图 7.6　变换器的简化电路模型

根据伏秒平衡原理，每个开关周期内电感 L_o 上的平均电压应为零。设定输入侧矩阵变换器的占空比为 d，则在每个开关周期内，有如下关系：

$$\left(\frac{u_{\text{in}}}{n}-u_{\text{o}}\right)dT_{\text{s}}+(0-u_{\text{o}})(1-d)T_{\text{s}}=0 \tag{7.5}$$

由式(7.5)可以推得

$$u_{\text{o}}=\frac{du_{\text{in}}}{n} \tag{7.6}$$

从式(7.6)可以看出,在上述调制策略下,高频隔离型全桥 AC－AC 变换器与直流斩波电路具有相同的稳态输出特性,储能电感的位置决定了二者本质上都是 Buck 型电路。

7.4　单相单级式高频隔离型全波 AC－AC 变换器

7.4.1　拓扑结构及基本原理

相比于全桥结构,输出侧矩阵变换器采用全波结构,可以将开关管由 16 个减少为 12 个,相应的单相单级式高频隔离型全波 AC－AC 变换器拓扑结构如图 7.7 所示。该变换器交流输入侧包括 LC 滤波器,用于滤除高频纹波,还包括矩阵变换器、三绕组隔离变压器,以及输出侧的全波整流器、输出侧电感 L_{o} 和输出电容。其基本工作原理与前述全桥变换器相近,通过全桥变换器将工频输入电压转换为高频交流电压,经过高频变压器传送到输出侧,再经过输出侧的全波整流器转换为交流电压,最后经过电感 L_{o} 将能量传输到输出侧。在二者均满足应用

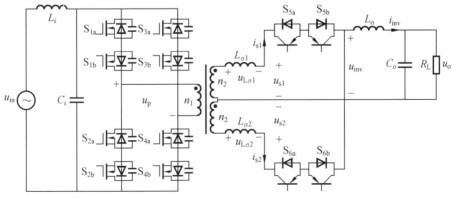

图 7.7　单相单级式高频隔离型全波 AC－AC 变换器拓扑结构

场合要求的情况下,全波整流器能够大幅降低成本。

7.4.2　标准调制策略及电压尖峰产生的原因

图 7.8(a) 所示为标准调制策略在开关周期层面的工作波形,输出电感电流 i_L 在一个开关周期内认为保持不变。其中,变压器电流在全波整流器的上下桥臂切换过程中发生了突变,致使输出滤波器的前端电压 u_{inv} 上出现了电压尖峰,其仿真波形如图 7.8(b) 所示,图中展示了在不添加缓冲电路的情况下,标准调制策略下 u_{inv} 在一个工频周期的仿真波形,u_{inv} 中存在着幅值远超理想波形的电压尖峰,进而造成功率开关管过压损坏。

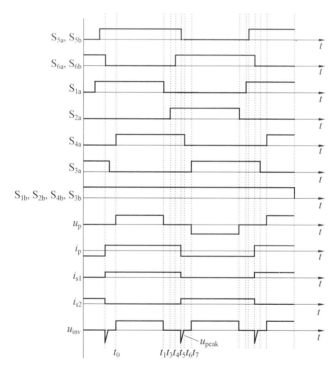

(a) 开关周期层面的工作波形

图 7.8　标准调制策略的工作波形

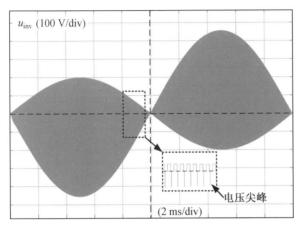

（b）输出滤波器前端电压 u_{inv} 上电压尖峰的仿真波形

续图 7.8

下面分析用于全波 AC－AC 变换器的单极性移相调制策略因电流换向产生的电压尖峰问题。按照图 7.9 所示的开关序列，依次对变换器中开关管的动作和相应的电流流通路径进行分析。

$[t_2，t_3)$ 区间：S_{1a} 的控制信号在 t_2 时刻置零，变换器在这一期间进入死区。输入矩阵变换器内，变压器一次侧电流通过 S_{2b}、D_{2a}（D_x 代表开关管 S_x 的反并联二极管）、S_{4a}、S_{4b} 和 D_{4b} 构成回路。输出电感 L_o 通过 S_{5a}、S_{5b}、D_{5b} 和变压器二次侧绕组进行续流，对应的电流流通路径如图 7.9（a）所示。

变压器一、二次侧电流与电感电流的关系为

$$\begin{cases} i_{\mathrm{p}} = \dfrac{n_2}{n_1} i_{\mathrm{inv}} \\ i_{s1} = i_L \\ i_{s2} = 0 \end{cases} \tag{7.7}$$

式中，i_{s1}、i_{s2} 是变压器二次侧的两个绕组电流；n_1、n_2 分别是变压器一、二次侧被抽头均分后的线圈匝数。

$[t_3，t_5)$ 区间：在 t_3 时刻导通 S_{2a}，由于变压器一次侧电流大于零，将流过其反并联二极管 D_{2a}。S_{6a} 和 S_{6b} 在 t_4 时刻导通，S_{5a} 和 S_{5b} 在 t_5 时刻关断，在此期间输出全波整流器处于换向重叠状态。换向重叠的作用是使全波整流器桥臂上的开关管零电压导通，输出侧电路中的电流并没有因此发生变化。在此期间变压器一、二次侧的电流未发生任何变化，相应的电流流通路径如图 7.9（b）所示。

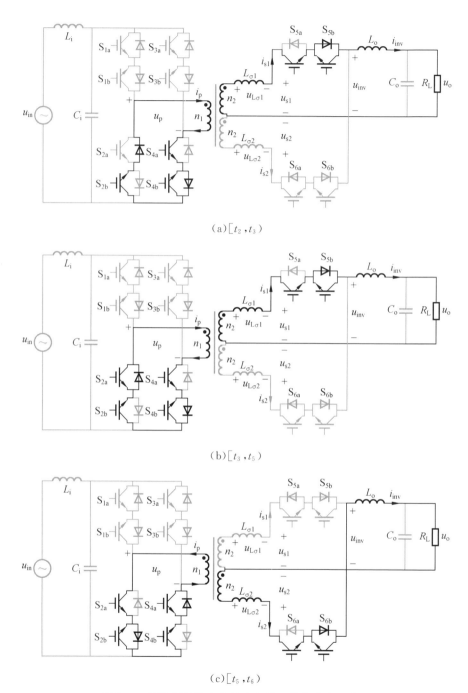

（a）$[t_2,t_3)$

（b）$[t_3,t_5)$

（c）$[t_5,t_6)$

图 7.9　标准调制策略中续流态的四种电流流通路径

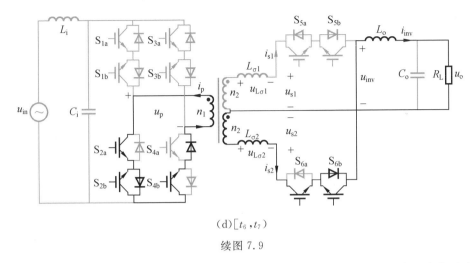

(d)$[t_6,t_7]$

续图 7.9

$[t_5,t_6)$ 区间：S_{5a} 和 S_{5b} 在 t_5 时刻被关断，输出电感电流在这一瞬间改变了流通路径，由流经全波整流器的上桥臂转变为流经下桥臂，变压器二次侧电流也因此发生突变，与此同时，一次侧电流直接在原来的回路中反方向流动，相应的电流流通路径如图 7.9(c) 所示。

变压器一、二次侧电流与电感电流的关系为

$$\begin{cases} i_p = -\dfrac{n_2}{n_1} i_{inv} \\ i_{s1} = 0 \\ i_{s2} = i_{inv} \end{cases} \tag{7.8}$$

$[t_6,t_7)$ 区间：S_{4a} 在 t_6 时刻关断，变换器再次进入死区阶段，到 t_7 时刻为止，变换器完成了续流态的过程。在此期间，变压器一、二次侧的电流未再发生变化，相应的电流流通路径如图 7.9(d) 所示。

通过对变换器续流态的各个过程进行分析，可以发现 t_5 时刻发生的电流换向是造成电压尖峰问题的关键。在 $[t_2,t_5)$ 区间，$i_{s1}=i_{inv}$，$i_{s2}=0$，但是在 $[t_5,t_7)$ 区间，随着 S_{5a} 和 S_{5b} 的关断，S_{6a} 和 S_{6b} 的零电压导通，输出电感电流的续流路径从上桥臂突然切换到下桥臂，在换向过程中，变压器一次侧电流在大小不变的情况下直接反向，在输出端处于上桥臂的二次侧电流从 $i_{s1}=i_{inv}$ 突变到 $i_{s1}=0$，变化量为 $\Delta i_{s1}=-i_{inv}$，而与此同时，处于下桥臂的二次侧电流由 $i_{s2}=0$ 突变到 $i_{s2}=i_{inv}$，变化量为 $\Delta i_{s2}=i_{inv}$。由于开关管开关状态的切换时间非常短，上述两个输出支路电流的突变造成较大的电流变化率,从而在变压器漏感上产生电压尖峰。如果将变压器漏感全部折算至二次侧,并认为漏感平均分布在输出侧全波整流器的上下桥臂上,即 $L_{\sigma1}=L_{\sigma2}=L_{\sigma}$,并且考虑 S_{5a} 和 S_{5b} 的关断时间为 t_{off},那么漏感 $L_{\sigma1}$ 和 $L_{\sigma2}$ 上电压尖峰的峰值可以近似计算为

$$u_{s1}=L_{\sigma}\frac{\Delta i_{s1}}{t_{\text{off}}}=-L_{\sigma}\frac{i_{\text{inv}}}{t_{\text{off}}} \tag{7.9}$$

$$u_{s2}=L_{\sigma}\frac{\Delta i_{s2}}{t_{\text{off}}}=L_{\sigma}\frac{i_{\text{inv}}}{t_{\text{off}}} \tag{7.10}$$

根据对输出侧两条续流回路的分析,$L_{\sigma1}$ 上产生的泄漏能量将在关断的 S_{5a} 和 S_{5b} 上释放。而与此同时,漏感 $L_{\sigma2}$ 上产生的能量将施加在输出滤波器前端,形成电压尖峰的峰值 u_{peak},表示为

$$u_{\text{peak}}=-u_{s2}=-L_{\sigma}\frac{i_{\text{inv}}}{t_{\text{off}}} \tag{7.11}$$

经过分析并结合式(7.11)可知,滤波器前端的电压尖峰来自换向过程中瞬间导通的桥臂上的漏感泄漏,其大小随着开关管关断时间 t_{off} 的减小而增大,并始终与当前输出电压的极性相反,如图 7.8(a) 所示。标准调制策略在未使用缓冲电路的情况下会产生电压尖峰现象,严重的会造成变压器烧毁、开关管过压击穿等严重问题。而若使用缓冲电路,产生的额外损耗会使变换器的效率降低,增加的额外器件则会使成本增加。

7.4.3 改进的无电压尖峰调制策略

由上一节的分析可知,电流的换向过程总是发生在输入侧矩阵变换器的续流期间。在续流期间输入侧矩阵变换器将变压器一次侧短路,形成一个无源回路,二次侧变压器电流近似保持不变,在输出侧电路状态进行切换时产生了电流突变。一种解决方案是在变压器电流进行极性切换之前提前利用一次侧电压使其主动变化,使其与输出侧电感电流相等或变为零。基本工作原理是在需要变压器电流进行极性切换的半个开关周期内,令输出侧全波整流器的上下桥臂的开关管均处于导通状态,此时变压器的两个二次侧输出绕组的漏感只承受一次侧电压,从而使二次侧电流分别线性增大或减小。其基本的控制逻辑是当载波小于调制波时,输入侧矩阵变换器的对角开关管导通,输入侧交流电压源向输出侧传输能量,而在载波大于调制波时,对角开关管关断,电流通过反并联二极管

反向流经输入侧交流电压源进行续流,从而将漏感能量回馈到输入侧。同时,为了获得高频交流波形,输入侧矩阵变换器的两组对角开关管 S_1、S_4 和 S_2、S_3 应在相邻两个载波周期内交换控制信号。

另外,由于漏感的存在,在输入侧矩阵变换器从续流态转变为能量传输态之前,应主动使全波整流器中即将导通的桥臂上的电流提高到输出电感上的电流值,即将关断的桥臂上的电流降低为零,以避免电流突变,从而消除电压尖峰。根据以上思想,得到所提出无电压尖峰调制策略的工作波形如图 7.10 所示,其中,图 7.10(a) 所示为在输入侧交流电压周期内的开关管工作波形,图 7.10(b) 所示为在交流输入电压极性为正的情况下一个高频开关周期内的工作波形。从图 7.10(a) 可以看出,这一调制策略相比于标准调制策略实现更为简单,输入侧矩阵变换器的 b 组开关管在交流输入电压的正半周始终导通,而 a 组开关管在交流输入电压极性为负时始终保持导通。为了实现电流在输出侧全波整流器的上下桥臂中自主柔性切换,在开关周期层面不再人为地对输出侧桥臂进行选择,因此在输入侧交流电压为正的情况下,输出全波整流器的 a 组开关管全部导通,而 b 组开关管全部关断以阻断反向通路,避免输出侧电流反向。当交流输入电压极

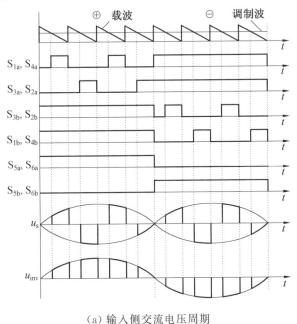

(a) 输入侧交流电压周期

图 7.10　无电压尖峰调制策略的工作波形

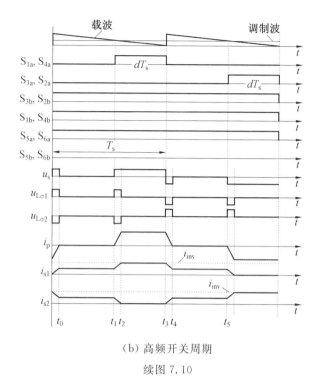

（b）高频开关周期

续图 7.10

性反转时,输出全波整流器 a、b 两组开关管的控制信号互换。输出侧开关管工作于工频条件下,不仅降低了控制难度,还大幅度减小了开关损耗。

在图 7.10(b) 中 $[t_0,t_5]$ 时间段内,变换器从续流态经过能量传输态之后再次进入续流态,期间经历两次传输过渡态。下面以此时间段为例详细阐述改进后调制策略的工作原理。图 7.11 所示为图 7.10(b) 在 $[t_0,t_5)$ 各个时间区间的电流流通路径。

首先分析变换器从续流态进入能量传输态的过程。如图 7.11(a) 所示的电路状态,变换器在 $[t_0,t_1)$ 区间处于续流状态,而在 $[t_2,t_3)$ 区间变换器处于图 7.11(c) 所示的能量传输态。通过对比图 7.11(a) 和(c),可以发现输出全波整流器中下桥臂的电流全部转移到了上桥臂中,上桥臂电流也就是漏感 $L_{\sigma 1}$ 上的电流由 $i_{s1}=0.5i_{inv}$ 增加到 $i_{s1}=i_{inv}$,下桥臂电流也就是漏感 $L_{\sigma 2}$ 上电流由 $i_{s2}=0.5i_{inv}$ 减小到 $i_{s2}=0$。为避免两桥臂上的电流发生突变而引发电压尖峰,应当在变换器到达图 7.11(c) 所示的状态之前,利用交流输入电压源及全波整流器的续流通道使二者逐渐达到期望值,因此需要将交流输入电压正向加载到漏感 $L_{\sigma 1}$ 上,同时以反向形式加载到漏感 $L_{\sigma2}$ 上。

　　因此在 $[t_1,t_2]$ 区间,变换器进入了图 7.11(b)所示的传输过渡态。因为在续流态区间输入侧矩阵变换器内没有电流,所以 S_{1a} 和 S_{4a} 在 t_1 时刻零电流导通,使输入侧矩阵变换器中的 S_{1a}、D_{1b}、S_{4a} 和 D_{4b} 构成电流回路,极性为正的交流输入电压通过变压器加载到输出侧漏感上。考虑到在能量传输态到达之前,上下桥臂中均有电流通过,如图 7.11(b)所示构成了两条回路。根据基尔霍夫电压定律和基尔霍夫电流定律,可以得到如下关系:

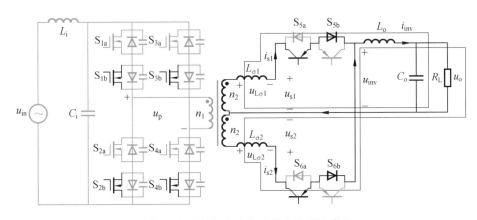

（a）$[t_0,t_1]$ 时间段内变换器的电流流通路径

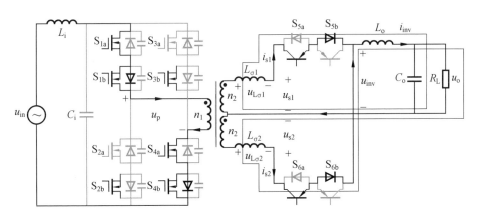

（b）$[t_1,t_2]$ 时间段内变换器的电流流通路径

图 7.11　图 7.10(b)在 $[t_0,t_5]$ 各个时间区间的电流流通路径

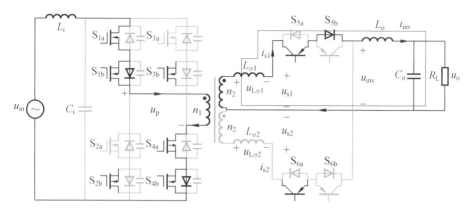

（c）$[t_2,t_3]$ 时间段内变换器的电流流通路径

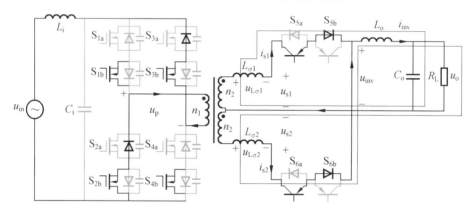

（d）$[t_3,t_4]$ 时间段内变换器的电流流通路径

续图 7.11

$$2\frac{n_2}{n_1}u_p + u_{L\sigma2} - u_{L\sigma1} = 0 \tag{7.12}$$

$$i_{s1} + i_{s2} - i_{inv} = 0 \tag{7.13}$$

从开关周期层面考虑，电感电流在此期间可视为恒定值，通过对式(7.13)进行微分可以得到

$$u_{L\sigma1} + u_{L\sigma2} = 0 \tag{7.14}$$

结合式(7.12)和式(7.14)可以推导出两漏感上的电压和变压器二次侧电流的变化率为

$$
\begin{cases}
u_{L\sigma 1} = \dfrac{n_2}{n_1}u_p = \dfrac{n_2}{n_1}u_{in} \\[2mm]
\dfrac{\mathrm{d}i_{s1}}{\mathrm{d}t} = \dfrac{u_{L\sigma 1}}{L_\sigma} = \dfrac{n_2\,u_{in}}{n_1 L_\sigma} \\[2mm]
u_{s1} = \dfrac{n_2}{n_1}u_p - u_{L\sigma 1} = 0 \\[2mm]
u_{L\sigma 2} = -\dfrac{n_2}{n_1}u_p = -\dfrac{n_2}{n_1}u_{in} \\[2mm]
\dfrac{\mathrm{d}i_{s2}}{\mathrm{d}t} = \dfrac{u_{L\sigma 2}}{L_\sigma} = -\dfrac{n_2\,u_{in}}{n_1 L_\sigma} \\[2mm]
u_{s2} = -\dfrac{n_2}{n_1}u_p - u_{L\sigma 2} = 0
\end{cases}
\tag{7.15}
$$

由式(7.15)可知,在$[t_1,t_2)$区间的传输过渡态,漏感电流 i_{s1} 在交流输入电压的作用下线性增长,而漏感电流 i_{s2} 线性减小,与此同时,变压器原边电流 i_p 线性增加。在 t_2 时刻,漏感电流 i_{s1} 增大至与电流 i_{inv} 相等。由于电流 i_{s1} 和 i_{s2} 以正负相反、大小相同的斜率线性变化,因此在经过相同的时间后,漏感电流 i_{s2} 恰好减小到零。在此期间,输出滤波器前端电压 $u_{inv} = u_{s1} = u_{s2} = 0$。

以上说明了通过交流输入电压源的参与,输出侧全波整流器平滑地完成了换流过程,避免了电压尖峰的出现,并且没有任何漏感能量泄漏到开关管和其他元件上。

接下来分析变换器从能量传输态再次进入续流态的过程。在$[t_4,t_5)$区间,电路状态与图 7.11(a) 相同,变换器再一次进入续流态,变压器原边电流减小到零,电感 L_o 上的电流 i_{inv} 通过输出侧全波整流器的两个桥臂进行续流。因此,在到达续流态之前同样需要一个过渡过程使漏感 $L_{\sigma 1}$ 上的电流从 $i_{s1} = i_{inv}$ 减小到 $i_{s1} = 0.5i_{inv}$,而漏感 $L_{\sigma 2}$ 上的电流从 $i_{s2} = 0$ 增加到 $i_{s2} = 0.5i_{inv}$。为避免两桥臂上的漏感电流发生突变而引发电压尖峰,应当在电路到达图7.11(a)所示的状态之前,利用交流输入电压源及全波整流器的续流通道使二者逐渐到达期望值。仿照图7.11(b)所示的传输过渡态,使电流 i_{s1} 和 i_{s2} 线性变化,为此需要将一个负电压加载到漏感 $L_{\sigma 1}$ 上,同时将一个正电压加载到漏感 $L_{\sigma 2}$ 上。

因此在$[t_3,t_4)$区间,变换器进入了图 7.11(d) 所示的传输过渡态。与图 7.11(b) 所示的过渡态不同,漏感 $L_{\sigma 1}$ 和 $L_{\sigma 2}$ 所需要的电压极性分别发生了反转,这就要求此时接入的电压源提供与之前极性相反的电压。因此在 t_3 时刻,将 S_{1a}

和 S_{4a} 的控制信号置零,与此同时,D_{3a} 和 D_{2a} 被零电流导通,一次侧电流 i_p 通过 S_{2b}、D_{2a}、S_{3b} 和 D_{3a} 反向流经交流输入电压源进行续流,从而将电压极性为正的交流输入电压源反向接入变压器两端。在电压极性发生反转之后,上桥臂上的漏感电流 i_{s1} 开始减小,根据基尔霍夫电流定律,下桥臂上的电流 i_{s2} 从零开始增加,二者之和等于保持恒定的电流 i_{inv}。于是,在图 7.11(d) 所示的输出侧全波整流器中再一次出现了两个续流回路。根据基尔霍夫电压定律和基尔霍夫电流定律,利用式(7.12)和式(7.13)对电路进行分析,并结合式(7.14)可以得到两漏感上的电压以及电流 i_{s1} 和 i_{s2} 线性斜率的表达式,并将 $u_p = -u_{in}$ 代入其中,可以得到

$$
\begin{cases}
u_{L\sigma 1} = \dfrac{n_2}{n_1} u_p = -\dfrac{n_2}{n_1} u_{in} \\[2mm]
\dfrac{\mathrm{d}i_{s1}}{\mathrm{d}t} = \dfrac{u_{L\sigma 1}}{L_\sigma} = -\dfrac{n_2 u_{in}}{n_1 L_\sigma} \\[2mm]
u_{s1} = \dfrac{n_2}{n_1} u_p - u_{L\sigma 1} = 0 \\[2mm]
u_{L\sigma 2} = -\dfrac{n_2}{n_1} u_p = \dfrac{n_2}{n_1} u_{in} \\[2mm]
\dfrac{\mathrm{d}i_{s2}}{\mathrm{d}t} = \dfrac{u_{L\sigma 2}}{L_\sigma} = \dfrac{n_2 u_{in}}{n_1 L_\sigma} \\[2mm]
u_{s2} = -\dfrac{n_2}{n_1} u_p - u_{L\sigma 2} = 0
\end{cases}
\tag{7.16}
$$

由式(7.16)可知,在 $[t_3, t_4)$ 区间的传输过渡态,漏感电流 i_{s1} 在交流输入电压的作用下线性减小,而漏感电流 i_{s2} 线性增长,二者以大小相同、正负相反的斜率进行变化,因此在相同时间内二者的变化量大小相等,与此同时,变压器原边电流线性减小。在 t_4 时刻,原边电流减小至零,变压器不再继续励磁,副边仅相当于两个电感值相同的线圈,而此时漏感 $L_{\sigma 1}$ 的电流由 $i_{s1} = i_{inv}$ 减小到 $i_{s1} = 0.5i_{inv}$,漏感 $L_{\sigma 2}$ 上的电流从 $i_{s2} = 0$ 增加到 $i_{s2} = 0.5i_{inv}$,二者将会在接下来 $[t_4, t_5)$ 区间的续流状态内继续均分电流 i_{inv}。进一步分析式(7.16),可以发现在图 7.11(d) 所示的传输过渡态期间,输出滤波器前端电压 $u_{inv} = u_{s1} = u_{s2} = 0$。

以上说明了通过交流输入电压源的参与,输出侧全波整流器同样完成了换流过程,避免了电压尖峰的出现,本质上就是将漏感上的过冲能量自然平滑地回馈到输入侧。

7.5 单相单级式三电平高频隔离型 AC－AC 变换器

7.5.1 拓扑结构

单相单级式三电平高频隔离型 AC－AC 变换器拓扑结构如图 7.12 所示。其中,L_i 为输入侧滤波电感,C_{i1} 和 C_{i2} 为容值相等的无极性分压电容,L_r 为谐振电感,C_r 为谐振电容兼备隔直的作用,高频变压器一次侧线圈匝数为 n_1,二次侧线圈的总匝数为 $2n_2$,C_o 为输出侧滤波电容,负责滤除输出电压的高频谐波成分。

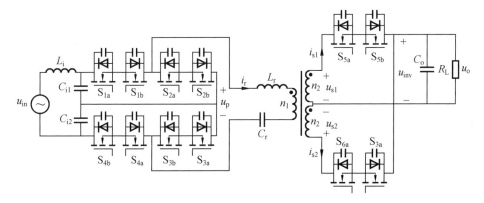

图 7.12 单相单级式三电平高频隔离型 AC－AC 变换器拓扑结构

7.5.2 调制策略及工作过程分析

图 7.12 所示变换器的输入侧矩阵变换器为半桥三电平结构,采用双周期交替调制策略,可保证两个输入分裂电容电压均衡。相应地,输出侧全波整流器采用上一节中的柔性控制方案,所有开关管工作在工频状态。最终的调制策略下,单相单级式三电平高频隔离型 AC－AC 变换器的工作波形如图 7.13 所示。

下面分析变换器的工作过程,由于变换器在每个控制周期的占空比和电路状态是相似的,因此只需分析一个控制周期的工作过程即可。以交流输入电压的正半周为例,变换器在开关周期层面的工作波形如图 7.14 所示。在输入侧变换器高频输出电压 u_p 的激励下,仅考虑连续模式的谐振电流 i_r 为接近正弦的波

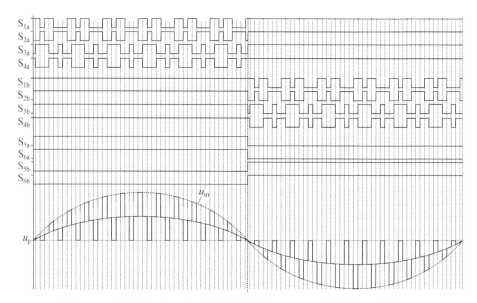

图 7.13　单相单级式三电平高频隔离型 AC－AC 变换器的工作波形

形,周期与三角载波的周期相等,当 $i_r > 0$ 时,输出侧全波整流器的上桥臂导通,此时 $i_{s1} = n_1 i_r / n_2$, $i_{s2} = 0$,输出侧滤波电容上的电压通过高频变压器耦合到谐振网络的输出端;当 $i_r < 0$ 时,全波整流器的下桥臂导通,此时 $i_{s1} = 0$, $i_{s2} = n_1 i_r / n_2$,输出侧滤波电容上的反向电压耦合到变压器一次侧。所以谐振网络输出端的方波电压与谐振电流的极性始终相同。

接下来对开关周期内各个时间区间的电路状态进行详细分析,对其中的电流流通路径和开关管的软开关类型进行研究。由于采用了双开关周期交替调制策略,虽然相邻两个载波内的 u_p、u_{s1} 和 i_r 的波形在表现上是一致的,但是在变换器内部的电路状态和开关管行为是不同的,分压电容的工作状态也有所不同,所以有必要对相邻两个开关周期 $t \in [t_0, t_{19})$ 内的电路状态进行分析。图 7.14 中各个时间区间的电路状态如图 7.15 所示。以下对各个工作状态进行细致分析,其中上下两个分压电容分别提供中间电平以实现三电平调制,输出侧全波整流器的各个开关管通过各自的并联二极管将方波整流为所需要的极性,这就需要在每个交流半周期控制其中一组开关管导通,另一组开关管始终保持关断。整个调制过程中 $S_{nb}(n = 1, 2, 3, 4)$、S_{5a} 和 S_{6a} 保持导通。

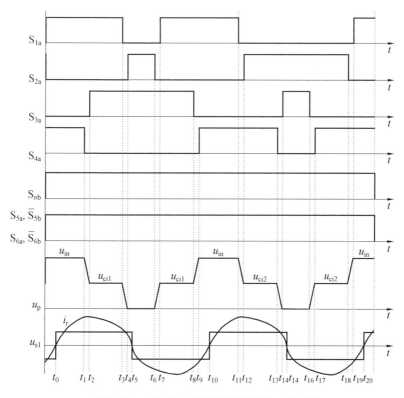

图 7.14　变换器在开关周期层面的工作波形

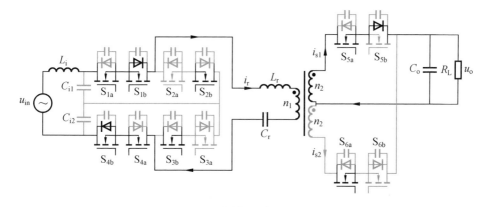

(a)$[t_0, t_1]$

图 7.15　各个时间区间的电路状态

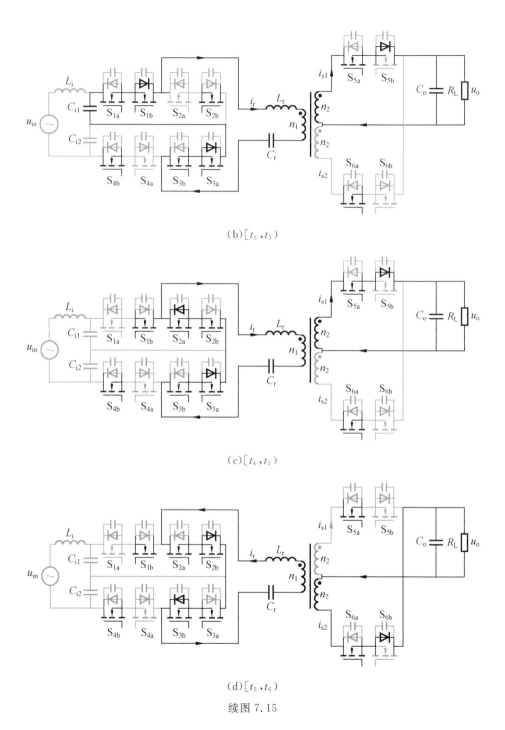

(b)$[t_2, t_3)$

(c)$[t_4, t_5)$

(d)$[t_5, t_6)$

续图 7.15

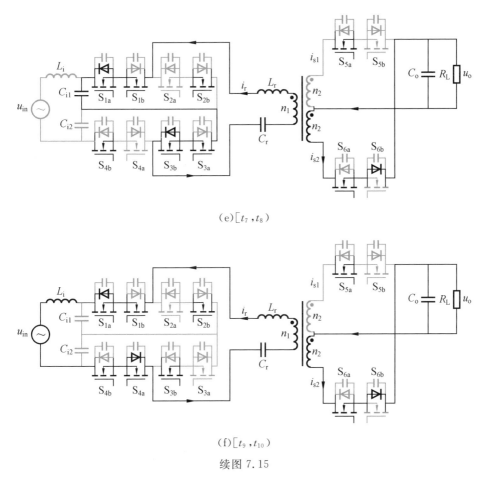

(e)$[t_7,t_8]$

(f)$[t_9,t_{10}]$

续图 7.15

　　$[t_0,t_1)$ 区间:输入侧矩阵变换器的对角开关管导通,$u_p=u_{in}$,谐振电流 $i_r>0$,电流 $i_{s1}=n_1 i_r/n_2$,$i_{s2}=0$,由输入侧电源向后级传输能量,对应的电路状态图如图 7.15(a) 所示。

　　$[t_1,t_2)$ 区间:输入侧矩阵变换器进入死区阶段,开关管 S_{4a} 的关断阻断了流经输入侧电源的电流通路,由于电感电流不能突变,而 D_{2a}(S_{2a} 的反并联二极管)在电容 C_{i1} 反向压降的钳位作用下无法导通,谐振电流 i_r 方向保持不变,被迫经过 S_{1a}、S_{1b}、D_{3a}、S_{3b} 和电容 C_{i1} 构成回路,此时 C_{i1} 开始放电。由于流经 S_{4a} 的电流极性为正,其寄生电容上的电压近乎为零,所以 S_{4a} 实现了零电压关断。

　　$[t_2,t_3)$ 区间:输入侧矩阵变换器结束死区,$u_p=u_{in}/2$,电容 C_{i1} 持续放电。由于在上一时间区间 D_{3a} 已经导通,将 S_{3a} 两端电压钳位为二极管的管压降,所以在

t_2 时刻 S_{3a} 实现了零电压导通。对应的电路状态图如图 7.15(b) 所示。

$[t_3,t_4)$ 区间：输入侧矩阵变换器再一次进入死区阶段，在寄生电容 C_{1a} 的作用下，S_{1a} 在 t_3 时刻零电压关断，电流 i_r 被迫经 D_{2a}、S_{2b}、D_{3a}、S_{3b} 完成续流。由于 D_{2a} 的提前导通，S_{2a} 在 t_4 时刻实现了零电压导通。

$[t_4,t_5)$ 区间：死区阶段结束，$u_p=0$，谐振电流 $i_r>0$，流经输入侧矩阵变换器中的 D_{2a}、S_{2a}、D_{3a}、S_{3b} 所构成的续流路径，此时输入侧电源不向后级传输能量，只通过输入电感向两个分裂电容充电，二次侧电流 $i_{s1}=n_1i_r/n_2$，$i_{s2}=0$。对应的电路状态如图 7.15(c) 所示。

$[t_5,t_6)$ 区间：谐振电流 i_r 持续减小，在 t_5 时刻方向发生反转，后级全波整流器切换到下桥臂导通，电流 $i_{s1}=0$，$i_{s2}=n_1i_r/n_2$。$u_p=0$，输入侧矩阵变换器保持在续流状态，谐振电容将暂存能量传输到输出侧。对应的电路状态如图 7.20(d) 所示。

$[t_6,t_7)$ 区间：输入侧矩阵变换器进入死区阶段，在 t_6 时刻因寄生电容 C_{2a} 的作用，S_{2a} 零电压关断。谐振电流被迫换向，由于 D_{4a} 受电容 C_{i2} 反向电压的钳位作用无法导通，只能通过 D_{1a}、S_{1b}、S_{3a}、S_{3b} 向 C_{i1} 充电。在反并联二极管的钳位下 S_{1a} 在 t_7 时刻实现了零电压导通，电容 C_{i1} 处于充电状态。

$[t_7,t_8)$ 区间：输入侧矩阵变换器结束死区，$u_p=u_{in}/2$，由于谐振电流极性为负，为电容 C_{i1} 充电。对应的电路状态如图 7.15(e) 所示。

$[t_8,t_9)$ 区间：t_8 时刻 S_{3a} 在自身寄生电容的作用下零电压关断，输入侧矩阵变换器进入死区阶段。

$[t_9,t_{10})$ 区间：t_9 时刻 S_{4a} 在二极管的钳位下实现零电压导通。$u_p=u_{in}$，由于谐振电流小于零，因此谐振网络向输入侧回馈能量。对应的电路状态如图 7.15(f) 所示。

从 t_{10} 时刻开始进入了第二个开关周期，其工作过程与第一个开关周期相近，区别在于在输入侧矩阵变换器输出电压 $u_p=u_{in}/2$ 时，由电容 C_{i2} 向外放电。下面简要分析工作过程。

t_{10} 时刻谐振电流 i_r 方向发生了反转，能量从输入侧向输出侧流出，S_{1a} 在 t_{11} 时刻受寄生电容的作用零电压关断，变换器进入死区阶段，D_{3a} 在电容 C_{i2} 的反向电压钳位作用下无法导通，谐振电流 i_r 被迫换向，转而经由 D_{2a}、S_{2b}、S_{4a}、S_{4b} 和电容 C_{i2} 形成通路，电容 C_{i2} 开始放电直到 t_{13} 时刻，t_{12} 时刻 S_{2a} 在二极管的钳位作用下零电压导通。受寄生电容的作用,已经正向导通的 S_{4a} 在 t_{13} 时刻零电压关断。在 $[t_{13},t_{16})$ 阶段, S_{4a} 始终关断致使电流 i_r 被迫经由 S_{2a}、S_{2b}、S_{3a} 或 D_{3a}、S_{3b} 完成续流,谐振网络输入端电压等于零, t_{14} 时刻 S_{3a} 实现零电压导通, t_{15} 时刻谐振电流 i_r 方向发生了反转,输出侧矩阵变换器的导通桥臂发生切换。在 t_{16} 时刻, S_{3a} 在寄生电容的作用下零电压关断,并且二极管 D_{1a} 在电容 C_{i1} 的反向电压作用下始终无法导通,谐振电流 i_r 只能流过电容 C_{i2},为 C_{i2} 充电。另外,已经导通的 D_{4a} 通过钳位作用实现了 S_{4a} 在 t_{17} 时刻的零电压导通。 t_{19} 时刻, S_{2a} 零电压关断之后变换器进入最后一个死区阶段,谐振电流 i_r 换向流入输入侧电源,向输入侧馈送能量。

7.5.3　稳态输出特性分析

下面基于基波分析法分析各个电气变量之间的稳态关系。其中 $u_{p,1}$ 和 $u_{s1,1}$ 为 u_p 和 u_{s1} 的基波分量, $i_{r,1}$ 为谐振电流 i_r 的基波分量。根据上节的介绍,谐振电容 C_r 上的平均电压 $\bar{u}_{Cr}$ 与 $\bar{u}_p$ 相等,可以等效为一个偏置电压源,等效电路模型如图 7.16(a) 所示,将 $u_{p,1}$ 与其共同等效为 $u'_{p,1}$ 作为谐振网络的激励源,以开关频率正负交变。如图 7.16(b) 所示,通过傅里叶分解,各基波分量的表达式为

$$\begin{cases} u'_{p,1} = \dfrac{2u_{in}}{\pi}\sin\dfrac{d\pi}{2}\cos\omega_s t \\[2mm] u_{s1,1} = \dfrac{4u_o}{\pi}\cos(\omega_s t - \theta_r) \\[2mm] i_{r,1} = i_s\cos(\omega_s t - \theta_r) \end{cases} \tag{7.17}$$

如前所述, i_r 与 u_{s1} 始终以相同的极性保持180°导通和关断,所以二者相位相同。 $u'_{p,1}$ 的幅值受占空比 d 的影响,与 $d\pi/2$ 的正弦值成正比,与传统两电平谐振式变换器相比,幅值也减小为原来的一半。由于能量由输入侧流向输出侧, $u'_{p,1}$ 超前于 $u_{s1,1}$,其相差的相位角大小为 θ_r。为了方便对正弦量的计算分析,利用相量运算的方法,可以得到各个相量的关系为

$$\dot{I}_r = \frac{\dot{U}_{p,1} - \dfrac{n_1}{n_2}\dot{U}_{s1,1}}{j\left(\omega_s L_r - \dfrac{1}{\omega_s C_r}\right)} \tag{7.18}$$

进一步地,可以得出

$$\begin{cases} i_s \cos \theta_r = \dfrac{n_1}{n_2} \dfrac{4 u_o \sin \theta_r}{\pi Z_r \left(F - \dfrac{1}{F} \right)} \\[4ex] i_s \sin \theta_r = \dfrac{2 u_{in} \sin \dfrac{d\pi}{2} - 4 \dfrac{n_1}{n_2} u_o \cos \theta_r}{\pi Z_r \left(F - \dfrac{1}{F} \right)} \end{cases} \qquad (7.19)$$

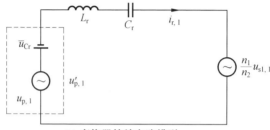

(a) 变换器等效电路模型

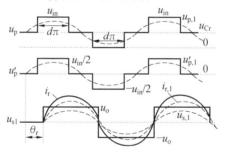

(b) 开关周期下的各变量及其基波工作波形

图 7.16　变换器等效电路模型和开关周期下的工作波形

通过消去变量,由式(7.19)可以推导出输入电压与输出电压之间的关系为

$$2 \frac{n_1}{n_2} u_o = u_{in} \sin \frac{d\pi}{2} \cos \theta_r \qquad (7.20)$$

由式(7.20)可知,输出电压不仅受到占空比的调制,同时还取决于和传输功率密切相关的相位角。而对于本书所提出的变换器,在理想情况下能量只消耗在负载上,谐振网络仅在开关周期层面进行能量的储存和传输,其有功功率与负载消耗的功率保持相同,则一个开关周期的平均传输功率的表达式为

$$\begin{cases} P_{sw} = \left(\dfrac{1}{\sqrt{2}} \right)^2 \dfrac{2 u_{in}}{\pi} \left(\sin \dfrac{d\pi}{2} \right) i_s \cos \theta_r \\[3ex] P_{sw} = \dfrac{u_o^2}{R_L} \end{cases} \qquad (7.21)$$

最终可以得到输出电压和平均传输功率的表达式为

$$u_{\mathrm{o}} = \dfrac{u_{\mathrm{in}} \sin \dfrac{d\pi}{2}}{\sqrt{4\left(\dfrac{n_1}{n_2}\right)^2 + \left[\dfrac{\pi^2 Z_{\mathrm{r}}(F-1/F)}{4\dfrac{n_1}{n_2}R_{\mathrm{L}}}\right]^2}} \tag{7.22}$$

$$P_{\mathrm{av}} = \dfrac{\left(U_{\mathrm{in,rms}} \sin \dfrac{d\pi}{2}\right)^2}{4\left(\dfrac{n_1}{n_2}\right)^2 R_{\mathrm{L}} + \dfrac{1}{R_{\mathrm{L}}}\left[\dfrac{\pi^2 Z_{\mathrm{r}}(F-1/F)}{4\dfrac{n_1}{n_2}}\right]^2} \tag{7.23}$$

虽然在开关周期层面 u_{in} 和 u_{o} 保持为恒定值,但是在交流输入电压周期层面,随着输入电源电压的正弦变化,输出电压也随之变为正弦波形,其瞬时值始终满足式(7.22)。式(7.23)描述了稳态传输功率与占空比 d 和负载的关系,其中 $U_{\mathrm{in,rms}}$ 为输入电源电压的有效值。图 7.17 所示为根据式(7.22)和式(7.23)绘制的变换器稳态输出特性曲线,可以发现输出电压的幅值在负载电阻超过一定数值后,占空比成了最主要的影响因素。而对于传输功率在占空比固定的情况下,其最大功率点的位置和大小取决于负载阻值。

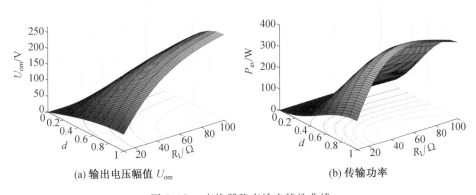

(a) 输出电压幅值 U_{om}　　　　　　(b) 传输功率

图 7.17　变换器稳态输出特性曲线

7.6　本 章 小 结

本章总结了三级式高频隔离型 AC－DC－AC 变换器的结构与特点,分析了一种单相单级式高频隔离型全桥AC—AC变换器及其可消除电流过零点电压尖峰的调制策略。然后分析了一种单相单级式高频隔离型全波AC—AC变换器及相应的调制策略。最后分析了一种单相单级式三电平高频隔离型AC—AC变换器及其调制策略。相比于三级式结构,单级式结构普遍具有结构简洁、集成度高、易于实现所有功率器件软开关等特点。对于单级式全桥结构和单级式全波结构,全桥结构的开关管数量要多于全波结构,其优点在于不需要带中间抽头绕组的变压器。因此全桥结构适合于功率稍大的场合,而全波结构更适合于功率较小的场合。

参 考 文 献

[1] 任力. 国外发展低碳经济的政策及启示[J]. 发展研究, 2009(2)：23-27.

[2] 胡宏兵.《京都议定书》与我国清洁能源产业发展[J]. 商业时代, 2006(1)：84-88.

[3] 赵庆波. 国家电网促进清洁能源发展[J]. 电力技术经济, 2009, 21(5)：1-4.

[4] LASSETER B. Microgrids distributed power generation[C]//Power Engineering Society Winter Meeting 2001, January 28 - February 1, Columbus, OH, USA. New York：IEEE, 2001：146-149.

[5] 李喜来, 李永双, 贾江波, 等. 中国电网技术成就、挑战与发展[J]. 南方能源建设, 2016, 3(2)：1-8.

[6] 胡云岩, 张瑞英, 王军. 中国太阳能光伏发电的发展现状及前景[J]. 河北科技大学学报, 2014, 35(1)：69-72.

[7] 张耀明. 中国太阳能光伏发电产业的现状与前景[J]. 能源研究与利用, 2007(1)：1-6.

[8] 时珊珊, 鲁宗相, 周双喜, 等. 中国微电网的特点和发展方向[J]. 中国电力, 2009, 42(7)：21-25.

[9] 朱俊生. 中国新能源和可再生能源发展状况[J]. 可再生能源, 2003(2)：

3-8.

[10] 胡学浩. 分布式发电（电源）技术及其并网问题[J]. 电工技术杂志，2004
（10）：1-5.

[11] XIN A，LEI Z，CUI M. A novel assessment method for harmonic environment in microgrid[C]//CRIS 2010，September 20-22，Beijing，China. New York：IEEE，2010：1-7.

[12] ITO Y，YANG Z，AKAGI H. DC microgrid based distribution power generation system[C]// IPEMC 2004，August 14-16，Xi'an，China. New York：IEEE，2004：1740-1745.

[13] 王仲颖，王凤春，时璟丽，等. 我国可再生能源发展思考[J]. 高科技与产业化，2008(7)：16-19.

[14] 蹇芳，李志勇. 光伏逆变器技术现状与发展[J]. 大功率变流技术，2014（3）：5-9,19.

[15] NOUSIAINEN L，PUUKKO J，MÄKI A，et al. Photovoltaic generator as an input source for power electronic converters[J]. IEEE Transactions on Power Electronics，2013，28(6)：3028-3038.

[16] KIM Y H，JI Y H，KIM J G，et al. A new control strategy for improving weighted efficiency in photovoltaic AC module-type interleaved flyback inverters[J]. IEEE Transactions on Power Electronics，2013，28(6)：2688-2699.

[17] KJAER S B，PEDERSEN J K，BLAABJERG F. A review of single-phase grid-connected inverters for photovoltaic modules[J]. IEEE Transactions on Industry Applications，2005，41(5)：1292-1306.

[18] LI Q，WOLFS P. A review of the single phase photovoltaic module integrated converter topologies with three different DC link configurations[J]. IEEE Transactions on Power Electronics，2008，23(3)：1320-1333.

[19] 杨林，杨修宇，涂娇娇，等. 风电出力特性及其对电力系统运行的影响分析[J]. 智能电网，2014，2(5)：18-22.

[20] KOURO S，LEON J I，VINNIKOV D，et al. Grid-connected photovoltaic systems：An overview of recent research and emerging PV converter

technology[J]. IEEE Industrial Electronics Magazine, 2015, 9(1): 47-61.

[21] 艾欣, 韩晓男, 孙英云. 光伏发电并网及其相关技术发展现状与展望[J]. 现代电力, 2013, 30(1): 1-7.

[22] 何浪, 易灵芝, 李胜兵, 等. 基于改进型 Trans-Z 源逆变器光伏并网系统研究[J]. 电气传动, 2016, 46(1): 40-44.

[23] 王成山. 微电网分析与仿真理论[M]. 北京: 科学出版社, 2013.

[24] CHENG J, CHOOBINEH F. Microgrid expansion through a compressed air assisted wind energy system[C]// ISGT 2016, September 6-9, Minneapolis, MN, USA. New York: IEEE, 2016: 1-5.

[25] KAWAKAMI N, SUMITA J, NISHIOKA K, et al. Study of a control method of fuel cell inverters connected in parallel and verification test result of an isolated micro-grid[C]// PCC 2007, April 2-5, Nagoya, Japan. New York: IEEE, 2007: 471-476.

[26] 张丹, 王杰. 国内微电网项目建设及发展趋势研究[J]. 电网技术, 2016, 40(2): 451-458.

[27] 张腾飞, 黎旭昕. 含光伏源的微电网孤岛/联网平滑切换控制策略[J]. 电网技术, 2015, 39(4): 904-910.

[28] 刘闯, 李伟, 孙佳俊. 一种应用于电动汽车快速充电站的高频隔离双级功率变换器[J]. 电网技术, 2017, 41(5): 1636-1643.

[29] MENG T, AI X. The operation of microgrid containing electric vehicles [C]//APPEEC 2011, March 25-28, Wuhan, China. New York: IEEE, 2011: 1-5.

[30] MAO M Q, SUN S J, CHANG L C. Economic analysis of the microgrid with multi-energy and electric vehicles[C]//ICPE & ECCE 2011, May 30-June 3, Jeju, Korea (South). New York: IEEE, 2011: 2067-2072.

[31] 贺益康, 胡家兵. 双馈异步风力发电机并网运行中的几个热点问题[J]. 中国电机工程学报, 2012, 32(27): 1-15.

[32] 杨淑英. 双馈型风力发电变流器及其控制[D]. 合肥: 合肥工业大学, 2007.

[33] 刘细平, 林鹤云. 风力发电机及风力发电控制技术综述[J]. 大电机技术,

2007(3)：17-20，55.

[34] 李东东，陈陈. 风力发电机组动态模型研究[J]. 中国电机工程学报，2005 (3)：117-121.

[35] 肖园园，李欣然，张元胜，等. 直驱永磁同步风力发电机的等效建模[J]. 电力系统及其自动化学报，2013，25(1)：12-17，28.

[36] 廖勇，庄凯，姚骏，等. 直驱式永磁同步风力发电机双模功率控制策略的仿真研究[J]. 中国电机工程学报，2009，29(33)：76-82.

[37] 李杰. 直驱式风力发电变流系统拓扑及控制策略研究[D]. 上海：上海大学，2009.

[38] 王爱华，张燕燕，刘晓敏. 永磁直驱风力发电机网侧变换器的研究与仿真[J]. 电源学报，2012(2)：95-99.

[39] 蔡宣三. 太阳能光伏发电发展现状与趋势[J]. 电力电子，2007，5(2)：3-6.

[40] 林红，李鑫，刘忆翯，等. 太阳能电池发展的新概念和新方向[J]. 稀有金属材料与工程，2009，38(增刊2)：722-725.

[41] ANDERSEN M，ALVSTEN T B. 200W low cost module integrated utility interface for modular photovoltaic energy systems[C]//IECON 1995，November 6-10，Orlando，USA. New York：IEEE，1995：572-577.

[42] 郑颖楠，王俊平，张霞. 基于动态等效阻抗匹配的光伏发电最大功率点跟踪控制[J]. 中国电机工程学报，2011，31(2)：111-118.

[43] 周林，武剑，栗秋华，等. 光伏阵列最大功率点跟踪控制方法综述[J]. 高电压技术，2008，34(6)：1145-1154.

[44] MASOUM M A S，DEHBONEI H，FUCHS E F. Theoretical and experimental analyses of photovoltaic systems with voltage and current based maximum power-point tracking[J]. IEEE Transactions on Energy Conversion，2002，17(4)：514-522.

[45] FEMIA N，PETRONE G，SPAGNUOLO G，et al. Optimizing duty-cycle perturbation of P&O MPPT technique [C]//IEEE PESC. June 20-25，Aachen，Germany. New York：IEEE，2004：1939-1944.

[46] LI J Y，WANG H H. A novel stand-alone PV generation system based on

variable step size INC MPPT and SVPWM control [C]//IPEMC 2009，May 17-20，Wuhan，China. New York：IEEE，2009：2155-2160.

[47] LIUF R，DUAN S X，LIU F，et al. A variable step size INC MPPT method for PV systems [J]. IEEE Transactions on Industrial Electronics，2008，55(7)：2622-2628.

[48] 李先允，彭浩，刘海彬. 光伏并网单相逆变器拓扑结构分析与比较[J]. 南京工程学院学报(自然科学版)，2014，12(3)：29-36.

[49] 张兴，李俊，赵为，等. 高效光伏逆变器综述[J]. 电源技术，2016，40(4)：931-934.

[50] 李翔，马超群，梁琪. 大功率光伏逆变器的损耗建模与分析[J]. 电力电子技术，2014，48(1)：12-14.

[51] HO C N M，BREUNINGER H，PETTERSSON S，et al. A comparative performance study of an interleaved boost converter using commercial Si and SiC diodes for PV applications[J]. IEEE Transactions on Power Electronics，2013，28(1)：289-299.

[52] DE D，CASTELLAZZI A，SOLOMON A，et al. An all SiC MOSFET high performance PV converter cell [C]// EPE 2013，September 2-6，Lille，France. New York：IEEE，2013：1-10.

[53] 刘英军，刘畅，王伟，等. 储能发展现状与趋势分析[J]. 中外能源，2017，22(4)：80-88.

[54] CICERON J，BADEL A，TIXADOR P，et al. Design considerations for high-energy density SMES[J]. IEEE Transactions on Applied Superconductivity，2017，27(4)：1-5.

[55] SALAMA H S，ABDEL-AKHER M，ALY M M. Development energy management strategy of SMES-based Microgrid for stable islanding transition[C]// MEPCON 2016，December 27-29，Cairo，Egypt. New York：IEEE，2016：413-418.

[56] SOORI P K，SHETTY S C，CHACKO S. Application of super capacitor energy storage in microgrid system [C]//GCC 2011，February 19-22，Dubai，United Arab Emirates. New York：IEEE，2011：581-584.

[57] MOLINA M G. Control design and simulation of supercapacitor energy storage for microgrid applications[C]// PES T &D-LA 2014，September 10-13，Medellin，Colombia. New York：IEEE，2014：1-6.

[58] 袁泉. 大功率储能变流器的研究[D].北京:北京交通大学，2012.

[59] 侯朝勇,胡学浩,惠东. 锂电池储能并网变换器的设计与实现[J]. 电网技术，2012，36(3)：246-251.

[60] 丁明,陈忠,苏建徽,等. 可再生能源发电中的电池储能系统综述[J]. 电力系统自动化，2013，37(1)：19-25,102.

[61] 周林，黄勇，郭珂，等. 微电网储能技术研究综述[J]. 电力系统保护与控制，2011，39(7)：147-152.

[62] 巩俊强,邓浩,谢莹华. 储能技术分类及国内大容量蓄电池储能技术比较[J]. 中国科技信息，2012(9)：139-140.

[63] 蒋凯,李浩秒,李威,等. 几类面向电网的储能电池介绍[J]. 电力系统自动化，2013，37(1)：47-53.

[64] 张文亮,丘明,来小康. 储能技术在电力系统中的应用[J]. 电网技术，2008(7)：5-13.

[65] 张步涵,曾杰,毛承雄,等. 电池储能系统用于改善并网风电场电能质量和稳定性的研究[J]. 电网技术，2006(15)：54-58.

[66] 廖金华,李建黎. 铅酸蓄电池充电技术综述[J]. 蓄电池，2010，47(3)：132-135,139.

[67] 梁翠凤,张雷. 铅酸蓄电池的现状及其发展方向[J]. 广东化工，2006，33(2)：4-6.

[68] 陈全世,林拥军. 电动汽车用铅酸电池放电特性的研究[J]. 汽车技术，1996(8)：7-11.

[69] 胡明辉,秦大同. 混合动力汽车镍氢电池组的充放电效率分析[J]. 重庆大学学报，2009，32(3)：279-282.

[70] 宋永华,阳岳希,胡泽春. 电动汽车电池的现状及发展趋势[J]. 电网技术，2011，35(4)：1-7.

[71] 孙逢春,何洪文,陈勇,等. 镍氢电池充放电特性研究[J]. 汽车技术，2001(6)：6-8.

[72] 孙丙香,姜久春,时玮,等. 钠硫电池储能应用现状研究[J]. 现代电力, 2010,27(6):62-65.

[73] 温兆银. 钠硫电池及其储能应用[J]. 上海节能,2007(2):7-10.

[74] 杨霖霖,廖文俊,苏青,等. 全钒液流电池技术发展现状[J]. 储能科学与技术,2013,2(2):140-145.

[75] 李志明,黄可龙,满瑞林. 全钒液流电池关键材料的研究进展[J]. 电池, 2006(2):150-152.

[76] 崔艳华,孟凡明. 全钒离子液流电池的应用研究[J]. 电源技术,2000(6): 356-358.

[77] 闫金定. 锂离子电池发展现状及其前景分析[J]. 航空学报,2014,35(10): 2767-2775.

[78] 黄彦瑜. 锂电池发展简史[J]. 物理,2007(8):643-651.

[79] 胡毅,陈轩恕,杜砚,等. 超级电容器的应用与发展[J]. 电力设备,2008 (1):19-22.

[80] 张国驹,唐西胜,齐智平. 超级电容器与蓄电池混合储能系统在微网中的应用[J]. 电力系统自动化,2010,34(12):85-89.

[81] 黄晓斌,张熊,韦统振,等.超级电容器的发展及应用现状[J].电工电能新技术,2017,36(11):63-70.

[82] 余丽丽,朱俊杰,赵景泰. 超级电容器的现状及发展趋势[J]. 自然杂志, 2015,37(3):188-196.

[83] 李霄,胡长生,刘昌金,等. 基于超级电容储能的风电场功率调节系统建模与控制[J]. 电力系统自动化,2009,33(9):86-90.

[84] 熊泽成,尹强,任晓丹,等. 高增益隔离DC/DC变换器的研究[J]. 电气传动,2017,47(12):39-43.

[85] 蒋玮,胡仁杰,黄慧春. 单级隔离升压半桥DC/DC变换器软开关条件研究[J]. 电力自动化设备,2011,31(2):36-39.

[86] 宫占英. 隔离式DC/DC变换器的研究[D]. 哈尔滨:哈尔滨工程大学, 2011.

[87] NYMAND M, ANDERSEN M. High-efficiency isolated boost DC—DC converter for high-power low-voltage fuel-cell applications[J]. IEEE

Transactions on Industrial Electronics，2010，57(2)：505-514.

[88] 杨敏. PWM 加移相控制双有源全桥双向 DC－DC 变换器的研究[D]. 南京：南京航空航天大学，2013.

[89] 赵川红，徐德鸿，范海峰，等. PWM 加相移控制的双向 DC/DC 变换器[J]. 中国电机工程学报，2003，23(10)：72-77.

[90] 赵彪，于庆广，孙伟欣. 双重移相控制的双向全桥 DC－DC 变换器及其功率回流特性分析[J]. 中国电机工程学报，2012，32(12)：43-50.

[91] WU F，FAN F，GOOI H B. Cooperative triple-phase-shift control for isolated DAB converter to improve inductor current characteristics[J]. IEEE Transactions on Industrial Electronics，2019，66(9)：7022-7031.

[92] WU F，LUO S，WANG G. Improved TPS control for DAB DC－DC converter to eliminate dual-side flow back currents [J]. IET Power Electronics，2020，13(1)：32-39.

[93] 周林泉. 软开关 PWM Boost 型全桥变换器的研究[D]. 南京：南京航空航天大学，2005.

[94] 刁卓，孙旭东. 全桥双向 DC/DC 变换器移相控制策略的改进[J]. 电力电子技术，2011，45(9)：72-73.

[95] WANG K，LEE F C，LAI J. Operation principles of bi-directional full-bridge DC－DC converter with unified soft-switching scheme and soft-starting capability[C]// APEC 2000，February 6-10，New Orleans，LA，USA. New York：IEEE，2000：45-50.

[96] ZHU L. A novel soft-commutating isolated boost full-bridge ZVS-PWM DC－DC converter for bidirectional high power applications[J]. IEEE Transactions on Power Electronics，2006，21(2)：422-429.

[97] WU F，FAN S，LI X，et al. Bidirectional buck-boost current-fed isolated DC－DC converter and its modulation[J]. IEEE Transactions on Power Electronics，2020，35(5)：5506-5516.

[98] WU F，FAN S，LUO S. Elimination of transient current mutation and voltage spike for buck-boost current-fed isolated DC－DC converter[J]. IEEE Transactions on Industrial Electronics，2020，PP(99)：1.

［99］ 樊帅. 双向升降压电流型高频隔离 DC－DC 变换技术研究［D］. 哈尔滨：哈尔滨工业大学，2020.

［100］ PAN X, LI H, LIU Y, et al. An overview and comprehensive comparative evaluation of current-fed-isolated-bidirectional DC/DC converter［J］. IEEE Transactions on Industrial Electronics，2020，35(3)：2737-2763.

［101］ SHI Y, RUI L, XUE Y, et al. Optimized operation of current-fed dual active bridge dc-dc converter for PV applications［J］. IEEE Transactions on Industrial Electronics，2015，62(11)：6986-6995.

［102］ WU H, KAI S, LI Y, et al. Fixed-frequency PWM-controlled bidirectional current-fed soft-switching series-resonant converter for energy storage applications［J］. IEEE Transactions on Industrial Electronics，2017，64(8)：6190-6201.

［103］ WU F, WANG Z, LUO S. Buck-boost three-level semi-dual-bridge resonant isolated DC－DC converter［J］. IEEE Journal of Emerging and Selected Topics in Power Electronics，2020(99)：1-1.

［104］ SONG H, LI X. Performance evaluation of a semi-dual-bridge resonant DC/DC converter with secondary phase-shifted control［J］. IEEE Transactions on Power Electronics，2017，32(10)：7727-7738.

［105］ PAN X, LI H, LIU Y, et al. An overview and comprehensive comparative evaluation of current-fed isolated bidirectional DC/DC converter［J］. IEEE Transactions on Power Electronics，2020，35(3)：2737-2763.

［106］ CHEN L, AMIRAHMADI A, ZHANG Q, et al. Design and implementation of three-phase two-stage grid-connected module integrated converter［J］. IEEE Transactions on Power Electronics，2014，29(8)：3881-3892.

［107］ FENG F, WU F, GOOI H B. Impedance shaping of isolated two-stage AC－DC－DC converter for stability improvement［J］. IEEE Access，2019，7：18601-18610.

［108］ AHMED E S, ORABI M, ABDELRAHIM O M. Two-stage micro-grid inverter with high-voltage gain for photovoltaic applications［J］. IET

Power Electronics，2013，6(9)：1812-1821.

[109] FRANQUELO L G，RODRIGUEZ J，LEON J I，et al. The age of mul-
tilevel converters arrives[J]. IEEE Industrial Electronics Magazine，
2008，2(2)：28-39.

[110] ZHAO J F，JIANG J G，YANG X W. AC－DC－DC isolated converter
with bidirectional power flow capability[J]. IET Power Electronics，
2010，3(4)：472-479.

[111] JUNG J J，CUI S，LEE J H，et al. A new topology of multilevel VSC
converter for a hybrid HVDC transmission system[J]. IEEE Transac-
tions on Power Electronics，2017，32(6)：4199-4209.

[112] WANG M，HUANG Q，GUO S，et al. Soft-switched modulation tech-
niques for an isolated bidirectional DC－AC[J]. IEEE Transactions on
Power Electronics，2018，33(1)：137-150.

[113] WANG M，GUO S，HUANG Q，et al. An isolated bidirectional single-
stage DC－AC converter using wide-band-gap devices with a novel carri-
er-based unipolar modulation technique under synchronous rectification
[J]. IEEE Transactions on Power Electronics，2017，32(3)：1832-1843.

[114] NORRGA S，MEIER S，OSTLUND S. A three-phase soft-switched iso-
lated AC/DC converter without auxiliary circuit[J]. IEEE Transactions
on Industry Applications，2008，44(3)：836-844.

[115] DE D，RAMANARAYANAN V. Analysis，design，modeling，and im-
plementation of an active clamp HF link converter[J]. IEEE Transac-
tions on Circuits and Systems I：Regular Papers，2011，58(6)：1446-
1455.

[116] SINGH A K，DAS P，PANDA S K. A novel matrix based isolated three
phase AC － DC converter with reduced switching losses[C]//APEC
2015，March 15-19，Charlotte，NC，USA. New York：IEEE，2015：
1875-1880.

[117] LAN D，PRITAM D. Isolated matrix current source rectifier in discon-
tinuous conduction mode[C]// APEC 2017，March 26-30，Tampa，FL，

USA. New York : IEEE, 2017 : 60-66.

[118] KRISHNAMOORTHY H S, GARG P, ENJETI P N. A matrix converter-based topology for high power electric vehicle battery charging and V2G application[C]//IECON 2012, October 25-28, Montreal, QC, Canada. New York : IEEE, 2012 : 2866-2871.

[119] APRABU A R, SRIDHAR A, WEISE N. Bidirectional SiC three-phase AC—DC converter with DQ current control[C]//ECCE 2015, September 20-24, Montreal, QC, Canada. New York : IEEE, 2015 : 3474-3481.

[120] VARAJAO D, ARAUJO R E, MIRANDA L M, et al. Modulation strategy for a single-stage bidirectional and isolated AC—DC matrix converter for energy storage systems[J]. IEEE Transactions on Industrial Electronics, 2018, 65(4): 3458-3468.

[121] SINGH A K, DESHPANDE P P, PANDA S K. A single-stage isolated bidirectional matrix based AC—DC converter for energy storage[C]// IECON 2017, October 29- November 1, Beijing, China. New York : IEEE, 2017 : 2744-2749.

[122] VLATKOVIC V, BOROJEVIC D, LEE F C. A zero-voltage switched, three-phase isolated PWM buck rectifier[J]. IEEE Transactions on Power Electronics, 1995, 10(2): 148-157.

[123] AFSHARIAN J, XU D D, WU B, et al. The optimal PWM modulation and commutation scheme for a three-phase isolated buck matrix-type rectifier[J]. IEEE Transactions on Power Electronics, 2018, 33(1): 110-124.

[124] WANG K, LEE F C, BOROYEVICH D, et al. A new quasi-single-stage isolated three-phase ZVZCS buck PWM rectifier[C]//PESC 1996, June 23-27, Baveno, Italy. New York: IEEE, 1996, 1(1): 449-455.

[125] SAYED M A, SUZUKI K, TAKESHITA T, et al. New PWM technique for grid-tie isolated bidirectional DC—AC inverter based high frequency transformer[C]// ECCE 2016, September 18-22, Milwaukee,

WI，USA. New York：IEEE，2016：1-8.

[126] SAYED M A，SUZUKI K，TAKESHITA T，et al. PWM switching technique for three-phase bidirectional grid-tie DC－AC－AC converter with high-frequency isolation[J]. IEEE Transactions on Power Electronics，2018，33(1)：845-858.

[127] SINGH A K，DESHPANDE P P，PANDA S K. A single-stage isolated bidirectional matrix based AC－DC converter for energy storage[C]// IECON 2017，October 29-November 1，Beijing，China. New York：IEEE，2017：2744－2749.

[128] KUMMARI N，CHAKRABORTY S，CHATTOPADHYAY S. An isolated high-frequency link microinverter operated with secondary-side modulation for efficiency improvement[J]. IEEE Transactions on Power Electronics，2018，33(3)：2187-2200.

[129] ZENG H，CHEN D. A single-stage isolated charging/discharging DC－AC converter with second harmonic current suppression in distributed generation systems[C]//IECON 2017. October 29-November 1，Beijing，China. New York：IEEE，2017：4427－4432.

[130] JAUCH F，BIELA J. Single-phase single-stage bidirectional isolated ZVS AC－DC converter with PFC[C]//EPE/PEMC 2012，September 4-6，Novi Sad，Serbia. New York：IEEE，2012，LS5d(1)：1-8.

[131] WEISE N D，CASTELINO G，BASU K，et al. A single-stage dual-active-bridge-based soft switched AC－DC converter with open-loop power factor correction and other advanced features[J]. IEEE Transactions on Power Electronics，2014，29(8)：4007-4016.

[132] JAUCH F，BIELA J. Combined phase shift and frequency modulation of a dual active bridge AC－DC converter with PFC[J]. IEEE Transactions on Power Electronics，2016，31(12)：8387－8397.

[133] SAYED M A，SUZUKI K，TAKESHITA T，et al. PWM switching technique for three-phase bidirectional grid-tie DC－AC－AC converter with high-frequency isolation[J]. IEEE Transactions on Power Electron-

ics，2018，33（1）：845-858.

[134] HUANG R，MAZUMDER S K. A soft-switching scheme for an isolated DC/DC converter with pulsating DC output for a three-phase high-frequency-link PWM converter[J]. IEEE Transactions on Power Electronics，2009，24（10）：2276 - 2288.

[135] NORRGA S. Experimental study of a soft-switched isolated bidirectional AC－DC converter without auxiliary circuit[J]. EEE Transactions on Power Electronics，2006，21（6）：1580 - 1587.

[136] EVERTS J，KEYBUS J V D，DRIESEN J. Switching control strategy to extend the ZVS operating range of a Dual Active Bridge AC/DC converter[C]//ECCE 2011，September 17-22，Phoenix，AZ，USA. New York：IEEE，2011：4107-4114.

[137] EVERTS J，KEYBUS J V D，KRISMER F，et al. Switching control strategy for full ZVS soft-switching operation of a Dual Active Bridge AC/DC converter[C]//APEC 2012，February 5-9，Orlando，FL，USA. New York：IEEE，2012：1048-1055.

[138] EVERTS J，KRISMER F，KEYBUS J V D，et al. Optimal ZVS modulation of single-phase single-stage bidirectional DAB AC－DC converters [J]. IEEE Transactions on Power Electronics，2014，29（8）：3954-3970.

[139] FANG F，LI Y W. Modulation and control method for bidirectional isolated AC/DC matrix based converter in hybrid AC/DC microgrid[C]//ECCE 2017，October 1-5，Cincinnati，OH，USA. New York ：IEEE，2017：37-43.

[140] CASTELINO G，BASU K，WEISE N，et al. A bi-directional，isolated，single-stage，DAB-based AC－DC converter with open-loop power factor correction and other advanced features[C]//International Conference on Industrial Technology 2012，March 19-21，Athens，Greece. New York：IEEE，2012：938-943.

[141] BARANWAL R，CASTELINO G F，IYER K，et al. A dual-active-bridge-based single-phase AC to DC power electronic transformer with

advanced features[J]. IEEE Transactions on Power Electronics，2018，33(1)：313-331.

[142] ZHU W，ZHOU K，CHENG M，et al. A high-frequency-link single-phase PWM rectifier[J]. IEEE Transactions on Industrial Electronic，2015，62(1)：289-298.

[143] WU F，LI X，LUO S. Improved modulation strategy for single-phase single-stage isolated AC－DC converter considering power reversion zone [J]. IEEE Transactions on Power Electronics，2020，35(4)：4157-4167.

[144] LI X，WU F，YANG G，et al. Improved modulation strategy for single-phase isolated quasi-single-stage AC－DC converter to improve current characteristics[J]. IEEE Transactions on Power Electronics，2020，35(4)：4296-4308.

[145] WU F，LI X，YANG G，et al. Variable switching period based space vector phase-shifted modulation for dab based three-phase single-stage isolated AC－DC converter[J]. IEEE Transactions on Power Electronics，2020，35(12)：13725-13734.

[146] LI X，WU F，YANG G，et al. Dual-period-decoupled space vector phase-shifted modulation for DAB based three-phase single-stage AC－DC converter[J]. IEEE Transactions on Power Electronics，2020，35(6)：6447-6457.

[147] LI X，WU F，YANG G，et al. Precise calculation method of vector dwell times for single-stage isolated three-phase buck-type rectifier to reduce grid current distortions[J]. IEEE Journal of Emerging and Selected Topics in Power Electronics，2020，8(4)：4457-4466.

[148] KOUSHKI B，SAFAEE A，JAIN P，et al. A bi-directional single-stage isolated AC－DC converter for EV charging and V2G[C]//EPEC 2015，October 26-28，London，ON，Canada. New York：IEEE，2015：36-44.

[149] KOUSHKI B，JAIN P，BAKHSHAI A. Topology and controller of an isolated bi-directional AC－DC converter for electric vehicle[C]//ECCE 2016，September 18-22，Milwaukee，WI，USA. New York：IEEE，

2016：1-8.

[150] CHAN Y P, LOO K H, LAI Y M. Single-stage resonant AC—DC dual active bridge converter with flexible active and reactive power control [C]//VPPC 2016，October 17-20，Hangzhou，China. New York：IEEE，2016：1-6.

[151] LI C, XU D. Family of enhanced ZCS single-stage single-phase isolated AC—DC converter for high-power high-voltage DC supply[J]. IEEE Transactions on Industrial Electronics，2017，64(5)：3629-3639.

[152] LI C, ZHANG Y, CAO Z, et al. Single-phase single-stage isolated ZCS current-fed full-bridge converter for high-power AC/DC applications[J]. IEEE Transactions on Power Electronics，2017，32(9)：6800-6812.

[153] SANDOVAL J J, ESSAKIAPPAN S, ENJETI P. A bidirectional series resonant matrix converter topology for electric vehicle DC fast charging [C]//APEC 2015，March 15-19，Charlotte，NC，USA. New York：IEEE，2015：3109-3116.

[154] CHAN Y P, LOO K H, LAI Y M. SVM-plus-phase-shift modulation strategy for single-stage immittance-based three-phase AC—DC bidirectional converter[C]// EPE 2017，September 11-14，Warsaw，Poland. New York：IEEE，2017：1-10.

[155] ROSAS D S, ANDRADE J, FREY D，et al. Single stage isolated bidirectional DC/AC three-phase converter with a series-resonant circuit for V2G[C]//VPPC 2017，December 11-14，Belfort，France. New York：IEEE，2017：1-5.

[156] GARCIA-GIL R, ESPI J M, DEDE E J, et al. A bidirectional and isolated three-phase rectifier with soft-switching operation[J]. IEEE Transactions on Industrial Electronics，2005，52(3)：765-773.

[157] 卜宏泽. 三电平 AC/AC 电力电子变压器及其控制技术研究[D]. 哈尔滨：哈尔滨工业大学，2020.

[158] 李磊,陈道炼. 两种高频交流环节 AC/AC 变换器比较研究[J]. 中国电机工程学报，2006，26(20)：74-78.

[159] 吴凤江,卜宏泽,张如昊. 单相高频隔离型直接 AC－AC 变换器的无电压尖峰调制策略[J]. 电力自动化设备,2020,40(11):169-177.

[160] 刘剑. 交-交型高频环节 AC/AC 变换器研究[D]. 南京:南京航空航天大学,2004.

[161] 马化盛,张波,郑健超. 移相控制双全桥电力电子变压器的稳态特性[J]. 华南理工大学学报(自然科学版),2005(10):41-46.

[162] LI L, CHEN D L. Phase-shifted controlled forward mode AC/AC converters with high frequency AC link[C]//PEDS 2003,November 17-20,Singapore. New York:IEEE,2003:172-177.

[163] CHEND L, LIU J. The uni-polarity phase-shifted controlled voltage mode AC－AC converters with high frequency AC link[J]. IEEE Transactions on Power Electronics,2006,21(4):899-905.

[164] 陈艳慧,陈道炼,陈秋岗. 全桥升压型高频环节 AC/AC 变换器[J]. 电工技术学报,2008,23(7):68-74.

[165] 陈道炼,陈艳慧. 三类高频链 AC－AC 变换器比较研究[J]. 电工电能新技术,2010,29(2):1-4.

名词索引

F